圖解

五南圖書出版公司 印行

會計學 IFRS

第四版

趙敏希 高等會計師 著

馬嘉應 教授 審定

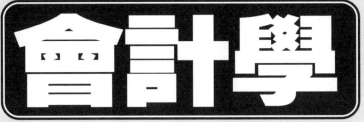

25%

5% 15%

35% 20%

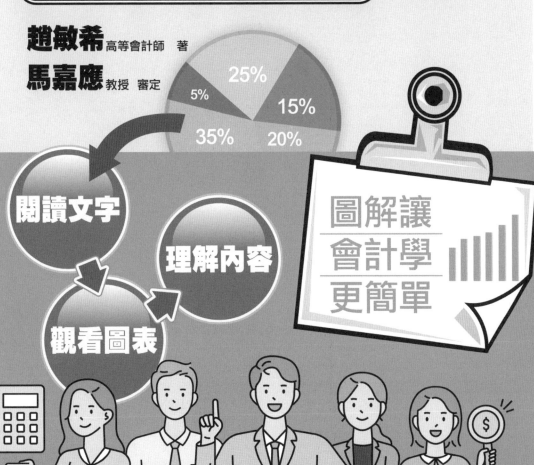

閱讀文字

理解內容

觀看圖表

圖解讓
會計學
更簡單

圖解系列

作者序

　　企業的獲利能力與償債能力是企業能否永續經營的關鍵。企業除了善盡社會分工的責任外，資本主也要有一定的獲利，才能繼續經營企業；除了獲利的挹注，企業為提升產品品質及功能，常須投入巨額資金購置必要的經營設備，舉借債務彌補資本主資金的不足是現代企業的普遍現象。企業若沒有一定的償債能力，終必面臨舉債無門、無以為繼的關門命運。大型企業除了發起人投入部分資金外，大部分資金來源有二；一是招募投資人投入資金，二是向私人或金融機構舉借款項，因此企業的獲利能力與償債能力，不僅是企業主所關心，也是投資大眾及債權人所關注的事項。

　　會計學是隨商業發達而興起的一門學問。藉由會計人員觀察與企業個體經營有關的活動、認定其中屬於如產品產銷、債權與債務等經濟性之交易事項、並以貨幣為單位衡量交易事項；同時按照會計程序做成永久性紀錄；再進一步分類、彙總與報導企業經營成果與財務狀況。一個企業的會計活動主要藉由認定、衡量、記錄、分類與彙總等手段，最終目的以提供企業主經營管理與決策的重要資訊，更為企業以外的債權人表述、分析企業的獲利力與償債力，期讓債權人繼續支持企業的永續經營。「圖解會計學」乃就初級會計學論述事項與範圍，以圖文並俱的方式，闡述會計恆等式、分錄、日記簿、總分類帳、明細分類帳的記載方法及調整、結帳及編製財務報表的結帳程序；冀能使初學者儘速一登會計學的殿堂。

　　《圖解會計學》闡述一個企業的平時與期末會計處理的全貌程序，並就任何企業均有的現金、應收款項、固定資產、遞耗資產、無形資產、應付帳款等資產及流動負債事項分別論述之；另就獨資企業、合夥事業及公司組織的企業主與投資人權益事項與服務業與買賣業的特殊會計處理事項，亦有所介紹。配合我國與國際財務報導準則（IFRS）接軌，已於相關章節增修補充。

　　本書之編寫已力求完整，惟作者才疏學淺，疏漏之處在所難免，尚祈專家不吝賜教，以期再版時修改。

趙敏希 謹識

本書目錄

本書目錄

第 5 章　現金、零用金與銀行調節表

第 6 章　應收帳款與應收票據

第 12 章　現金流量表

第 13 章　財務報表分析

第 1 章

會計概念與原則

章節體系架構 ▼

Unit **1-1**
分工合作的社會

人類最原始的社會是以物易物的方式來互通有無，以自己生產的財物或產品與他人生產的財物或產品，於雙方主觀上價值相等的認同下相互交換。這種交易制度下，因為下列的困難而不易達到物暢其流。

1. **價值認同不易**：以物易物必須在交易雙方對於交換財物或產品的質、量價值觀等值才有可能進行，只要交易的任何一方不能認同等值，就無法交易。

2. **交易物的不可分性**：米糧與黃豆均屬可分性農產品，只要雙方協議認同，觀念上等值不等量的交易均甚易完成。一頭耕牛與米糧交換時，即使交易雙方認同一頭耕牛與 250 斤米糧可以等值交換；如果米糧僅有 125 斤，則因尚無可靠信用制度或耕牛的不可分性 (除非宰殺) 而無法達成以物易物的目的。

3. **有限的交易物種**：以物易物的社會大都地處偏僻、交通不便的部落或村莊。山區的部落或村莊，不容易有漁產品的交換。

貨幣制度是現代文明社會的重要產物。貨幣因為受到政府官方的認可而具有流通性，故可以以貨幣來購買所需物品，也可以收受貨幣的方式賣出多餘物品，變成物品流通的重要媒介，而達到物暢其流、活絡交易的效果。

因貨幣制度而衍生出許多商業行為與商業組織，使物暢其流更活絡，分工合作更精緻。下列為現代社會的三種商業組織：

1. **服務業**：這種商業組織以提供專業服務來賺取服務費，如會計師事務所、律師事務所、房屋仲介、證券交易所、銀行、補習教育等。政府或私人開辦的各級學校也是培訓各類專業人才的服務業。

2. **買賣業**：這種商業組織買進各種商品後，直接或經分裝後賣出，以買賣間的價差來賺取利潤，如超級市場、百貨公司、服飾店、汽車經銷商、電器經銷商等。這種商業組織或僅賣一種商品，或賣多種商品，或進口國外名牌產品等以服務社會大眾，並賺取利潤。

3. **製造業**：這種商業組織買進原物料、設置工廠來製造最終商品，再批售給買賣業或直銷給消費者，以賺取利潤，如煉油廠、鋼鐵廠、汽車廠、衣飾廠、家具廠等。

社會大眾經學校培育獲得不同的專業技能，或服務於服務業、買賣業或製造業以賺取薪資；或自行創設服務業、買賣業或製造業的商業組織以賺取商業利潤。不論薪資或利潤，貨幣就可以購置各種商業組織所提供的優良商品或服務；商業組織負責人也基於獲利而努力開發或引進各種優良商品或服務。右圖所示，即為社會大眾與各種商業組織以貨幣為交易媒介所構成的精緻分工合作的社會結構。

以物易物的社會

以物易物

精緻的分工合作社會

服務業

社會大眾

以提供商品或勞務
換取服務費或利潤

以專業服務賺取服務費

買賣業

社會大眾

交易媒介--貨幣

以商品買賣價差賺取利潤費

製造業

社會大眾

以貨幣換取
商品或服務

以製造銷售商品賺取利潤

Unit 1-2
商業組織的型態

圖解會計學

前述服務業、買賣業及製造業的商業組織，乃按經營活動的類型而區分的；商業組織的型態亦可按其擁有者人數的多寡、法律上的地位、權利與義務而區分為獨資 (single proprietorship)、合夥 (partnership) 與公司 (corporation) 等三種，分別簡述如下：

1. **獨資 (Single proprietorship)**：獨資是指投資人僅有一人的商業組織或企業，該投資人一般稱為業主或資本主。企業的經營權及其成功與失敗的利益或損失，由業主獨享與完全承擔。獨資企業不具備法人資格，因此在法律上，獨資企業與業主並非分開的個體，獨資企業業主對於企業的債務，應負連帶無限清償責任；但在會計上，獨資企業仍然是一個獨立的會計個體 (accounting entity)，與業主間的往來交易仍要清楚記帳。

2. **合夥 (Partnership)**：合夥是指二人以上的投資者共同出資經營的企業，出資者通稱為合夥人，各合夥人分享企業經營利益，同時也承擔經營失敗的責任。合夥企業也不具備法人資格，各合夥人互為代理，並對合夥企業的債務負完全清償的連帶責任。會計上，合夥企業仍然是一個獨立的會計個體，與合夥人間的往來交易仍要清楚記帳。

   合夥企業最好有書面契約，敘明企業名稱、各合夥人的出資額、責任分工、營業利益及損失的分享及承擔比例、合夥人退夥或死亡、新合夥人加入等事宜，以為日後的行為準則。

3. **公司 (Corporation)**：公司是指依照公司法規定組成的企業個體。公司在法律上有獨立的人格，故具有法律個體及會計個體。我國公司法規定的公司型態有無限公司、有限公司、兩合公司及股份有限公司等四種。公司組織的出資者稱為股東 (stockholder)，無限公司的股東對公司的債務負連帶無限清償責任，因此與獨資或合夥企業負有相同的責任；有限公司的股東僅就其出資部分負責任；兩合公司內的無限責任股東對公司債務負完全連帶清償責任，有限責任股東則僅就其出資額對公司債務負責；股份有限公司將企業資本劃分為金額相等的單位，每單位稱為股份 (share)，並發行股票 (stock certificate) 作為股權的憑證，股東就其持有股份的比例，享有部分管理決策權、經營利益及經營損失。股份有限公司有容易籌集大量資金、股東責任有限、股票可自由轉讓等優點，因此需要大量資金的企業，都以股份有限公司設立。

股份有限公司是由投資人、經營團隊及公司員工所組成；公司的經營資金係由投資人及債權人所投入，透過董事會遴選經營團隊及公司員工，負責公司的營運，以尋求公司的最大利潤，經營利益或損失均由股東按持股比例回饋或承擔。

股份有限公司的組織架構，如右圖所示。

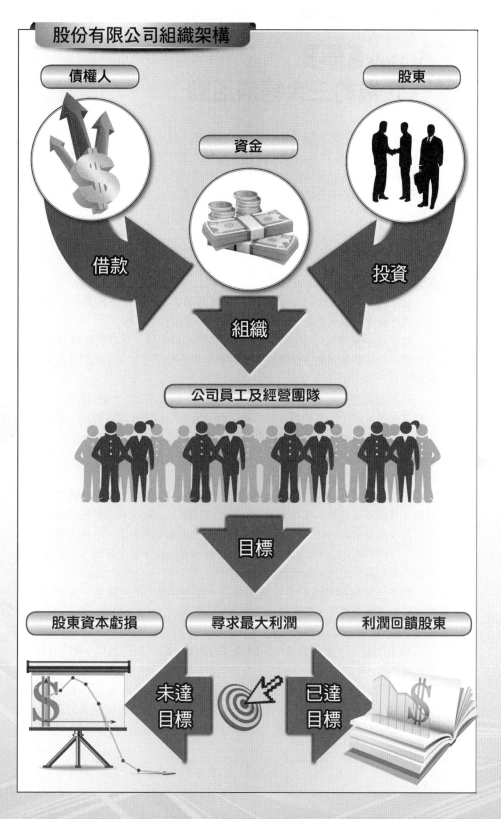

Unit 1-3
企業的三大經濟活動

　　獨資、合夥或公司企業的創立縱有其目標與理想，然而每個企業必須具備獲利能力 (profitability) 與償債能力 (solvency) 兩大目標。獲利能力是企業透過各項經濟活動來產生合理滿意的收益；償債能力則指對於各經濟活動所衍生的應付債務都能於屆期清償完畢；任何企業喪失該兩項能力，則無法達成其他目標與理想，甚或無法生存。

　　籌集資金，租購必要生財設備，購製銷售合用商品或提供專業勞務以獲取利潤是任何企業經營存活的必要活動。這些活動概分為以下三種。

1. 經營活動 (Operating activities)

　　企業的經營活動係指從事與賺取利潤有關的活動。這些活動包括服務業的提供勞務；買賣業及製造業的產品銷售 (或產銷) 等。

　　經營活動所產生的現金流入包括現銷商品及勞務，應收帳款或應收票據的收現，及其他非因融資活動或投資活動所產生的現金收入，如租金收入、保險理賠等。

　　營業活動所產生的現金流出包括現購原物料及商品、供應商應付帳款或票據之償還、支付如促銷廣告費、員工薪資等各項營業成本與費用、繳納政府稅捐、罰款及規費，及其他非因融資活動或投資活動所產生的現金支出，如租金費用、捐贈、銷貨退回款等。

2. 投資活動 (Investing activities)

　　投資活動係指企業的出售或買入固定資產、天然資源、無形資產及其他資產、甚或債權憑證，權益憑證等活動。企業雖以賺取利潤為首要目標，但有時因為一些商業策略的考量而長期持有上游供應廠商的股票，以建立穩固的供貨關係；更新廠房設備以提高產品品質、增進產能或降低生產成本。這些投資活動均可間接地增加企業獲利機會與能力。

　　投資活動取得及處分各項債權憑證，權益憑證，固定資產、天然資源、無形資產及其他資產，均會產生的現金流入與流出。

3. 融資活動 (Financial activities)

　　融資活動是企業籌集資金分配利潤的活動，如負債的消長，業主 (股東) 權益變動等。

　　融資活動所產生的現金流入，包括籌集資金發行新股或公司債，舉借債務擴增營業規模等；融資活動也產生分配盈餘發放股利、為維持股票正常價位而購進庫藏股、償還長期負債、贖回公司債等的現金流出。

企業的三大經濟活動，圖示如右。

企業的三大經濟活動

經營活動

企業從事與賺取利潤有關的活動，包括服務業的提供勞務；買賣業及製造業的產品銷售 (或產銷) 及其他非融資活動或投資活動

投資活動

企業的出售或買入固定資產、天然資源、無形資產及其他資產，甚或債權憑證，權益憑證等的活動

企業的
三大經濟活動

融資活動

籌集資金分配利潤的活動，如負債的消長，業主 (股東) 權益變動等

Unit 1-4
企業的財務結構

圖解會計學

008

　　企業的創設除了其遠景與營利目標外，財務上必須有一些創業初期的投資，設置一些生財設備以為營運所需。任何企業都有資產、負債與業主 (或股東) 權益等三項財務基本要素。

　　資產乃為一些能為企業的營運產生經濟效益的有形或無形資源。例如，現金可用來購進原物料或商品 (存貨)、商品 (存貨) 可供銷售，以賺取利潤、營運場所可供營運之用，運輸設備可供運送商品 (存貨)、機器設備可供生產商品 (存貨) 等等資產均可為企業產生經濟效益。

　　企業所擁有的資產並非與生俱來，必須由一位或多位具有理想的創設人投入資金才能購置，以供營運。這些投入資金的人，在獨資或合夥企業通稱為業主，在股份有限公司則稱為股東。企業為一個經濟個體也是一個會計個體。會計上認為企業與業主 (股東) 乃分開的個體，其間的任何交易或往來，仍必須詳實記錄。因為企業的資產係由業主 (股東) 所投資，因此業主 (股東) 對於企業有求償權。這種求償權稱為業主 (股東) 權益。企業因賒銷營運所產生的應收帳款是企業對於客戶的求償權，也是企業資產的一種。

　　較大的企業所需的資金或許並非業主或股東所能完全投入，因此可向銀行或其他來源舉債借款以籌措為企業順暢營運所需資金，這些借款稱為負債。企業因賒購原物料或商品而積欠供應商的價款也是企業的負債，因此這些融資或供貨給企業的廠商或個人，通稱為企業的債權人。債權人對於企業的資產也有求償權或稱債權人權益，企業必須於約定的期限以現金或勞務償還債權人。業主、股東與債權人對於企業都有求償權，但是債權人的權益優於業主、股東的權益。企業清算時，所餘資產應該優先償還債權人，所剩的資產才可用來償還業主、股東的權益，因此業主、股東的權益也稱為剩餘求償權。

　　就財務結構而言，企業所擁有的是企業的資產，所積欠他人者有負債 (債權人權益) 與業主、股東權益。如果以一個長方形圖代表企業的資產，其高度代表資產總額；另一個長方形圖代表業主、股東及債權人對企業的求償權，其高度代表負債與業主 (股東) 權益的總額，則企業的成長營運過程，分述於下且釋如右圖。

1. **業主投入 100 萬元資金開創企業**：此時現金資產與業主權益均是 100 萬元。
2. **企業以 30 萬元購入五部電腦**：因為電腦可為企業營運產生經濟效益，應屬於資產；購入電腦所支付的現金 30 萬元也是公司的資產，就企業的總資產而言，仍是 100 萬元，只不過是 30 萬元的現金資產變成另一種不同型式的 30 萬元的設備資產而已。
3. **企業購入價值 50 萬元的汽車一部**：企業支付現金 20 萬元，所餘 30 萬元約定 3 個月後償還。汽車為能產生經濟效益的資產，以現金 20 萬元的資產換來 50 萬元的汽車資產，因此該企業的資產總額增加為 30 萬元，這多出的 30 萬元

乃是增加了 30 萬元的負債得來的。代表權益的長方形高度也由代表業主
權益的 100 萬元，增加負債 (債權人權益) 30 萬元，得 130 萬元的權益
高度。

4. **償還 30 萬元負債**：企業於 3 個月到期時，以現金償還 30 萬元負債，此
時現金資產減少 30 萬元，使代表資產總額的長方形高度又回到 100 萬
元；代表求償權的長方形高度也因除去 30 萬元的負債 (債權人權益) 而回
復到 100 萬元。

經過前述資產與權益的消長過程，可知企業的總資產與總權益 (負債加業
主、股東權益) 永遠保持相等的狀態。如果資產由一種形式 (如現金) 轉變成另一
種等值形式 (如五部電腦)，則代表總資產與代表權益的長方形高度不變；如以部
分負債的方式購置資產，代表總資產與代表權益的長方形高度增高。總而言之，
可得財務結構的基本方程式為： 資產＝負債＋權益

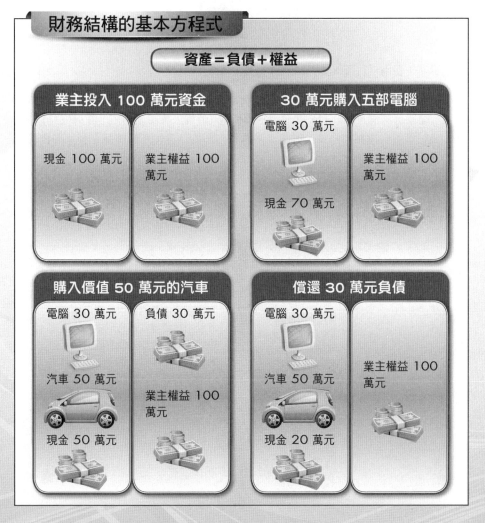

Unit **1-5**
會計恆等式

企業擁有營運資金及營運設備後，即可從事經營活動、投資活動及融資活動以獲得營業收入，扣除必要且合理的營運費用後而獲得營業利益，也是任何企業的重要目標之一。

所謂收入，係指因為銷售商品或提供勞務而收取的現金，或產生向客戶求償的債權資產；而為獲取收入而必須支付一些合理的費用始克完成商業交易。企業營運的收入大於費用時，則企業主享受收入減去費用的差額盈餘；反之，企業營運的收入小於費用時，則企業主也要承擔費用減去收入的差額虧損。收入、費用與資產、負債、業主權益構成會計的五大要素。因此，會計恆等式可寫成：

> 資產＝負債＋業主 (股東) 權益＋收入－費用

經過移項之後，可得：

> 資產＋費用＝負債＋業主 (股東) 權益＋收入

單元 1-4「企業的財務結構」將企業的所有資產以一長方形的高度表示其資產總額，而以另一個長方形的高度表示各項權益 (債權人權益及業主、股東權益) 的總額。由於資產與權益的消長，縱使該兩個長方形的高度也可能增減，但其高度恆相等。

因為費用出現在等號左側，營運活動所發生的費用款項加入總資產，而收入出現在等號右側，因此將收入款項加入總權益，亦能使代表總資產與總權益 (負債與業主、股東權益) 的長方形高度相等，如下圖所示。

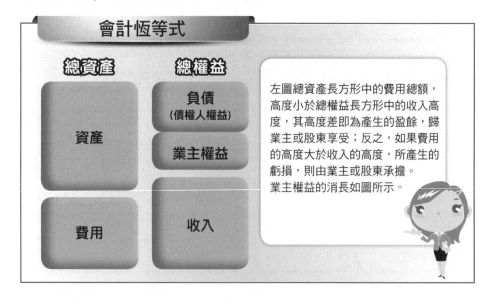

會計恆等式

總資產	總權益
資產	負債 (債權人權益)
	業主權益
費用	收入

左圖總資產長方形中的費用總額，高度小於總權益長方形中的收入高度，其高度差即為產生的盈餘，歸業主或股東享受；反之，如果費用的高度大於收入的高度，所產生的虧損，則由業主或股東承擔。業主權益的消長如圖所示。

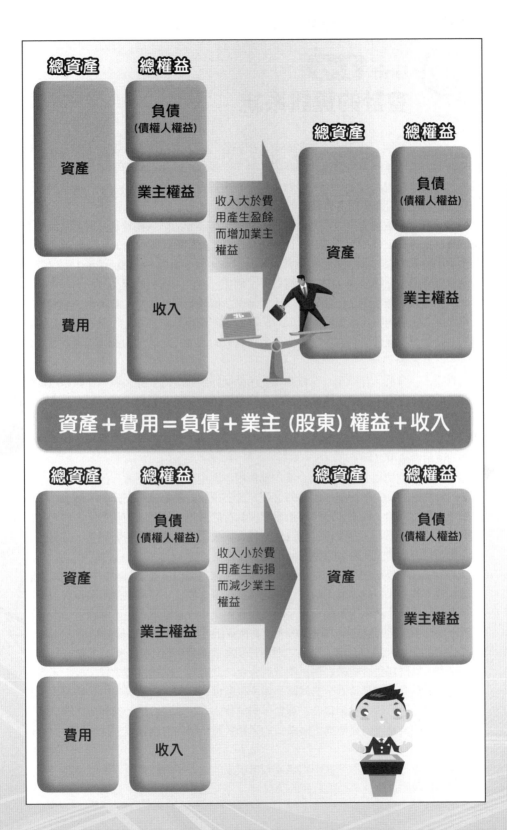

資產＋費用＝負債＋業主（股東）權益＋收入

Unit **1-6**
會計的資訊系統

圖解會計學

　　企業的獲利能力與償債能力是企業永續經營的兩大支柱，會計雖然不能為企業帶來獲利能力與償債能力，但會計卻能協助企業記錄分析其獲利能力與償債能力。依據美國會計師學會對於會計下的定義是：「會計是對企業經濟資訊的認定、衡量與溝通的程序，以協助資訊使用者做審慎的判斷與決策」。

　　企業在獲得投資者投入資金資源後，必然從事經營活動以期獲利並維持企業的永續經營，而會計工作所謂「認定」(identifying)，就是對經營活動的判斷，就企業的某項活動研判是否為會計應該記錄與處理的對象，而「衡量」(measuring) 則是以貨幣為單位評價、記錄該項活動的經濟效果。例如，購買原物料或商品的成本是多少？產品的生產成本是多少？商品銷貨收入是若干？何時認列？等等。彙集某一期間的經營資訊而對企業的財務狀況與經營成果的評估，亦屬衡量的工作。「溝通」就是將企業的財務狀況及經營成果與各方面使用者做有效的溝通，而有效的溝通工具就是企業經營的財務報表。

　　換言之，會計工作的第一步就是確定所要記錄與報導的會計個體，並觀察該個體有關的活動，經由「認定」屬於經濟性之交易事項，並將其影響以貨幣單位「衡量」之，再把這些經濟性活動的資料，依照會計程序，做成永久性的歷史記錄。每隔一段期間，必須將這些記錄的交易事項，加以適當的分類、彙總、分析與報導，以提供各方面的使用者決策之參考。

　　會計資訊的使用者，可分為企業內部使用者與企業外部使用者。內部使用者包括企業的管理階層及企業員工。企業的管理人員必須對財務報表有充分的了解，才能做好管理工作；例如，觀察並適時導正預算與執行的偏差，部門間的整體配合度，長期趨勢的觀察與導正等。企業員工認為企業經營成果與員工福利有密切關係，故員工更關心企業的經營狀況及未來的發展。

　　會計資訊的外部使用者包括股東、債權人、政府機構、競爭對手、投資大眾。股東投入資本的主要目的，就是盼望企業能為自己帶來收入。股東雖然對於重大決策在股東大會有持分比例的決策權，但平時不能參與企業經營管理，也不易瞭解企業經營狀況，因此也只能透過企業的財務報表或其他資訊，來了解企業的經營結果。

　　企業的債權人關心企業是否能如期繳付利息並償還債務，因此需要藉助於企業的財務報表，以研判是否繼續提供企業營運資金。政府為了保護投資大眾，成立了金融監督管理委員會，這是透過企業的財務報表來監督企業的財務狀況，也是政府課稅的依據。競爭對手可透過財務報表了解對手的銷貨成本、銷售數量、獲利能力等以為檢討改善經營的策略；研究機構更需廣泛的掌握各種企業的財務報表，以分析國力消長與因應策略。

　　會計具有描述企業財務狀況與表達經營成果的能力，因此會計常被形容為企業的語言，也是我們了解企業必須具備的語言。

會計資訊使用者

企業內部使用者

管理階層

年度整體經營績效？

員工

公司前景如何？加薪嗎？年終獎金呢？

經營資訊

財務報表

企業外部會計資訊使用者

股東

經由財務報表瞭解企業財務狀況、經營成果，以為投資之參考

債權人

評估企業的獲利能力及償債能力，以降低放款之風險

政府機關

依據財務資訊，監督企業的財務狀況，以保護投資大眾的權益

研究機構、對手

研究機構掌握投資趨勢並做建議；競爭對手藉以知己知彼，調整競爭策略

Unit 1-7
財務會計的慣例

圖解會計學

企業為確保經營過程與成果能允當表達會計資訊給各方面的使用者，亦使不同企業的會計資訊能擁有共同的比較基礎，所以財務會計的處理都需要遵循一些基本慣例 (convention)。現行的會計基本慣例有繼續經營慣例、企業個體慣例、會計期間慣例及貨幣評價慣例，分述如下：

1. 繼續經營慣例

繼續經營慣例是假設企業在可預見的未來不會解散或清算，而是以一直經營下去為目標。若無本慣例的假設，則企業經常處在不確定狀態，隨時有解散清算的可能，使投資者及債權人將不敢再投資或放款給企業，而導致企業萎縮與結束，因此會計上假設企業繼續經營的目的，在維持企業營運及財務的穩定性及持久性。

繼續經營假設也會影響交易的記錄與報導，如廠房設備購置後，預期可為企業帶來多年的經濟效益，因此其取得成本不必急於一次認列費用，而以有系統方法分年攤提折舊。因為在繼續經營下，購置固定資產的目的，在於長期使用以賺取收益、回收成本並產生合理利潤。固定資產雖不以出售為目的，但固定資產市價漲跌的揭露並在會計上認列損益，是一種國際會計準則趨勢。

預付費用是無法出售或轉變成現金的，但可繼續提供經濟效益或減少支出，在繼續經營假設下，可繼續享受這項經濟效益，故會計上可以列為資產。若沒有繼續經營慣例支持，亦即企業隨時可能停業，如此一來，預付費用由於毫無變現價值，也失去了資產性質。

2. 企業個體慣例

所謂企業個體慣例是將企業視為一個與業主分離的經濟個體，故企業得以自己的名義擁有資產、承擔負債、簽訂契約及履行義務。因此企業與業主的關係，僅限於業主對企業資產之剩餘請求權。業主個人之資產、負債、收益、費用等亦與企業劃分。企業個體假設也明定會計處理範圍，凡是和企業無關或不影響該企業資產、負債及業主權益增減變化的經濟事項，均不應視為會計處理之範圍。

3. 會計期間慣例

繼續經營慣例下，企業的經營活動是持續不斷的，企業經理人、投資人與債權人均需於營運過程中依據經營資訊，規劃經營策略或作投資與貸款決策之參考，因此會計必須能定期提供資訊，以協助管理並作為投資及貸款之依據。為達成此項目的，而將繼續經營的企業以人為的方法劃分成段落，以計算損益、編製報表。這項經營期間劃分的段落即稱為會計期間慣例，每一段落稱為一個會計期間。會計期間若為一年則稱為會計年度 (fiscal year)，通常會計

年度從每年 1 月 1 日起至 12 月 31 日止者，亦稱曆年制；也可視企業的淡旺季，自某月某日起 12 個月為一個會計年度。

4. 貨幣評價慣例

貨幣為社會交易的媒介，也是資產或負債的衡量單位。貨幣評價慣例係指會計以貨幣作為記錄、衡量及報導財務資訊之基本單位。以貨幣為共同基本單位，則各種不同的交易及企業活動方能加以衡量、彙總報導及比較。會計上也以國家法定貨幣為基本單位，以方便比較。

財務會計的慣例

① 繼續經營慣例

➜假設企業在可預見的未來不會解散或清算，而是以一直經營下去為目標，且足以持續到履行應盡的義務及預定的計畫。

➜本慣例影響交易的記錄，如資產成本分期攤提於耐用年限而不一次列為費用；預付費用與預收收益才能列為資產與負債科目，分期享用與承擔。

② 企業個體慣例

➜視企業為一個與業主分離的經濟個體，故企業得以自己的名義擁有資產、承擔負債、簽訂契約及履行義務。

➜凡是和企業無關或不影響該企業資產、負債及業主權益增減變化的經濟事項，均不應視為會計處理之範圍。

③ 會計期間慣例

➜將繼續經營的企業，以人為的方法劃分成段落，以計算損益、編製報表。

➜會計期間若為一年則稱為會計年度，通常會計年度從每年1月1日起至12月31日止者，亦稱曆年制；也可視企業的淡旺季，自某月某日起12個月為一個會計年度。

④ 貨幣評價慣例

➜貨幣為社會經濟交易的媒介，故會計上以貨幣作為記錄、衡量及報導財務資訊之基本單位。。

➜會計上也以國家法定貨幣為基本單位，以方便比較。

Unit 1-8
會計科目

　　提供決策者企業的財務狀況與經營結果是會計工作的重要目的。企業財務狀況的良窳可從：(1) 企業到底擁有什麼或企業的資產有多少；(2) 企業到底虧欠多少或負債有多少，及 (3) 企業的自有資金有多少或業主權益有多少等三方面來評量。至於經營結果的好壞或公司賺不賺錢，則可比較企業的收入與費用，收入大於費用當然就是賺錢，否則就是虧本。

　　由單元 1-5 會計恆等式也知，只要能夠將企業的經營活動中，有關資產、負債、業主 (股東) 權益、收入與費用的交易資料彙總，即可據以核算企業經營成果與表述財務狀況。因此資產、負債、業主權益、收入與費用，就構成了會計五大要素。

　　但是現金與廠房設備雖然都是企業的資產，但其間也有所差異；例如，現金可以購買商品、設備或即時償還債務，而廠房設備資產必須經過變賣成現金才有償債的能力，債權人對於擁有較多現金的企業的償債能力，比擁有較多廠房資產的企業償債能力更具信心。因此，記錄經營過程中，與資產有關的交易事項必須再加以細分，才能方便日後的分析。其他會計要素的記錄也必須加以細分，才能進一步分析。

　　會計科目則是記錄各項交易事項的名稱，其結構與層次如下：

1. **類別**：每一會計科目均屬於會計五大類 (要素) 的某一要素，一般由會計科目名稱就可判別它的類別，因此不必標示其所屬類別；例如，現金會計科目當然屬於資產類，應付帳款會計科目當然屬於負債類。

2. **性質別**：將某一類別的會計科目，再依性質雷同者歸屬於一類。例如，資產類會計科目依其流動性 (變現快慢)，再細分為流動資產、固定資產、無形資產等；負債類會計科目也可依其到期日的遠近，細分為流動負債、長期負債或或有負債等。從會計科目名稱也可研判其性質別，故會計科目也不必標示其性質別。

3. **科目別**：會計科目就是企業所擁有各項資產、負債、業主權益、成本與費用所給予的特定名稱，例如，現金、應收帳款都是資產類會計科目；賒購原物料或商品產生的應付帳款，則是負債類會計科目。

4. **子目別**：不同客戶的應收帳款均記錄於同一個會計科目，就無法區分個別客戶的應收帳款額，故在應收帳款會計科目下，再按客戶名稱細分之；例如，會計科目「應收帳款—甲公司」、「應收帳款—乙公司」，分別細分不同公司的應收帳款。同理，應付帳款亦可類似細分之。

5. **細目別**：如果科目別、子目別仍未能明確表述會計事項，當然可以再加細分直到可以明確表述為止。例如，會計科目「汽車存貨—福特牌—2,000CC」可以表述到汽車的排氣量，當然可以再細分來表述汽車顏色等。

較常見的會計科目

類別	性質別	意　　義	舉　　例
資產類	流動資產	指現金及其他預期在一年或一個營業週期（以較長者為準），能夠轉換成現金、出售或耗用之資產。	現金、應收帳款、應收票據、應收租金、短期投資等
	長期投資	指非為營業直接使用而是為獲取財務上或營業上之利益為目的，且擬長期持有的投資。	債券投資、股票投資
	固定資產	指有實體存在，供營業使用，而不以出售為目的，且使用年限超過一年以上之資產。	土地、建築物、機器、其他設備及油礦煤礦森林等天然資源
	無形資產	指供營業使用，有經濟效益，但無實體存在的經濟資源。	專利權、版權、特許權、商譽等
	其他資產	凡無適當項目可歸屬的資產，均可納入其他資產。	存出保證金、待處分資產
負債類	流動負債	指預期需動用流動資產，或產生新的流動負債，或提供勞務償還的負債。	銀行借款、銀行透支、應付帳款、應付票據、應付費用等
	長期負債	指在下一個營業週期或下一個年度（取長者）不以流動資產、提供勞務或產生新流動負債償還的債務。	應付公司債、應付票據、長期借款等
	或有負債	指必須等到發生時才會有的潛在負債；潛在事項不發生時，就沒有負債。	產品售後服務、為他人保證、賠償訴訟案
	其他負債	凡不屬前述各項負債者，歸屬於其他負債。	存入保證金
業主權益類	股本	股東或業主投入之資金	普通股、特別股、業主權益、業主往來等
	保留盈餘	指企業營業所獲得之盈餘中，未以現金股利方式分配給股東，而保留於公司使用者。如發生營業虧損，則應使用累積虧損科目。	保留盈餘、累積虧損、業主往來
	資本公積	企業受贈或投入資本額超過股票面值部分，累加到資本公積。	資本公積、受贈資本
收入類	營業收入	企業主要營業活動產生的收入	銷貨收入、銷貨折讓
	非營業收入	企業非主要營業活動產生的收入	利息收入、租金收入
費用類	銷貨成本	購進商品或存貨的成本	進貨成本、運輸費用
	營業費用	企業因營業活動所產生的費用	廣告費、佣金費
	非營業費用	企業非屬營業活動所產生的費用	利息費用、資產處分損失

Unit **1-9** 會計借貸法則

正常會計程序的最終目的就是編製詳實正確、符合使用者決策需求的財務報表。財務報表上的各項狀況或結果，實際上就是將企業在某一段期間經營活動所發生的交易事項，依其所屬會計科目記錄、加總、彙整所得的餘額，因此，企業平時就必須記錄每個交易事項的變化。企業通常於帳簿中，每一個會計科目設有一個帳戶，其觀念示意圖如下：

(會計科目名稱)

借方 (左方) | 貸方 (右方)

由於其形狀有如英文字母「T」或中文字「丁」，故通稱為 T 字帳。T 字帳上方為會計科目的名稱 (如現金、應付帳款)，下方分隔為借方 (左方) 及貸方 (右方)，借、貸兩字在此並無特別意義，僅表示該會計科目金額的增加或減少。不幸的是，並非所有會計科目金額的增加，都記在借方或者貸方，而應該依據某一會計科目在會計恆等式的位置，來研判其金額的增加應記在借方或貸方，或金額的減少應記在借方或貸方。

依據會計恆等式 **資產＋費用＝負債＋業主權益＋收入**

凡是某一會計科目屬於會計恆等式等號左方的資產或費用類，則該會計科目的金額增加時，記在借方 (左方)；金額減少時，則記在貸方 (右方)。

凡是某一會計科目屬於會計恆等式等號右方的負債、業主權益或收入類，則該會計科目的金額增加時，記在貸方 (右方)；金額減少時，則記在借方 (左方)。

資產		＋	費用		＝	負債		＋	業主權益		＋	收入	
＋	－		＋	－		－	＋		－	＋		－	＋
增	減		增	減		減	增		減	增		減	增

現金會計科目屬於會計恆等式等號左方的資產類，因此，現金增加 $5,000 時，應該將 $5,000 記在現金 T 字帳的借方 (左方)，這種將 $5,000 記在現金會計科目的借方的動作，一般表述為「借記現金 $5,000」。同理，如果現金會計科目的金額減少 $3,000，則應記在現金 T 字帳的貸方 (右方)，或稱「貸記現金 $3,000」。

以現金 $300,000 購入電腦設備的交易事項中，現金是資產類會計科目，現金減少 $300,000，故應貸記現金 $300,000；電腦設備也是資產類會計科目，增加 $300,000 價值的電腦設備，故應借記電腦設備 $300,000；圖示如下：

現金		電腦設備	
	300,000	300,000	

任何交易事項的發生，最少均與兩個會計科目有關，依據各會計科目的類別，研判其增加或減少應該記錄於借方或記錄於貸方，再分別記錄之。每一交易事項所登錄

的兩個或兩個以上的會計科目及金額，稱為一個分錄。為了便於書面表述，可將上圖簡示如下：(假設上述交易事項發生於 X1 年 10 月 15 日)

日 期	會計科目	借方	貸方
X1/10/15	電腦設備	300,000	
	現金		300,000

上圖中有日期、會計科目、借方及貸方四個欄位，習慣上先記錄借方的會計科目，再記錄貸方會計科目；日期欄僅於該分錄的第一個會計科目書寫，貸方會計科目書寫時，應與借方會計科目內縮適當的距離 (如兩個字)。上圖更可簡略成：

X1/10/15	電腦設備	300,000	
	現金		300,000

外框僅為表示該交易事項分錄的相關會計科目。另於 X1 年 10 月 28 日以現金 \$200,000 及承諾 3 個月再支付 \$300,000，購進汽車一部；則因減少資產類現金 \$200,000，故應貸記之；增加負債類應付帳款 \$300,000，屬於負債類會計科目的增加，故應貸記之；汽車價值 \$500,000，屬資產類會計科目，金額的增加故應借記之；故得分錄如下：

X1/10/28	運輸設備	500,000	
	現金		200,000
	應付帳款		300,000

依據會計恆等式，解析交易事項借貸方的順序，圖示如下：

解析借貸方順序圖

步驟一：熟記會計恆等式
資產＋費用＝負債＋業主權益＋收入

步驟二：判斷交易事項中的會計科目屬於資產類、負債類、業主權益類、收入類或費用類

步驟四：屬於資產或費用類的會計科目，金額增加者，借記之；金額減少者，貸記之。

步驟三：屬於負債、權益或收入類的會計科目，金額增加者，貸記之；金額減少者，借記之。

會計科目名稱

借方
資產類、費用類金額增加者
負債類、業主權益及收入金額減少者

貸方
資產類、費用類金額減少者
負債類、業主權益及收入金額增加者

Unit 1-10
IFRS 國際財務報導準則

圖解會計學

會計是對於企業經營活動的交易事項或情況,加以認定、衡量、記錄、彙總、溝通的過程與結果。所謂溝通就是產生各種財務報表以展示企業財務狀況、經營績效及現金流量資訊,進而協助內部與外部資訊使用者做審慎的判斷與決策。如果財務報表的內涵、組織與結構格式沒有統一的規範,則投資大眾對各企業產生的財務報表可能有閱讀上的困難,也無從比較競爭企業的優劣。另外,資產、負債、業主權益、收益與費損等會計五大要素,如何認列與衡量,亦應有一致的規範,否則不同企業財務報表內相同科目 (如銷貨收入、應收帳款) 的定義與內容也恐有出入,其數值更可能誤導投資大眾的判斷與決策。因此,各國均由專責專業機構制定一般公認會計準則 (GAAP, Generally Accepted Accounting Principles),作為會計從業人員處理會計問題的遵循標準。準則會隨經濟和社會的變動,新知識與技術的累積及使用者對資訊需求的改變而加以修改。公認會計準則與會計活動的關係,如右圖。

我國早期雖有台灣省、台北市會計師公會的會計問題評議委員會制訂第一部 GAAP,共六章 56 條,由於制定時未徵詢各方意見,制定後又無法定權威,以致我國早期公司財務報表內容可靠性令人懷疑,公司間的財務報表也無法相互比較,因此無法促進金融投資市場的發展。我國於民國 73 年,仿照美國財務會計基金會之模式,成立「財團法人中華民國會計研究發展基金會」的民間組織,其內的財務會計準則委員會,即負責一般公認會計準則的研訂工作。當時係以美國 FASB (Financial Accounting Standards Board) 的準則公報為基礎,再參酌國內法律環境、經濟發展與資本市場的成熟程度,經徵詢各方意見的過程,加以陸續完成。我國金融監督管理委員會亦以行政命令規定「證券發行人財務報告編製準則」所稱之「一般公認會計準則」為會計研究發展基金會所公布的各號財務會計準則及其解釋;因而賦予法定權威。

企業發展國際化已是不可阻擋的趨勢。當企業產銷機構分散在不同國家時,若各國編製財務報表的準則不同,必然增加會計處理成本且不利於其公司總部的管理與決策制定。企業進行全球性資金的籌措也是一種趨勢。公司在國外市場籌募資金,必須提供符合當地會計準則的財務報表,或以該國證券交易市場所能接受的方式編製財務報表,以提供當地投資者決策的參考。如果各國會計準則不同,企業勢必要編製不同的財務報表,否則所列報的經營績效,會因會計準則而有所差異,從而失去投資者對財務報表的信心。因此,如果有一套國際性的會計準則,更能促進企業發展國際化與籌資全球化。

基於前述需求,於 1973 年 6 月在倫敦由澳大利亞、日本、德國、法國、荷蘭、英國、墨西哥、加拿大及美國等九個國家的十六個會計事業團體,共同發起成立國際會計準則委員會 (International Accounting Standards Committee, IASC),其宗旨在促進各國會計準則的一致性,縮小國際間會計準則的差異,提升各國企業財務報表的

比較性及實用性。

　　截至 2001 年國際會計準則委員會 (IASC) 經由組織調整重新定名為國際會計準則理事會 (International Accounting Standards Board, IASB)。之前的這段期間，IASC 共發布 41 個國際會計準則 (International Accounting Standards, IAS)，其中 12 個已被取代，目前仍有效者共 29 個。下屬的常設準則解釋委員會 (Standards Interpretation Committee, SIC) 也發布了 33 個解釋公告，目前仍有效者共 11 個。

　　國際會計準則理事會的改組宗旨在促進國際會計準則的趨同與統一，IASB 也陸續發布了 13 個國際財務報導準則 (International Financial Reporting Standards, IFRS)，下屬的國際財務報導解釋委員會 (International Financial Reporting Interpretation Committee, IFRIC) 也發布了 18 個解釋公告，目前仍有效者共 16 個。統稱的國際財務報導準則 IFRSs 包含 IAS、IFRS 各個準則公報及相關的解釋公告，如下圖。

　　IFRS 以編製合併財務報表為主體，強調用公允價值來表達公司的財務資訊，更能公允表達企業整體的經營實況。目前全球已有 117 個國家已要求或計畫要求當地企業直接採用 IFRS 編製財務報表。

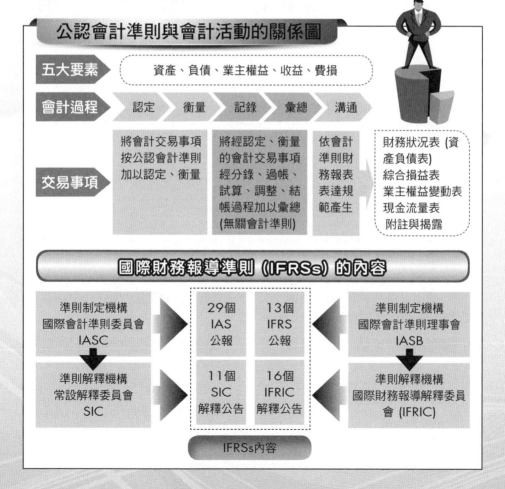

Unit 1-11
我國與 IFRS 接軌與推動

　　我國為配合企業國際化與籌資全球化的趨勢，企業界遵行的一般公認會計準則必須與國際財務報導準則 (IFRSs) 接軌，以提升國內企業的競爭力。當前與國際財務報導準則 IFRS 接軌的方式有二種：(1) 趨同接軌：由各國會計準則制定機構逐號參酌 IFRS 各號準則公報，修改該國會計準則接軌之；(2) 直接採用：直接翻譯 IFRS 各號準則為該國文字，當作該國的公認會計準則。

　　我國初期採用趨同接軌的方式，因此會計研究發展基金會自民國 88 年起，會計準則的發行改朝 IFRS 接軌。民國 90 年之後，會計研究發展基金會即依照 IFRS 內容修訂 10 號 (存貨) 及 32 號 (收入之認列) 公報，增訂 34 號至 41 號公報，如金融商品、資產減損、無形資產、待出售非流動資產及停業單位、股份基礎給付交易、保險合約與營運部門資訊揭露等。但基於全球化考量，我國金管會於民國 97 年 9 月 18 日，決議改採「直接接軌」方式與 IFRS 接軌。翻譯的 IFRS 公報內容，請上網查閱金管會網站 http://www.fsc.gov/tw/ 或以關鍵字 IFRS 搜尋，均可獲得公報內容及學習專區。

　　金管會更於民國 98 年 5 月 14 日正式發布「我國企業採用國際會計準則之推動架構」明訂我國正式採用 IFRS 的時程及適用對象，如下表：

適用對象	適用時程
公司已發行或已向金管會申報發行海外有價證券，或總市價大於新台幣 100 億元者	得提前於 2012 年採用，2013 年強制採用
上市上櫃、興櫃公司及金管會主管之金融業 (不含信用合作社、信用卡公司、保險經紀人及代理人)	2013 年強制採用
非上市上櫃及興櫃之公開發行公司、信用合作社及信用卡公司	得提前於 2013 年採用，2015 年強制採用

　　我國眾多的非公開發行公司，將來如何適用 IFRS 則尚無定論，可能採取：(1) 全套的 IFRS 準則；(2) 中小企業專用的 IFRS；(3) 依照我國財務會計準則公報處理；(4) 重新訂立中小企業會計準則，或其他。茲就我國財務會計準則公報與國際財務會計準則公報比較，如下表：

我國會計準則公報 (民國 73~99 年)		國際財務會計準則公報 (1975~2010)	
公報號次	公　報　名　稱	公報號次	公　報　名　稱
1	財務會計觀念架構及財務報表之編製	IAS 1	Presentation of Financial Statements
		IAS 16	Property, Plant and Equipment
2	租賃會計處理準則	IAS 17	Leases
3	利息資本化會計處理準則	IAS 23	Borrowing Costs
5	採權益法之長期股權投資會計處理準則	IAS 28	Investments in Associates

6	關係人交易之揭露	IAS 24	Related Party Disclosures
7	合併財務報表	IAS 27	Consolidated and Separate Financial Statements
8	會計變動及期前損益調整之會計處理	IAS 8	Accounting Policies, Changes in Accounting Estimates and Errors
9	或有事項及期後事項之處理準則	IAS 10	Events After the Balance Sheet Date
		IAS 37	Provisions, Contingent Liabilities and Contingent Assets
10	存貨之評價與表達	IAS 2	Inventories
11	長期工程合約之會計處理準則	IAS 11	Construction Contract
12	所得稅抵減之會計處理準則		未訂
13	財務困難債務整理之會計處理準則		未訂
14	外幣換算之會計處理準則	IAS 21	The Effects of Changes in Foreign Exchange Rates
15	會計政策之揭露	IAS 1	Presentation of Financial Statements
16	財務預測編制要點		未訂
17	現金流量表	IAS 7	Cash Flows Statements
18	退休金會計處理準則	IAS 19	Employee Benefits
		IAS 26	Accounting and Reporting by Retirement Benefit Plans
19	創業期間之會計處理準則		未訂
20	部門別財務資訊之揭露 (已於民國 100 年 1 月 1 日被 41 號取代)	IAS 14	Segment Reporting (已於民國 100 年 1 月 1 日被 IFRS 8 取代)
22	所得稅之會計處理準則	IAS 12	Income Taxes
23	期中財務報表之表達與揭露	IAS 34	Interim Financial Reporting
24	每股盈餘	IAS 33	Earnings Per Share
25	企業合併－購買法之會計處理	IFRS 3	Business Combinations
28	銀行財務報表之揭露	IFRS 7	Financial Instrument Disclosures
29	政府輔助之會計處理準則	IAS 20	Accounting for Government Grants and Disclosure of Government Assistance
30	庫藏股票之會計處理準則		未訂
31	合資投資之會計處理	IAS 31	Interests in Joint Ventures
32	收入認列之會計處理準則	IAS 18	Revenue
33	金融資產之移轉及負債消滅之會計處理準則	IAS 39	Financial Instruments: Recognition and Measurement
34	金融商品之會計處理準則		
35	資產減損之會計處理準則	IAS 36	Impairment of Assets
36	金融商品之表達與揭露	IAS 32	Financial Instruments: Presentation
		IFRS 7	Financial Instruments: Disclosures
37	無形資產之會計處理準則	IAS 38	Intangible Assets
38	待出售非流動資產及停業單位之會計處理準則	IFRS 5	Non-Current Assets Held for Sale and Discontinued Operation
39	股份基礎給付之會計準則	IFRS 2	Share-based Payment
40	保險合約之會計處理準則	IFRS 4	Insurance Contracts
41	營運部門資訊之揭露	IFRS 8	Operating Segments
	高度通貨膨脹經濟下之財務報導	IAS 29	Financial Reporting in Hyperinflationary Economics
	投資性不動產	IAS 40	Investment Property
	農業	IAS 41	Agriculture
	首次採用國際財務報導準則	IFRS 1	First-time Adoption of International Financial Reporting Standards
	礦產資源探勘及評估	IFRS 6	Exploration for and Evaluation of Mineral Resources

第 **2** 章

平時會計處理程序

●●●●●●●●●●●●●●●●●●●●●●●●●● 章節體系架構 ▼

Unit **2-1**
會計循環

　　企業係以永續不間斷的經營為目標，企業自開始運作就不斷產生交易事項，因此除非到達公司清算的那一天，否則很難將公司所有的資產、負債或損益做清楚的計算。為滿足會計資訊使用者及時掌握企業的財務狀況及經營結果的需要，以便做精準的決策與管理，因此會計人員將企業的生命劃分成一個一個的段落，然後在每一個段落結束時，都應進行企業財務狀況及經營成果的評估，提供會計資訊使用者決策與管理之用。這種將企業永續生命劃分為一個一個段落，以便評估企業的經營績效的每一個段落，稱為會計期間。一般企業都是以一年為一個會計期間，稱為會計年度；企業也可配合行業特性，訂定其會計期間。雖然許多企業的會計年度與日曆年相吻合，但會計年度也可配合企業的淡旺季，起自某月的一日，終止於十二個月後的某月最後一日。

　　每一個會計期間都有一定的會計工作依序進行，才能編製有效、精確的財務報表。每一個會計期間應該做的會計工作有分錄、過帳、試算、調整、結帳及編表等六項，這些工作在每一會計期間都循環的重複作業，故稱為會計循環 (accounting cycle)。會計循環的每項工作簡述如下：

1. **分錄 (Journalizing)**：分析企業營運發生的每一筆與會計五大要素有關的交易事項的原始憑證，運用借貸原則，區分借記或貸記的會計科目，並衡量交易的金額，記入帳簿，這項工作稱為「分錄」，而用來記載交易的帳簿，稱為「分錄簿」，或「日記簿」(journal)。

2. **過帳 (Posting)**：將日記簿中每一分錄有關的會計科目、金額轉入分類帳簿相當的會計科目帳戶，以便彙總每一科目的借、貸方總額，這項工作稱為「過帳」，供過帳使用的帳簿，稱為「分類帳」(ledger)。

3. **試算 (Taking trial balance)**：運用借貸平衡的原理，驗證分錄及過帳的工作是否正確的工作，稱為「試算」。而試算時將各個科目帳戶借、貸方餘額製成的表，稱為「試算表」(trial balance)。

4. **調整 (Adjusting)**：會計上某些帳項，例如固定資產都有一年以上的耐用年限，是跨越會計期間的，為了使每一個科目都能正確表示編表時的實際情況，應該定期整理、修正這些帳項，這種工作稱為「調整」。調整必須以分錄方式修正相關科目的帳面記錄，由於調整工作繁雜，為了避免發生錯誤，會計人員在將調整分錄正式記載到日記簿前，通常會先編製所謂的「工作底稿」(working papers)。

5. **結帳 (Closing)**：收入與費用類會計科目僅為評算每一會計期間終了時的營運盈虧，盈虧計算後應將該期間的所有收入及費用帳戶結清歸零，以備繼續累積下一個會計期間的收入與費用。資產、負債及業主權益各項帳戶的餘額，代表企業的權利與義務，因此不能結清，而必須結轉下一會計期間，繼續記載經營

活動中發生的權利與義務。這項結清損益帳戶，與結轉資產、負債、及業主權益帳戶的工作，稱之為「結帳」或「結算」。

6. 編表 (Preparing financial statements)：會計期間結束，應將期間內所有交易的結果彙總列表；也就是一方面根據收入及費用帳戶編製損益表，一方面則根據資產、負債及業主權益帳戶編製資產負債表。最後再根據有關帳戶變動的情形，編製現金流量表及業主權益變動表或保留盈餘表等。

從交易開始至完成會計期間的財務報表的會計循環包括：

會計恆等式

會計期間開始

8 結帳
將虛帳戶結清 (歸零)，以便累計下一會計期間的收入與費用；實帳戶結轉 (不歸零) 供下一會計期間繼續登載企業權利、義務的變化

1 企業活動
企業進行營業活動、投資活動及融資活動，以期獲利，並維持一定的獲利能力

7 編製財務報表
依據調整後每一會計科目的餘額，編製資產負債表、損益表、現金流量表及業主權益變動表

2 交易發生
活動產生營業交易、投資交易及融資交易

6 製作調整分錄
檢視所有應計項目、遞延項目及估計項目，並編寫調整分錄。經調整過的試算表平衡後，再進行調整分錄的日記簿登錄及過帳

3 編寫交易分錄
分析交易所影響的會計科目與金額，編寫交易分錄記載到日記簿

5 試算表驗證
過帳後，將所有分類帳戶的借方餘額或貸方餘額編製試算表，檢視試算表上借方與貸方總額是否相等；若否，除錯直到借貸平衡為止

4 過帳
每隔一段時間或會計期間期末，將日記簿的分錄上每一會計科目、金額轉載到分類帳相當會計科目帳戶

Unit 2-2
會計分錄

交易發生時必須取得憑證，以證明交易的經過及結果，會計上使用的憑證包括原始憑證及記帳憑證。原始憑證是證明交易事實的發生與結果的憑證，例如用來證明有買賣事實的發票、收據等；根據原始憑證所編製，用來顯示處理會計事項人員的責任，並作為記帳根據的憑證稱為「記帳憑證」。

原始憑證依其產生的主體不同而分為下列三種：

1. **外來憑證**：從企業本身以外的個體所取得的交易憑證。例如購買貨物而取得的進貨發票，或支付各項款項而取得的各種收據等。

2. **對外憑證**：企業本身製發給外界個體的交易憑證，例如銷售貨物所開立的發票，收入款項開製給付款人的收據等。

3. **內部憑證**：企業本身基於內部會計處理的需要而編製的憑證。例如員工借支憑證、資產折舊費用計算表、業務佣金計算表等。

記帳憑證係依原始憑證及借貸原則，區分該交易的借、貸科目，認定並記錄適當的金額所開立的憑證，用以傳遞相關人員，以便於收付、入帳、審核等手續，簡化帳務的處理，並且確定每個經辦人員的責任。

凡是交易發生，在取得原始憑證及編製記帳憑證之後，應該按照交易發生的先後順序，就各項交易所影響的項目，分別記錄交易的借、貸科目及金額，這項工作，稱為做分錄 (journalizing)，所記載的每一筆交易，也稱為分錄 (journal entry)。

當交易發生時，應該分析下列各項：

1. **交易的認定**：就交易內容認定其是否改變資產、負債、業主 (股東) 權益、收入及費用的金額增減，不會改變上述會計五大要素金額的交易，就不必撰寫分錄；否則就該製作分錄。

2. **影響的科目**：就交易的內容，研判將使哪些科目的金額有所變動。例如賒購商品，受影響的會計科目為「進貨」(或「存貨」) 及「應付帳款」；賒銷商品，會影響「應收帳款」及「銷貨」等會計科目。

3. **應做的記錄**：上述各項目經分析後，就交易影響各會計科目的增、減變化，依據借貸法則及記帳規則，在日記簿上的相關位置，記入受影響的會計科目，及各會計科目應該增、減或借、貸的金額。

分錄中的借方與貸方都只有一個會計科目的分錄，稱為單項式分錄 (single journal entry)；分錄中的借方或貸方，有任何一方，或是借、貸雙方同時都有二個或二個以上會計科目所構成的分錄，稱為多項式分錄 (compound journal entry)。會計分錄依其目的也可分為：

圖解會計學

1. **一般分錄 (General entry)**：就是在日常會計工作中，專為記載交易發生，所做的原始分錄。例如：費用的發生、貨品的買賣等。
2. **調整分錄 (Adjusting entry)**：為了使會計期間終了的時候，能正確表示各項帳戶的實際情況，所做的整理及修正分錄，例如：應計費用的提列、預收收益的沖轉，以及壞帳的提列、折舊費用的認列等。
3. **結帳分錄 (Closing entry)**：每當會計期間終了時，將收入及費用帳戶結清轉至「本期損益」帳戶，用來結算這段會計期間的損益 (盈虧)；以及將資產、負債、及業主權益帳戶，結轉至下一會計期間，以供繼續記載權利義務的變動，就是所謂的結帳分錄。

交易分析實例

筆記型電腦交易價格 **$36,000**

賣方	買方
賒銷筆記型個人電腦 $36,000，使賣方存貨資產減少 $36,000；應收帳款資產增加 $36,000，故應做分錄	賒購筆記型個人電腦 $36,000，使買方辦公設備-電腦資產增加 $36,000；應付帳款負債增加 $36,000，故應做分錄
交易影響的科目有銷貨收入及應收帳款兩個科目，影響金額為 $36,000	交易影響的科目有辦公設備--筆記型電腦及應付帳款兩個科目，影響金額為 $36,000
應該借記應收帳款 $36,000；貸記銷貨收入 $36,000	應該借記辦公設備 $36,000；貸記應付帳款 $36,000
或	**或**
應收帳款　　　36,000　　銷貨收入　　　　　36,000	辦公設備－電腦　36,000　　應付帳款　　　　　36,000

Unit 2-3
日記簿

　　會計帳簿是保存會計記錄的簿籍，我國商業會計法第 20 條規定：企業至少應該設置日記簿及分類簿。企業可依組織及業務型態的不同，設置各種適用的帳簿。依帳簿的組織區分，會計帳簿有日記簿 (journal) 及分類簿 (ledger) 兩種。

　　日記簿記錄日常營運依時序發生交易事項的分錄，依其記載內容可分為：

1. **普通日記簿 (General journal)**：把企業交易依時序以普通記載分錄的方法，加以記錄而成的帳簿。
2. **特種日記簿 (Special journal)**：就是把企業交易頻繁的項目 (如現金收入、應收帳款等)，單獨劃分出來，用以記載影響此項科目交易的專用記錄簿。

　　常用的普通日記簿的內容，通常包括下列各欄，格式如下圖：

年		會計科目及	類	借方金額							貸方金額						
月	日	摘　　要	頁														

1. **日期欄**：登載交易發生的日期。年度記入每一頁第一行的「年度」欄中。每月發生的第一筆交易，應該在這一筆交易第一行「月份」欄中，記入該月份數字，同一個月的交易就不需再記月份。每日發生之第一筆交易，應於該交易第一行「日期」欄，記入日期，續後發生在同日的每一筆交易，則只要用同上「〃」(ditto) 符號即可。但是換頁的第一筆交易「月份」欄及「日期」欄仍應該記錄。

2. **會計科目及摘要欄**：用來記載交易應借及應貸的科目名稱，及交易的摘要事項註記。交易所影響的借、貸科目都應該列入本欄，同一筆交易應該避免拆開分別記入不同頁次。記錄科目時，應該先記借方的各項科目，再記貸方各項科目。當借、貸有多個科目時，各借方科目的首字應該要對齊，而各貸方科目的首字也應該要另行對齊。為了辨別借、貸，貸方科目應向右移約二個字的距離，再開始記錄。

　　每項交易的重要事項，應該摘要記錄於最後一個貸方科目之下，通常應與貸方科目首字錯開，以示區別。摘要的內容應該儘量簡要，但是仍然應該兼顧事實陳述的明確與完整。

3. **類頁欄**：用來填入本分錄相關的科目，於過帳時登載於分類帳上的頁次。主要是為了便於查考及避免過帳時發生錯誤。過帳時，分錄中的每一會計科目的日

期及金額欄都轉載於分類帳上相同的會計科目，並將轉載分類帳的頁次登錄於日記簿該會計科目的類頁欄，除了便於追蹤查考外，也表示過帳程序已完成，這樣不但便於過帳工作的進行，更可避免發生重複過帳、遺漏過帳的情形。

4. **借 (貸) 金額欄**：交易發生後，根據借貸法則，將每一分錄中各借、貸科目相關的金額，分別記入相關的借、貸金額欄中。屬借方科目的金額列在借方金額欄中，屬貸方科目的金額列在貸方金額欄中。

   在一般會計研討時，為求簡便，常將分錄以下列形式記載之：

10/15	現金	3,500	
	銷貨		3,500

   上述分錄表示某企業於 10 月 15 日 (年份已經記載於日記簿本頁的第一行) 現銷貨品 $3,500，借方科目為「現金」，貸方科目為「銷貨」，借、貸科目書寫已經很明確了，不必在每一科目前，另外書寫「借」、「貸」字樣。

   借、貸金額不可以上下對齊，如此才能表示日記簿中借、貸金額欄的分立；且因日記簿中已有金額欄的設置，借、貸方的金額數字前，當然不必另外書寫 $ 以免重複。

   某企業於 11 月 2 日支付現金 $200,000，承諾於 12 月 31 日另行支付現金 $300,000 賒購汽車一部。該交易事項發生運輸設備 (資產) 增加 $500,000，所以記入借方科目與金額；同時，現金 (資產) 減少 $200,000，所以記入貸方科目與金額，應付帳款 (負債) 增加 $300,000，所以記入貸方科目與金額。先記借方會計科目與金額，再記貸方科目與金額，最後做一摘要註記如下：

11/02	運輸設備－汽車	500,000	
	現金		200,000
	應付帳款		300,000
	部分賒購汽車一部		

   如果某一企業經營活動中與現金有關的交易甚多，則可將現金交易的分錄與非現金交易的分錄，分別記載於現金日記簿與普通日記簿。現金日記簿與普通日記簿的格式完全相同。如果將現金交易的分錄又區分為現金收入分錄與現金支出分錄，也可設置現金收入簿與現金支出簿。記入現金收入簿的分錄，其借方科目均為現金，故可以僅記入貸方科目即可，而省略日記簿的借方金額欄。同理，記入現金支出簿的分錄，其貸方科目均為現金，故可以僅記入借方科目即可，而省略日記簿的貸方金額欄。

   同理，進貨簿、銷貨簿、應收帳款簿、應付帳款簿可以省略進貨 (借方)、銷貨 (貸方)、應收帳款 (借方) 及應付帳款 (貸方) 等科目與金額，而達簡化帳簿的目的。特種日記簿所不能記載的分錄，仍需記載於普通日記簿。

Unit 2-4
會計分錄實例

圖解會計學

　　以實例說明會計分錄製作及日記簿的登錄方法。假設王威廉於 X2 年 12 月 1 日以獨資型態，籌設大業管理顧問事務所。相關經營活動如下：

12 月 1 日	投入資金 $800,000
12 月 1 日	預付辦公室 3 個月租金 $60,000
12 月 1 日	以現金 $400,000 購入汽車乙部。預估使用年限 5 年，殘值為 $40,000，採直線法攤提折舊費用
12 月 5 日	賒購辦公用品 $1,500
12 月 7 日	賺取顧問收入 $70,000，客戶以現金支付
12 月 10 日	預收 3 個月顧問費 $180,000
12 月 11 日	以現金 $1,500 支付 12 月 5 日的應付帳款
12 月 18 日	支付水電費 $800
12 月 21 日	賺得顧問收入 $80,000，客戶以同額 6 個月到期的年利率 12% 附息本票支付
12 月 30 日	支付員工薪資 $70,000
12 月 31 日	王威廉自事務所提取款項 $60,000

032

以上經營活動所產生的部分交易，其分錄說明如下：

12 月 1 日　投入資金 $800,000，屬於現金 (資產) 與業主資本均增加 $800,000，故借記現金與貸記業主資本各 $800,000 如下：

12/01	現金	800,000	
	業主資本		800,000

12 月 1 日　預付辦公室 3 個月租金 $60,000，屬於現金 (資產) 減少 $60,000 與預付租金 (資產) 增加 $60,000，故借記預付租金與貸記現金各 $60,000 如下：

12/01	預付租金	60,000	
	現金		60,000

12 月 10 日　預收 3 個月顧問費 $180,000，屬於現金 (資產) 增加 $180,000 與預收顧問收入 (負債) 增加 $180,000，故借記現金與貸記預收顧問收入各 $180,000 如下：

12/10	現金	180,000	
	預收顧問收入		180,000

其他分錄經分析記入日記簿如右圖，其中類頁欄留供後面說明。

日 記 簿

X2 年		會計科目及摘要	類頁	借方金額		貸方金額	
月	日						
12	1	現金	1	800,000	00		
		業主資本	70			800,000	00
		王咸廉投入資金 $800,000					
	1	預付租金	25	60,000	00		
		現金	1			60,000	00
		預付辦公室三個月租金					
	1	運輸設備－汽車	30	400,000	00		
		現金	1			400,000	00
		現購汽車乙部					
	5	用品盤存	35	1,500	00		
		應付帳款	65			1,500	00
		賒購辦公用品					
	7	現金	1	70,000	00		
		顧問收入	80			70,000	00
		賺取顧問收入					
	10	現金	1	180,000	00		
		預收顧問收入	55			180,000	00
		預收 3 個月顧問收入					
	11	應付帳款	65	1,500	00		
		現金	1			1,500	00
		現金支付 12/5 的應付帳款					
	18	水電費	90	800	00		
		現金	1			800	00
		支付水電費 $800					
	21	應收票據	20	80,000	00		
		顧問收入	80			80,000	00
		賺得顧問收入 (附息本票)					
	30	員工薪資	85	70,000	00		
		現金	1			70,000	00
		支付員工薪資					
	31	業主往來	74	60,000	00		
		現金	1			60,000	00
		業主提款 $60,000					

Unit 2-5
總分類帳與明細分類帳

交易分錄記入日記簿後，為了能了解企業每一個會計科目帳戶在某一期間的變動情形，及某一特定時日的餘額狀況，於是就設置按照科目分類、整理的分類帳簿。分類簿可分為：

1. **總分類帳** (General ledger)：就是按照會計科目分類，所設置的整體性帳簿。總分類帳內應該包括所有與企業活動有關的會計科目。
2. **明細分類帳** (Subsidiary ledger)：如果某一會計科目有再細分子目或細目，則可按含會計科目分子目或細目的分類而設立的帳簿。

總分類帳中當然也有應收帳款科目的帳戶，如將許多交易對象的應收帳款都彙總到總分類帳的「應收帳款」一個科目，就沒有辦法明細劃分不同客戶來往的情形，產生管理上不方便。為了辨別不同客戶往來情形，應在應收帳款科目之後加上客戶名稱為子目，例如，甲公司的應收帳款科目為「應收帳款－甲公司」；同理，乙公司的應收帳款科目為「應收帳款－乙公司」。

明細分類帳與總分類帳的格式相同，但是總分類帳的帳戶名稱為會計科目「應收帳款」，而明細分類帳的帳戶名稱為含有子目或細目的會計科目，如「應收帳款－甲公司」或「應收帳款－乙公司」。如此一來，總分類帳彙集所有「應收帳款」科目的金額，而明細分類帳的帳戶「應收帳款－甲公司」彙集了所有「應收帳款－甲公司」科目的金額；同理，明細分類帳的帳戶「應收帳款－乙公司」彙集了所有「應收帳款－乙公司」科目的金額。因此，總分類帳「應收帳款」科目的餘額應該等於明細分類帳帳戶「應收帳款－甲公司」餘額與帳戶「應收帳款－乙公司」餘額的總和；這樣說明了總分類帳簿與明細分類帳簿名稱由來。

明細分類帳乃是為了輔助總分類帳的不足而設置，因此又稱為輔助分類帳 (subsidiary ledger)。總分類帳科目的餘額，必須等於其明細分類帳各子目餘額的總和，這兩個帳戶之間具有統制與被統制的關係，所以設有明細分類帳的總分類帳科目又稱為統制帳戶 (controlling account)。

所有設有子目或細目的會計科目，均可以總分類帳彙總到會計科目的科目別的總額，以明細分類帳彙總到會計科目的子目或細目別的總額。如應收票據、應付帳款、存貨等會計科目均有可能設置子目或細目，以便統計明細及彙總的餘額。

分類帳是用來轉載日記簿的記錄，所以分類帳上記載的資料與日記簿相同。常用的分類帳格式，一般包括以下各欄：

1. 頁首應標明會計科目科目別帳戶 (總分類帳如應收帳款) 或會計科目子目別帳戶 (明細分類帳如應收帳款－甲公司、應收帳款－乙公司等) 名稱，及分類帳簿的頁數。

2. 日期欄：記載交易發生的日期，即該交易在日記簿上所記錄的日期。

3. 摘要欄：記載該筆交易摘要內容，與日記簿的摘要相同。

4. 日頁欄：用來登錄該科目分錄是在原日記簿上的頁次。

5. 借 (貸) 金額欄：用來記載每個帳戶因交易產生的數額。

分類帳格式

二欄式帳戶

分類帳的格式，通常分標準帳戶式及餘額式帳戶式二種。標準式帳戶有借、貸兩個金額欄，又可稱為「兩欄式」，標準帳戶式的格式如下：

帳 戶 名 稱
第　頁

年		摘要	日頁	借方金額	年		摘要	日頁	貸方金額
月	日				月	日			

三欄式帳戶

下圖為餘額式帳戶，因為除了借、貸兩個金額欄外，增加了餘額欄而得名，又稱「三欄式」帳戶。

帳 戶 名 稱
第　頁

年		摘要	日頁	借方	貸方	餘額
月	日					

Unit **2-6**
過帳

　　會計期間內,各會計科目的借、貸方金額的增減,分散於期間內日記簿各分錄中,為了掌握會計期間內各會計科目的借、貸方金額的總額,必須進行過帳程序。所謂過帳 (posting),就是依據日記簿的分錄,依序將該分錄的借方及貸方金額過入該分錄各會計科目的總分類帳戶中。如果該分錄的會計科目再細分至子目或細目,且設有該科目的明細分類帳,則亦應將該分錄的借方或貸方金額,過入相關的明細分類帳中。

　　過帳時,分類帳的記載,通常是以每一項分錄做為處理的對象,當一項分錄過帳完畢,再進行次一個分錄的過帳工作。

1. **帳戶**:依據日記簿分錄中的會計科目,翻至分類帳中相同會計科目的帳頁。
2. **日期**:分類帳上日期欄的日期,以日記簿中過帳分錄所記錄的日期登載之。
3. **摘要**:分類帳上的摘要欄內,也是註明本科目金額增、減的原因或本分錄的交易事實。因為在日記簿中,通常已經有明確而完整的記錄,所以在實際應用時,分類帳的摘要欄常省略不記。

4. **借 (貸) 金額**:將日記簿每項分錄原借、貸方向金額,轉記入本帳戶的金額欄中。例如,日記簿中有賒購 $1,500 的辦公用品,則有如下的分錄:

12/05	用品盤存	1,500	
	應付帳款		1,500

則應將日期及借方金額 $1,500 轉記到總分類帳「用品盤存」帳戶的借方金額欄;同時也應將日期及貸方金額 $1,500 轉記到總分類帳「應付帳款」帳戶的貸方金額欄。

5. **日頁**:日頁係指日記簿上的頁數。在每一項分錄過帳後,為了便於日後的查考,應該在分類帳的日頁欄內,填入該項分錄在日記簿上的頁次,用來顯示過帳的註記,並同時在日記簿此一會計科目同行的類頁欄內,填入各該科目在分類帳上記錄的頁次,用來顯示已過帳。類頁即是分類帳上的頁數。

6. **滿頁註記**:過帳時分類帳每頁僅剩一行就記滿時,應將本頁的借方總額、貸方總額、餘額,記載在本頁的最後一行的相當欄位,且在同一行的摘要欄註明過次頁或轉下頁的字樣;次一頁的第一行,也應抄錄前一頁的借方總額、貸方總額、餘額,並於同一行的摘要欄,註明承前頁或接上頁的字樣,以示銜接。在計算分類帳每一頁的借方總額、貸方總額時,應該包含承前頁的借方總額、貸方總額;餘額則依本頁計得的借方總額、貸方總額計算之。因此,每一頁的借方總額、貸方總額,代表該分類帳帳戶在本會計期間的總額與餘額。

分類帳過帳的記載，在教學研討時，為求簡便，常以「T」字帳的形式表示如下：

<table>
<tr><td></td><td colspan="2" align="center">現　　金</td><td align="right">第 1 頁</td></tr>
<tr><td>12/1</td><td align="right">800,000</td><td>12/1</td><td align="right">60,000</td></tr>
</table>

　　這樣的記錄是表示現金帳戶 12 月 1 日增加現金 $800,000，12 月 1 日減少現金 $60,000。分類帳既然有金額欄的設置，在金額前不必再書寫 $，以免重複。

　　以下為大業管理顧問事務所 12 月 1 日的前兩個分錄的過帳關聯與結果。

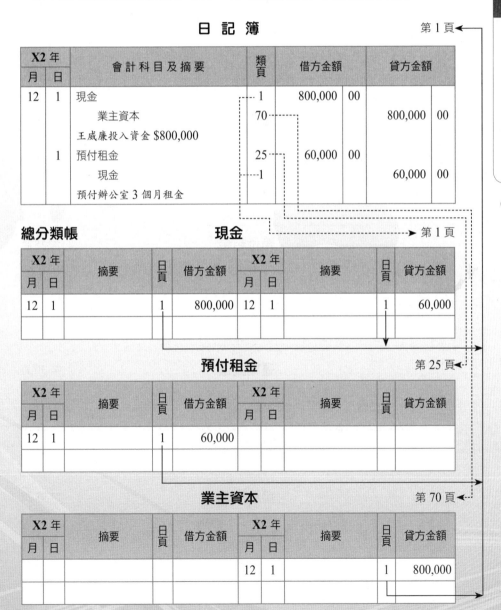

過帳後分類帳各帳戶如下：

現金

第 1 頁

X2 年		摘要	日頁	借方金額	X2 年		摘要	日頁	貸方金額
月	日				月	日			
12	1		1	800,000	12	1		1	60,000
	7		1	70,000		1		1	400,000
	10		1	180,000		11		1	1,500
						18		1	800
						30		1	70,000
						31		1	60,000

應收票據

第 20 頁

X2 年		摘要	日頁	借方金額	X2 年		摘要	日頁	貸方金額
月	日				月	日			
12	21		1	80,000					

預付租金

第 25 頁

X2 年		摘要	日頁	借方金額	X2 年		摘要	日頁	貸方金額
月	日				月	日			
12	1		1	60,000					

運輸設備

第 30 頁

X2 年		摘要	日頁	借方金額	X2 年		摘要	日頁	貸方金額
月	日				月	日			
12	1		1	400,000					

用品盤存

第 35 頁

X2 年		摘要	日頁	借方金額	X2 年		摘要	日頁	貸方金額
月	日				月	日			
12	5		1	1,500					

預收顧問收入

X2 年 月	X2 年 日	摘要	日頁	借方金額	X2 年 月	X2 年 日	摘要	日頁	貸方金額
					12	10		1	180,000

應付帳款

第 65 頁

X2 年 月	X2 年 日	摘要	日頁	借方金額	X2 年 月	X2 年 日	摘要	日頁	貸方金額
12	11		1	1,500	12	5		1	1,500

業主資本

第 70 頁

X2 年 月	X2 年 日	摘要	日頁	借方金額	X2 年 月	X2 年 日	摘要	日頁	貸方金額
					12	1		1	800,000

業主往來

第 74 頁

X2 年 月	X2 年 日	摘要	日頁	借方金額	X2 年 月	X2 年 日	摘要	日頁	貸方金額
12	31			60,000					

顧問收入

第 80 頁

X2 年 月	X2 年 日	摘要	日頁	借方金額	X2 年 月	X2 年 日	摘要	日頁	貸方金額
					12	7		1	70,000
						21		1	80,000

員工薪資

第 85 頁

X2 年 月	X2 年 日	摘要	日頁	借方金額	X2 年 月	X2 年 日	摘要	日頁	貸方金額
12	30		1	70,000					

水電費

第 90 頁

X2 年 月	X2 年 日	摘要	日頁	借方金額	X2 年 月	X2 年 日	摘要	日頁	貸方金額
12	18		1	800					

Unit 2-7
試算與試算表

圖解會計學

　　試算的工作是基於會計的平衡原理 (借方金額等於貸方金額)，把總分類帳中所有帳戶的餘額，彙總列表，用來檢查總分類帳的借方總額與貸方總額是否平衡，藉以觀察日記簿與分類帳的記帳工作是否正確。

　　試算表 (trial balance) 是執行試算的工具；是以總分類帳為編製的基礎，總分類帳的資料，是根據日記簿的每項分錄而來，而日記簿上每一項分錄的借、貸金額既然相等，則總分類簿所有分錄借方金額的總額與貸方金額的總和也一定相等。若試算結果，發現借、貸二方失去平衡 (借方總額不等於貸方總額)，表示在記載分錄及 (或) 過帳中一定有錯誤，必須及時更正。

　　試算表通常包括下列各項：

1. 表頭：包括企業名稱，試算表字樣分行標示之。
2. 日期欄：用來記載試算表編製時日，也是總分類帳各帳戶記錄的截止日期。
2. 會計科目欄：用來列示總分類帳各帳戶的科目名稱。
3. 借 (貸) 方餘額欄：用來記載總分類帳中各帳戶借方或貸方的餘額。
4. 合計欄：用來列示各帳戶借方及貸方餘額的合計數。

040

　　試算表的編製，是以總分類帳上每個帳戶餘額為基礎，所以試算表的編製工作應先整理總分類帳各帳戶，然後編製試算表。工作分述如下：

1. 總分類帳各帳戶的整理
   (1) 計算各帳戶的借方、貸方總額：將每一帳戶的借方總額與貸方總額分別加總，其數字用鉛筆小字記入各借、貸最後一項金額下。
   (2) 計算各帳戶的借、貸餘額：將用鉛筆小字註記的借、貸總額互相沖銷，且將沖銷結果的餘額，用鉛筆小字記於數字較大一方的摘要欄內。

2. 編製試算表
   (1) 日期：編製試算表時，總分類帳記錄的截止日期 (年、月、日)，應該記入試算表的表頭位置。
   (2) 會計科目：將總分類帳中所有帳戶的會計科目，按照在帳簿中編排的順序，依次記入試算表會計科目欄中。
   (3) 借 (貸) 方餘額：將總分類帳各帳戶的借方或貸方餘額，依順序記入試算表的借 (貸) 方餘額欄中。
   (4) 合計：將借方餘額及貸方餘額分別加總，列示於各借、貸方餘額欄的最下方。

　　依據上一單元的分類帳，可整理得大業管理顧問事務所的試算表如右。

大業管理顧問事務所
試 算 表
X2年12月31日

會計科目	借方餘額		貸方餘額	
現金	457,700	00		
應收票據	80,000	00		
預付租金	60,000	00		
運輸設備	400,000	00		
用品盤存	1,500	00		
預收顧問收入			180,000	00
應付帳款			0	00
業主資本			800,000	00
業主往來	60,000	00		
顧問收入			150,000	00
員工薪資	70,000	00		
水電費	800	00		
合　計	1,130,000	00	1,130,000	00

試算表借、貸方總額不相等時，可以肯定帳務處理必然有錯；然而試算表借、貸方總額相等時，卻不能保證帳務處理絕對正確。下面為兩個有錯誤的試算表資料，以供下一單元說明試算表錯誤的追蹤修正方法。

錯誤的試算表	重複過帳或借貸錯置		數字移位或倒置	
會 計 科 目	借方餘額	貸方餘額	借方餘額	貸方餘額
現金	457,700		457,700	
應收票據	80,000		80,000	
預付租金		60,000	60,000	
運輸設備	400,000		400,000	
用品盤存	1,500		1,500	
預收顧問收入		180,000		180,000
應付帳款	0		0	
業主資本		800,000		800,000
業主往來	60,000		60,000	
顧問收入		150,000		15,000
員工薪資	70,000		70,000	
水電費	800		800	
合　計	1,070,000	1,190,000	1,130,000	995,000

Unit **2-8**
試算表錯誤追查方法

當試算表編製完成，若發現試算表借貸總額不等時，其帳務處理工作必然已經發生錯誤，而必須立即追查更正。試算表的錯誤追查方法有如下三種：

試算表錯誤追查方法

速查法	順查法	逆查法
若借、貸總額的差數 (1)能被 2 整除，可能重複過帳或借貸錯置 (2)能被 9 整除，可能金額的數字移位或錯置	按分錄、過帳、試算的順向順序逐筆追查	按試算、過帳、分錄的逆向順序逐筆追查

前一單元錯誤試算表例中，因預付租金的借方餘額 $60,000 錯置於貸方餘額，而得借方總額 $1,070,000 與貸方總額 $1,190,000，兩者相差 $120,000 且可被 2 整除得商數 $60,000，則可能有 $60,000 應該置於借方而錯置於貸方 (因為貸方總額較大)。

數字的抄錄可能發生移位 (如 150,000 抄為 15,000) 或錯置 (如 15,000 抄為 51,000) 的錯誤，這種錯誤將使試算表的借、貸方總額的差數可被 9 整除。前一單元錯誤試算表例中，因顧問收入的借方餘額 $150,000 移位抄為 $15,000，得借方總額 $1,130,000 與貸方總額 $995,000，兩者相差 $135,000 且可被 9 整除得商數 $15,000，則有可能 $15,000 是某數的移位或錯置的結果。

上述檢驗試算表借、貸總額的差數能否被 2 或 9 整除的速查法，可迅速提供追查錯誤所在的線索，如果無法奏效，則只能選用順查法或逆查法，追查錯誤所在。

順查法是依著建立試算表的順序追查，亦即按日記簿、總分類帳、試算表的順向順序查核之。順查法與正常工作順序相同，可能因工作的習慣性而較難追查錯誤的所在。逆查法則按試算表、總分類帳、日記簿的逆向順序查核之。逆查法與正常工作習慣相反，追查效率可能較佳。日記簿、總分類帳、試算表的查核重點如下：

1. **試算表的查核**：應該先將試算表所列的借、貸方餘額分別重新加算，以核對是否有誤，再將試算表各科目所列之數字，逐一與總分類帳各帳戶互相核對。
2. **總分類帳的查核**：如上項程序未能發現錯誤所在，則先查核總分類帳各帳戶的借、貸總額及其餘額的計算是否正確，再查核由日記簿過入總分類帳的每一筆過帳工作是否正確。
3. **日記簿的查核**：如前述二項程序仍然不能發現錯誤所在，則應該將日記簿上每一筆交易分錄所記載的借、貸金額詳加核對，檢查每一筆交易分錄是否平衡。

試算表也有可能下列各項錯誤，且不影響試算表的借、貸總額的平衡。這種錯誤都難以發現，僅能靠工作謹慎來避免了。

1. **借、貸同時遺漏**：當一筆交易發生，在作分錄過帳或編製試算表時有所遺漏，都會使試算表借、貸總數同額減少，但該兩項數字仍然會相等，因此難以發現錯誤。

2. **借、貸同時重複或遺漏記錄**：包括分錄、過帳，及列表的重複或遺漏記載，都會使試算表借、貸總數同額增加或減少，而該兩項數字仍然相等，也難以發現錯誤。例如，過帳時忘記在日記簿記載「類頁」欄登載分類帳帳戶的頁數，則可能該筆分錄會重複過帳；或應該記載在某分錄的類頁錯置於其他分錄，可能造成遺漏過帳。

3. **借方或貸方偶然發生同數的錯誤**：也就是在分錄、過帳、編表時，某筆交易的借 (貸) 方金額少記 (或多記)，而另一筆交易的借 (貸) 方金額發生同數的多記 (或少記)，兩個錯誤互相抵銷，而使借、貸總額不變，試算表當然很難找到錯誤。

4. **借、貸兩方偶然發生同數的錯誤**：也就是在分錄、過帳、編表時，某筆交易的借 (貸) 方金額發生錯誤，而另一筆交易的貸 (借) 方金額也發生相同金額的錯誤，此時，錯誤互相抵銷，使試算表編製的結果仍能平衡，而沒有辦法發現錯誤。

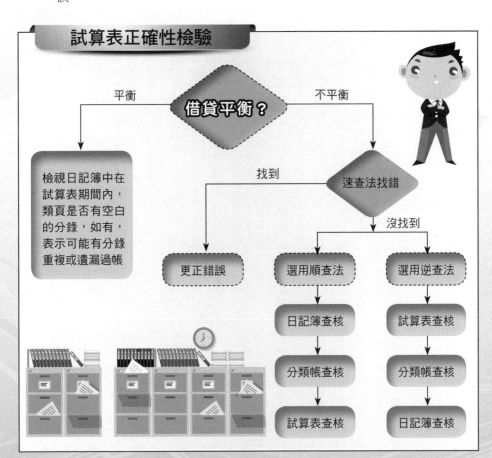

第 **3** 章
期末會計處理程序

Unit **3-1**
本期損益初步計算

　　編寫交易分錄並登載於日記簿、過帳到分類帳，是會計期間平時、日常的會計工作。試算表的編製時機，則可於會計期末或會計期間，每隔一段短於會計期間的時間編製之；如果企業的會計期間內交易分錄不是很多，可於會計期末一次編製之；如果會計期間的交易分錄數量甚多，為了紓解會計期末的工作量，也可分期累計編製之。

　　大業管理顧問事務所因於 X2 年 12 月 1 日籌設，至 X2 年底所編製的試算表雖然僅有 1 個月的期間，也是 X2 年會計期間的試算表。

　　茲將大業管理顧問事務所試算表複製如下，並按資產、負債、業主權益、收入與費用，彙總如下表。

大業管理顧問事務所
試 算 表
X2年12月31日

會計科目	借方餘額		貸方餘額	
現金	457,700	00		
應收票據	80,000	00		
預付租金	60,000	00		
運輸設備	400,000	00		
用品盤存	1,500	00		
資產	999,200	00		
預收顧問收入			180,000	00
應付帳款			0	00
負債			180,000	00
業主資本			800,000	00
業主往來	60,000	00		
業主權益			740,000	00
顧問收入			150,000	00
收入			150,000	00
員工薪資	70,000	00		
水電費	800	00		
費用	70,800	00		
合　計	1,130,000	00	1,130,000	00

本期的收入、費用總額分別為 $150,000、$70,800，故可計得本期損益為 $79,200。如將會計期間的資產、負債、業主權益、收入與費用總數計得之後，則可依據下圖來編製財務報表。

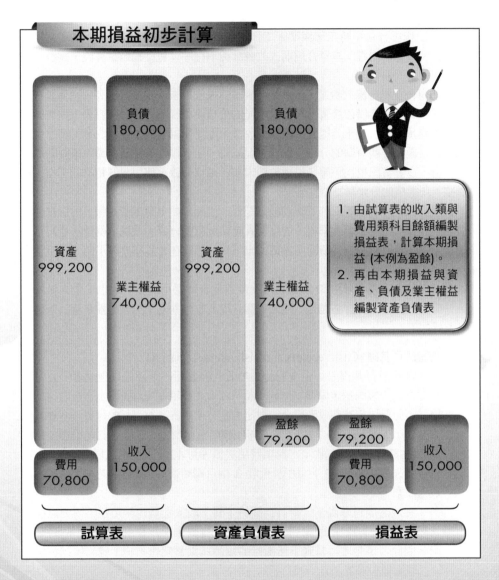

本期損益初步計算

1. 由試算表的收入類與費用類科目餘額編製損益表，計算本期損益 (本例為盈餘)。
2. 再由本期損益與資產、負債及業主權益編製資產負債表

依據試算表所計得的本期損益 $79,200 (盈餘)，因為尚有下列部分因素，使其盈餘數額尚待調整修正：

1. 12 月 1 日預付辦公室 3 個月租金 $60,000，但 12 月份的費用並未包括應分攤的辦公室租金 $20,000。
2. 12 月 1 日以現金 $400,000 購置的汽車，尚未攤提折舊費用。
3. 12 月 5 日賒購辦公用品 $1,500，已消耗部分未計入 12 月份費用等。

調整

圖解會計學

會計工作可分為平時工作與期末工作，平時帳務處理程序包括分析撰寫交易分錄，過帳及試算的過程。本章介紹期末的會計處理程序，包括編製試算表、調整、結帳及財務報表的編製。

企業可依交易分錄的數量，於平時編製試算表或期末才編製試算表。試算表是編製財務報表的基礎，僅依據會計期間過帳後的分類帳戶餘額編製財務報表，則有前期預付費用或預收收益因未分攤費用或認列收益，而使所編製的財務報表有失準之虞。因此，必須編撰一些有關的分錄來修正帳面記錄，使各帳戶的餘額與報表編製時的實況相符合，會計資訊更加正確。這種於期末額外編撰分錄，使與實況相符的工作，稱為調整；所編撰的分錄稱為調整分錄。

調整分錄應該在編製財務報表前編撰記錄，因此，如果是編製月報，則每月就應該做調整分錄；如果是編製季報，則每季就應該做調整分錄。根據慣例及法令規定，企業至少每年應將企業經營情況向股東提出報告，因此在會計年度終了時，一定要做調整分錄。

048

會計基礎就是會計上平時對於收入及費用認定所採用的標準，也就是入帳的依據。一般企業常用的會計基礎有二種：一種是現金收付基礎；另外一種是應計基礎。分別敘述如下：

1. **現金收付基礎 (Cash receipts and disbursement basis)**

   現金收付基礎是指企業對於每項收入與費用，全部都以現金實際收付的時點作為入帳的認定標準；也就是說，收入及費用在沒有實際上產生收付行為時並不記錄，只有在收到現金或付出現金時才記錄；故又稱收付實現基礎或現金基礎 (cash basis)。例如：大業管理顧問事務所在 12 月 5 日賒購辦公用品 $1,500 時，在現金基礎下，此項費用必須等到 12 月 11 日以現金 $1,500 支付時才入帳。另如 12 月 10 日預收 3 個月顧問費 $180,000 時，即應以顧問收入入帳。

   在現金收付基礎下，會計期間終了時，收入與費用帳項都不需要調整。又因為對收入與費用的認列時點，與收入實際賺得及費用實際發生的時點不同，因此，現金收付基礎下所衡量的損益結果當然也不夠準確。所以在會計上，現金收付基礎並非一般公認的會計原則。

2. **應計基礎 (Accrual basis)**

   應計基礎指企業對於各項收入與費用的認列，是以收入實際賺得，及費用實際發生，作為認定的標準；亦即收入與費用發生就加以記錄，而不管相關的現金在何時收、付；故也稱為應收應付基礎或權責發生基礎。例如，大業管理顧問事務所在 12 月 5 日賒購辦公用品 $1,500 時，就以借記用品盤存，貸

記應付帳款入帳，而不問此項負債在何時償還。另如 12 月 10 日預收 3 個月顧問費 $180,000 時，即應借記現金，貸記預收顧問收入，而不問此項顧問工作何時完成。

　　調整的主要依據是會計的應計基礎。採用應計基礎下的會計制度，對於沒有跨越會計期間的收入與費用，可以直接用損益科目入帳，對於跨越會計期間的收入及費用，就必須以資產或負債科目入帳。例如，已賺得而尚未收到現金的收入，應該以「應收收入」(資產科目) 入帳；未賺得而已經收到的現金，應以「預收收入」(負債科目) 入帳。因此，在應計基礎下，會計期間終了時，應該對這些預收收入、預付費用，以及權利與義務已經發生的應收收入與應付費用加以調整。採用應計基礎時，收入與費用在發生時認列，以完整地表達實際營業的結果，故會計上多採用應計基礎，而一般公認會計原則也規定，企業應採用應計基礎。

現金收付基礎與應計基礎比較，如下圖：

現金收付基礎 VS. 應計基礎

會計基礎	現金收付基礎	應計基礎
入帳時機	現金收付時	權利義務發生時
應收應付科目	沒有應收、應付科目	有應收、應付科目
調整分錄	無須於期末編寫調整分錄	應於期末檢視應收、應付、預收、預付及其他估計項目，編撰調整分錄
財務報表的準確性	屬預收 (付) 性質的收入 (支出)，計入收付現金當期的收入 (支出)，而有盈餘虛增 (減) 的現象；屬應收 (付) 性質的收入 (支出)，計入收付現金當期的收入 (支出)，而有盈餘虛減 (增) 的現象。財務報表未能顯現報告時的實際狀況與營運成果。	跨越會計期間的權利義務發生時，以應收、應付、預收、預付科目入帳，並於每期期末調整分攤當期應享受或負擔的權利與義務。不會產生盈餘虛增虛減現象，可使財務報表能夠顯現報告時的實際狀況與營運成果。

Unit 3-3
應計項目的調整

圖解會計學

一般企業在會計期間終了時，應行調整的事項包括：

①應計項目有應付費用、應收收入

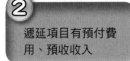

②遞延項目有預付費用、預收收入

③估計項目有折舊費用提列及其他

凡是跨越會計期間的應付費用屬於本期已耗用的部分，及應收收入屬於本期已賺得的收入，雖然尚未付出現金或收到現金，在會計期間終了時，仍應分別作成調整分錄予以認列本期的費用或收入，例如：

1. **應付費用 (Accrued expenses)**：係指在本會計期間以後才須支付的應付費用，但在本期已發生 (耗用) 的各項費用，例如：應付薪資、應付租金、應付利息、應付水電費等。這些屬於本期已經實際耗用，但尚未支付現金的費用，在會計期間終了時都應該加以調整。調整的結果，一方面是認列企業的費用，另一方面則增加企業的負債。應付費用亦稱應計費用。

　　假設大業管理顧問事務所於 12 月 1 日開出面額 $150,000，附息年利率 6% 應付票據乙紙。由於利息費用係隨著時間的經過自然產生，雖然尚未支付，期末也應調整入帳。期末應付的利息費用為：

> 利息＝本金×利率×已經過的時間
> 應付利息＝**$150,000×6%×(1/12)＝$750**

則應認列利息費用及應付利息的調整分錄如下：

12/31	利息費用	750	
	應付利息		750

2. **應收收益 (Accrued revenues)**：係指本會計期間以後才能收現，但在本期已實現 (賺得) 的各項收入，例如：應收租金、應收利息、應收佣金等。這些凡是屬於本期已經實際賺得，但尚未收到現金的收入，在期末結算時也都應該加以調整。調整時，一方面借記應收收入表示企業資產增加，另一方面則貸記企業收益增加。應收收益又稱應計收益。

　　大業管理顧問事務所 12 月 21 日賺得顧問收入 $80,000，客戶以同額 6 個月到期的年利率 12% 附息本票支付。基於利息係隨著時間的經過自然產生，雖然尚未收取，期末亦應調整入帳。期末應收的利息收入計算如下：

> 利息＝本金×利率×已經過的時間

利息＝**$80,000×12%×(0.33/12)＝$264** (12 月 21 日至 12 月 31 日的利息)

則調整分錄及過帳後分類帳帳戶為：

12/31	應收利息	264	
	利息收入		264

應收利息 第 18 頁			利息收入 第 77 頁		
12/31	264			12/31	264

6 個月後收回面額 $80,000 及利息 $80,000×12%×(6/12)＝$4,800 時的分錄為

6/21	現金	84,800	
	應收票據		80,000
	應收利息		264
	利息收入		4,536

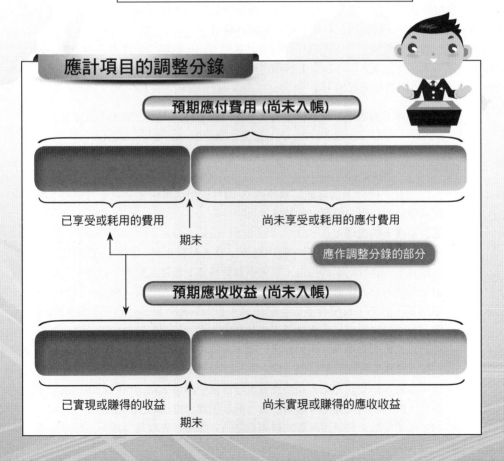

Unit 3-4
遞延項目的調整 (一)

圖解會計學

　　已經收到現金但在本會計期間未能完全賺得時，應以「預收收益」科目入帳；已經付出現金但在本會計期間未能完全耗用時，應以「預付費用」科目入帳；因為其效用遞延到本會計期間以後，故稱為遞延項目。此種預收收益或預付費用，日後因為財貨及勞務的陸續提供或耗用，成為已實現的收益或已發生的費用，此種項目會隨著時間的經過，而使原來會計上記錄性質發生變化。所以，應該在期末時，把已賺得或已耗用的部分轉列為收益或費用。分別說明如下：

(一) 預付費用 (Prepaid expenses)

　　凡是企業支付現金購買服務所發生的費用，如果其要求對方為企業提供勞務的權利僅限於本會計期間，則應以費用科目入帳；如其要求對方為企業提供勞務的權利遞延到本會計期間以後，則應以預付費用科目入帳，因此這項預付費用的支出具有資產的性質。在應計基礎下，這項目交易在現金付出時，應借記為資產，例如：預付租金、預付保費、預付利息等，而且這些資產會隨著勞務的陸續取得而耗用。因此，這些項目在期末時，應該將已耗用的部分調整為費用。

052

　　預付費用的調整方法，因為採行的會計基礎不同，處理方法自然會不一樣。大業管理顧問事務所在 X2 年 12 月 1 日預付辦公室 3 個月租金 $60,000，茲分別就不同會計基礎，說明帳務處理如下：

　　1. **現金基礎下的處理**：現金付出時，直接以費用科目入帳，期末不做任何調整。

12/1	租金費用	60,000	
	現金		60,000

　　如此，則大業管理顧問事務所 3 個月的租金費用完全在支付當月承擔，形成收益與費用未能配合的缺憾。

　　2. **應計基礎下的處理**：

　　　　會計帳戶有實帳戶與虛帳戶之分；收入及費用科目帳戶設置的目的僅是為計算某一會計期間的損益，期末損益計得後又需將之歸零，以便累計下一個會計期間的收入與費用，故稱虛帳戶；資產、負債、及業主權益科目帳戶餘額除非資產消失、負債清償或企業清算，否則其帳戶餘額不該於期末結帳後歸零，故稱為實帳戶。在應計基礎會計制度下，遞延項目於收付現金時，把交易先記入收入或費用等虛帳戶科目，期末再將沒有賺得或沒有耗用部分，轉列為負債及資產等實帳戶科目者，稱之為先虛後實 (或記虛轉實)；反之，如果於收付現金時，把交易先記入負債及資產等實帳戶科目，期末再將已賺得或已消耗部分，轉列收入或費用等虛帳戶者，稱之先實後虛法 (記實轉虛)。

　　(1) **先實後虛**：凡是跨期間的費用發生時，採用「先實後虛或記實轉虛」者，

於支付現金時，在帳上應先列記資產項目，則上述交易應該紀錄如下：

12/1	預付租金	60,000	
	現金		60,000

在會計期間終了時，應該將已耗用的部分，由原來的資產科目轉為費用科目，其圖解及分錄如下：

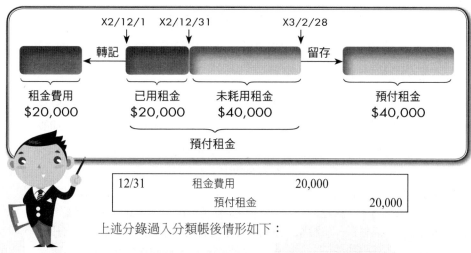

12/31	租金費用	20,000	
	預付租金		20,000

上述分錄過入分類帳後情形如下：

	租金費用	第 86 頁		預付租金	第 25 頁
12/31	20,000		12/1	60,000	12/31 20,000

經過期末調整分錄後，原資產科目的預付租金尚有借餘 $40,000，遞延到下期耗用後再作調整，而所產生的租金費用科目，則轉入本期損益，以結算損益。

(2) 先虛後實：當為跨會計期間的費用而支付現金時，先以費用科目入帳，如上述支付租金費用的交易事項，在帳上作下列分錄：

12/1	租金費用	60,000	
	現金		60,000

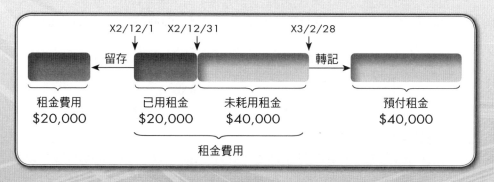

Unit 3-5
遞延項目的調整（二）

在會計期間終了時，應該把尚未耗用的部分，由原來的費用科目轉為資產科目，其分錄如下：

12/31	預付租金	40,000	
	租金費用		40,000

上述分錄過入分類帳後情形如下：

預付租金　第 25 頁		租金費用　第 86 頁	
12/31　　40,000		12/1　　60,000 ┃ 12/31　　40,000	

經過這項調整分錄，原來的費用科目－租金費用還剩借餘 $20,000，這 $20,000 是屬於本期實際耗用的部分，應該在結算時轉入本期損益，計算盈虧；而另一方面產生的資產科目－預付租金借餘 $40,000，將遞延至下期再按先實後虛法調整之。

文具用品也是費用科目，其用品盤存亦屬預付費用，因此期末應該將已耗用部分，轉入文具用品帳戶。假設期末盤點已耗用文具用品 $600，應該作下列分錄：

12/31	文具用品	600	
	用品盤存		600

上述分錄過入分類帳後情形如下：

用品盤存　第 35 頁		文具用品　第 87 頁	
12/5　　1,500 ┃ 12/31　　600		12/31　　600	

(二) 預收收益 (Revenues collected in advance)

係指尚未提供財貨或勞務之前，先行收取的款項，此款項代表尚未賺得的收益，將會隨著財貨或勞務的陸續提供而實現，而成為已實現之收益。

預收收益的調整方法，因為採用的會計基礎不同，處理的方法也不同，茲以大業管理顧問事務所於 12 月 10 日預收 3 個月顧問費 $180,000 為例，說明帳務處理如下：

1. **現金基礎**：收入現金當時，直接以收益科目入帳，期末也不做任何調整。

12/10	現金	180,000	
	顧問收入		180,000

2. **應計基礎下的處理**：

　(1) **先實後虛**：凡是跨期間的收益，收到現金發生時，先貸記負債科目「預收顧問收入」，期末再將已賺得的部分轉列收入。上述交易的分錄如下：

12/10	現金	180,000	
	預收顧問收入		180,000

在會計期間終了時，應該將已實現的部分 (20 天收益)，由原來的負債科目轉為收益科目，其圖解及分錄如下：

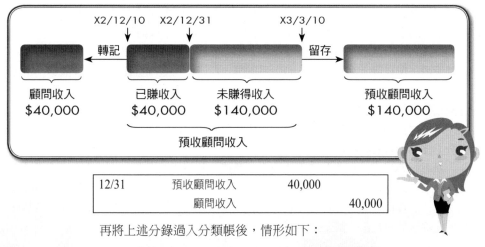

12/31	預收顧問收入	40,000	
	顧問收入		40,000

再將上述分錄過入分類帳後，情形如下：

顧問收入　第 80 頁		預收顧問收入　第 55 頁	
	12/31　40,000	12/31　40,000	12/10　180,000

經過期終的調整分錄後，原負債科目的預收顧問收入尚餘 $140,000，此餘額將遞延到下期再行調整為收益，而產生的顧問收入科目 $40,000，將轉入本期損益，以結算損益。

(2) **先虛後實**：當收到現金時是以顧問收入 (虛) 科目入帳。期末再將未賺得的部分轉列預收顧問收入 (實) 科目。

12/10	現金	180,000	
	顧問收入		180,000

在會計期間終了時，應該把尚未實現的部分，由原來的收益科目轉為負債科目，其分錄及過帳後的分類帳戶如下：

12/31	顧問收入	140,000	
	預收顧問收入		140,000

顧問收入　第 80 頁		預收顧問收入　第 55 頁	
12/10　180,000	12/31　140,000		12/31　140,000

經過這項期末調整後，原來的顧問收入還剩 $40,000，這 $40,000 表示本期已賺得的部分，應該在結算時轉入本期損益，以計算盈虧；而另一方面產生預收顧問收入的負債科目，將遞延至下期再行調整。

Unit 3-6
估計項目的調整

圖解會計學

　　企業在會計期間終了時，除了調整前述的應計帳項與遞延帳項之外，還有一些估計項目 (estimated items) 必須調整。這些調整事項因調整的金額含有不確定性，需要考慮未來的事項或情況的發展，以作為估計調整金額的依據而得名。

　　除土地外大部分的固定資產，多半會因為時間的經過而磨損、自然朽壞、不適合繼續使用，所以固定資產有一定的耐用年限，例如：房屋、機器、運輸設備等。當固定資產報廢或處分時，其出售或處分之價值稱為「殘值」。為了成本與收益配合，以達到正確計算損益的目的，應該將固定資產在使用期間所消耗的成本，亦即取得成本減殘值後之淨額，以合理而有系統的方法分攤於各使用期間。此種成本分攤的過程，會計上稱為折舊 (depreciation)。

　　折舊計算所需的因素有資產的成本、殘值、及耐用的期間，此三項因素除了成本外，殘值及耐用期間都是在資產購進時即予以估計認定，所以折舊的調整亦屬估計項目之一。計算折舊的方法有許多 (將於第 7 章固定資產專章討論之)，本章採用較為簡單的直線法計算折舊，其公式如下：

056

$$每年折舊費用 = \frac{成本 - 估計殘值}{估計耐用年限}$$

　　折舊費用通常在期末時調整入帳，折舊的分錄為借記「折舊費用」，並減少固定資產的剩餘成本。會計上固定資產成本的減少，並不是直接貸記該項固定資產科目，而是另外貸記「累計折舊」，在資產負債表中，此科目作為固定資產的抵銷科目，這樣處理，可使資產的原始取得成本、每期所提的折舊額、及累計的折舊數額，在帳上有明顯的記錄，對於資產折舊情形較為詳盡。為了分別列示各項資產有關的累計折舊數額，在累計折舊科目後，應該另外以子目說明所屬資產的類別，以免混淆。如累計折舊－汽車。

　　大業管理顧問事務所於 12 月 1 日以現金 $40,000 購入的汽車，屬於折舊性質資產。購進時，預估耐用年限 5 年，殘值為 $4,000，採直線法攤提折舊費用。汽車每年度應計提的折舊費用計算如下：

$$每年折舊費用 = \frac{\$40,000 - \$4,000}{5} = \$7,200$$

　　因僅使用了 1 個月，故 X2 年的汽車折舊費用為：

$$折舊費用 = \$7,200 \times \frac{1}{12} = \$600$$

　　年底應做的調整分錄為：

| 12/31 | 折舊 | 600 | |
| | 累計折舊－汽車 | | 600 |

再將上述分錄過入分類帳中：

折　舊　第 92 頁		累計折舊－汽車　第 31 頁	
12/31	600		12/31	600

汽車各年度的折舊費用額度如下圖：

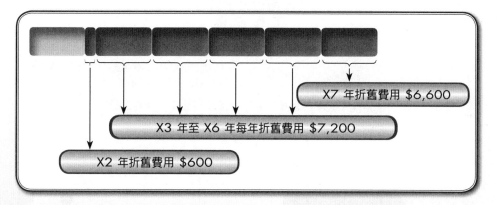

X7 年折舊費用 $6,600

X3 年至 X6 年每年折舊費用 $7,200

X2 年折舊費用 $600

　　折舊科目在期末時列入損益表的費用項目，結算時並轉入本期損益，以計算盈虧。而累計折舊科目為固定資產的抵銷科目，在資產負債表中應該列在相關固定資產科目之下，作為其減項，以顯示固定資產的帳面價值。

　　茲將應調整項目及應計基礎下的會計處理，彙整如下表：

應計基礎			發生時	期末調整
應計項目	應付費用			XX 費用　　→費用科目 　應付 XX　→負債科目
	應收收益			應收 XX　　→資產科目 　　XX 收入　→收入科目
遞延項目	預付費用	先實後虛	預付 XX 費 (資產科目) 　現金	XX 費 　預付 XX 費
		先虛後實	XX 費 　現金	預付 XX 費 　XX 費
	預收收益	先實後虛	現金 　預收 XX	預收 XX 　XX 收入
		先虛後實	現金 　XX 收入	XX 收入 　預收 XX
估計項目	固定資產之折舊			折舊　　　　→費用科目 　累計折舊－資產類別

Unit 3-7
工作底稿

　　工作底稿 (Working Paper) 是為確保期末會計帳務處理工作的正確而設計的工作草稿。工作底稿是多欄式的草稿，編製底稿的目的是為了方便期末調整、結帳、編表工作的進行，下表是常用的工作底稿的一種格式，應該包括下列各項欄位：

XX 股份有限公司
工 作 底 稿
年 月 日

行次	會計科目	試算表		調整項目		調整後試算表		損益表項目		資產負債表項目	
		借方	貸方	借方	貸方	借方	貸方	借方	貸方	借方	貸方

1. **標題**：工作底稿的上方，應該註明企業名稱，工作底稿的字樣，及編製的會計期間終了日。
2. **會計科目欄**：由總分類帳中，把企業用到的所有會計科目，依照原來的次序填列。在調整時若有需要，可在原有科目下，另外加設其他的科目應用。
3. **試算表欄**：分類帳各科目帳戶的期末餘額為調整及編製財務報表的基礎。將總分類帳各帳戶的餘額，分別列入各該科目的借方或貸方金額欄，然後加總驗算是否平衡。因此企業期末試算表的編製，也可於工作底稿上一併完成。
4. **調整項目欄**：彙總分析企業應該調整項目的相關資料，並把所受影響科目的金額逐一記入工作底稿調整項目欄，再於調整項目欄加註調整順序的編號。如果原來設置的科目不敷應用時，另外加設所需的科目。調整項目欄的借、貸方金額欄合計加總，也應該互相平衡。
5. **調整後試算表**：將所有調整項目的金額與試算表的借、貸金額，按照同方向相加，不同方向相減的原則，列出調整後的數額，其他沒有受影響的科目，則按原方向、原金額轉列，計算出調整後試算表，調整後的借、貸方總額仍應該平衡。
6. **損益表項目**：根據調整後試算表，將屬於損益表項目的各科目及金額，按照原來借、貸方向轉列入損益表項目欄，然後分別加總借、貸金額，並比較兩者大小；如果貸方大於借方，表示有純益 (利得) 發生；如果借方大於貸方，表示有純損 (損失) 發生。另外，不論是純益或純損，在該差數同行的會計科目欄

內，應填入「本期損益」科目。

7. **資產負債表項目**：調整後試算表上未轉列於損益項目的科目及金額，也就是屬於資產、負債、或業主權益的科目，應該顯示在資產負債表上。所以將此類科目的金額，按照原借、貸方向，逐一移列在資產負債表項目欄內，並將損益表項目的本期損益數字，改變借、貸方向，移列於資產負債表項目的同行。借、貸金額分別加總，也應該會平衡。

工作底稿編製完成後，即可據以完成下列各項工作：

1 作調整分錄及過帳

工作底稿中，調整項目的借方總額與貸方總額平衡後，即可依據調整項目欄內的相關科目及金額，正式記入日記簿中，並且過入分類帳內。

2 作結帳分錄及過帳

依照工作底稿，在日記簿中作結帳分錄，以結清所有虛帳戶；結轉所有實帳戶的餘額，並過帳到分類帳中每一個帳戶。

3 編製財務報表

根據工作底稿損益表項目欄各項會計科目及金額，編製損益表。根據資產負債表項目欄的各項會計科目及金額，編製資產負債表、業主權益變動表或保留盈餘表。

檢視單元 2-4 會計分錄實例中，大業管理顧問事務所的經營活動分錄，因為先支付 3 個月的房屋租金係以預付租金科目入帳；預收 3 個月顧問費係以預收顧問收入科目入帳，可推得大業管理顧問事務所的會計制度係採應計基礎先實後虛法入帳。茲將本章討論的大業管理顧問事務所在應計基礎下的調整分錄賦予編號彙集如下：

(1)	12/31	應收利息	264	
		利息收入		264
(2)	12/31	租金費用	20,000	
		預付租金		20,000
(3)	12/31	文具用品	600	
		用品盤存		600
(4)	12/31	預收顧問收入	40,000	
		顧問收入		40,000
(5)	12/31	折舊	600	
		累計折舊－汽車		600

Unit 3-8
工作底稿實例

　　將前一單元的調整分錄與單元 3-1「本期損益初步計算」中的大業管理顧問事務所的試算表合併，得如下的工作底稿 (先略去損益表項目及資產負債表項目)：

大業管理顧問事務所
工作底稿 (部分)
X2年12月31日

會計科目	試算表		調整項目		調整後試算表	
	借方餘額	貸方餘額	借方餘額	貸方餘額	借方餘額	貸方餘額
現金	457,700				457,700	
應收利息			264	(1)	264	
應收票據	80,000				80,000	
預付租金	60,000		(2)	20,000	40,000	
運輸設備	400,000				400,000	
累計折舊－汽車			(5)	600		600
用品盤存	1,500		(3)	600	900	
預收顧問收入		180,000	40,000	(4)		140,000
應付帳款		0				0
業主資本		800,000				800,000
業主往來	60,000				60,000	
利息收入			(1)	264		264
顧問收入		150,000	(4)	40,000		190,000
員工薪資	70,000				70,000	
租金費用			20,000	(2)	20,000	
文具用品			600	(3)	600	
水電費	800				800	
折舊－汽車			600	(5)	600	
合計	1,130,000	1,130,000	61,464	61,464	1,130,864	1,130,864

　　調整後試算表中的現金科目並無調整項目，故其借方餘額仍為 $457,700；應收利息科目僅有借方調整項目，故照抄到調整後試算表；預付租金科目在試算表有借方

餘額 $60,000，在調整項目中有貸方餘額 $20,000，故在調整後試算表中，僅剩借方餘額 $40,000；預收顧問收入科目在試算表有貸方餘額 $180,000，在調整項目中有借方餘額 $40,000，故在調整後試算表中，僅剩貸方餘額 $140,000。

　　將調整後試算表欄中所有收入與費用類會計科目的借 (貸) 餘額，移到損益表項目欄中相當會計科目的借 (貸) 餘額；其餘科目及借 (貸) 餘額移到資產負債表項目欄相當科目的借 (貸) 餘額，而得如下的另一部分工作底稿 (略去表頭)：

會計科目	調整後試算表		損益表項目		資產負債表項目	
	借方餘額	貸方餘額	借方餘額	貸方餘額	借方餘額	貸方餘額
現金	457,700				457,700	
應收利息	264				264	
應收票據	80,000				80,000	
預付租金	40,000				40,000	
運輸設備	400,000				400,000	
累計折舊－汽車		600				600
用品盤存	900				900	
預收顧問收入		140,000				140,000
應付帳款		0				0
業主資本		800,000				800,000
業主往來	60,000				60,000	
利息收入		264		264		
顧問收入		190,000		190,000		
員工薪資	70,000		70,000			
租金費用	20,000		20,000			
文具用品	600		600			
水電費	800		800			
折舊－汽車	600		600			
合計	1,130,864	1,130,864	92,000	190,264	1,038,864	940,600
本期損益			98,264			98,264
			190,264	190,264	1,038,864	1,038,864

　　損益表項目的借方總額 $92,000 小於貸方總額 $190,264，而產生 $98,264 的盈餘。結帳時在合計列下方加「本期損益」科目結轉前述損益科目餘額至借方，使損益表項目的借貸平衡。將本期損益科目改變借、貸方向，移列於資產負債表項目的同行，也使資產負債表的借貸平衡。

Unit **3-9**
結帳 (一)

任何企業使用的會計科目，依其期末餘額應該結清 (歸零) 或結轉 (不歸零) 至下一個會計期間繼續記載，而區分為虛帳戶 (科目) 及實帳戶 (科目)。

企業設置收入及費用類科目的目的，係在累計一個會計期間由營業活動所產生的所有收入與費用，該兩類所有科目借、貸方總餘額的差額，就是該會計期間的損益。將損益結轉到屬於業主權益項目的「本期損益」或「保留盈餘」科目後，必須將該兩類所有科目餘額結清 (歸零)，以便繼續累計下一個會計期間的收入與費用。因此，屬於收入與費用類的科目帳戶均屬於虛帳戶。

資產、負債及業主權益科目餘額，代表企業主尚未了結或履行的權利與義務，企業設置資產、負債、及業主權益等帳戶的目的，除了用來記錄本會計期間權利義務變動情形外，在會計期間終了時，應該計算每項帳戶的期末餘額，彙總編表用以表述企業的財務狀況，另也應結轉至次一會計期間繼續經營。

這種將虛帳戶餘額結清歸零的工作稱為結帳；將實帳戶結轉移至次一會計期間繼續經營的工作也稱為結帳。因為分錄可以改變會計科目的餘額，因此將虛帳戶餘額結清 (歸零) 或實帳戶結轉的分錄稱為結帳分錄。結帳分錄過帳後，即可達到結帳的最終目的。

1. 虛帳戶結帳程序

虛帳戶的結清，處理順序如下：

(1) 計算餘額：結帳前先分別計算總分類帳各帳戶調整後餘額。如採標準帳戶式，應該將每一帳戶的借方數額與貸方數額分別加總，並將每一帳戶借、貸總數，以鉛筆小字書寫在借、貸方最後一筆金額之下，再將借、貸總額相減，以求得餘額，附註於金額大的一方摘要欄內，作為結清及結轉帳戶的準備。

(2) 結帳分錄：當虛帳戶結清時，應該先設置「本期損益」帳戶，將每項損益帳戶的餘額結轉於「本期損益」帳戶內。費用類帳戶為借方餘額，結帳時應貸記費用類科目餘額，借記「本期損益」；收入類帳戶為貸方餘額，結帳時應借記收入類科目餘額，貸記「本期損益」帳戶。

(3) 過帳與結帳：根據結帳分錄過帳後，則所有收入與費用類科目，借、貸已達平衡。再於每一帳戶的借或貸最後金額為準，於借、貸金額及日期欄下劃單線，線下分別記入各借、貸總額，且於借、貸總額及日期欄下劃雙線表示結平。

以單元 3-8 大業管理顧問事務所工作底稿實例中的調整後試算表為例，說明如下：

收入類科目的結清分錄：

12/31	利息收入	264	
	顧問收入	190,000	
	本期損益		190,264

費用類科目的結清分錄：

12/31	本期損益	92,000	
	員工薪資		70,000
	租金費用		20,000
	文具用品		600
	水電費		800
	折舊－汽車		600

將上述結帳分錄過帳到分類帳，得部分帳戶如下：

	利息收入		第 77 頁
12/31	<u>264</u>	12/31	<u>264</u>

	顧問收入		第 80 頁
12/31	190,000	12/7	70,000
		12/12	80,000
		12/31	<u>40,000</u>
	<u>190,000</u>		<u>190,000</u>

	員工薪資		第 85 頁
12/31	<u>70,000</u>	12/31	<u>70,000</u>

	租金費用		第 86 頁
12/31	<u>20,000</u>	12/31	<u>20,000</u>

	文具用品		第 87 頁
12/31	<u>600</u>	12/31	<u>600</u>

	水電費		第 90 頁
12/18	<u>800</u>	12/31	<u>800</u>

	本期損益		第 95 頁
12/31	<u>92,000</u>	12/31	<u>190,264</u>

貸餘 98,264 代表盈餘

Unit **3-10**
結帳（二）

2. 本期損益帳戶的處理

本期損益是企業結帳時的一個過渡性科目，虛帳戶結清過帳後，如果本期損益有借餘，代表本期純損；如果有貸餘，代表本期純益。

> 本期損益的借餘或貸餘也需要結清轉至「業主往來」或「保留盈餘」科目。

獨資或合夥企業應將本期損益結清並轉至「業主往來」；經過增減資程序後，再轉入「業主資本」，相關分錄如下：

12/31	本期損益	98,264	
	業主往來		98,264
12/31	業主往來	98,264	
	業主資本		98,264

本期損益結清後，業主往來－王威廉分類帳戶的貸餘為 $38,264 如下：

		業主往來	第 74 頁
12/31	60,000	12/31	98,264

公司組織的盈餘分配依法經股東會決議處理，在未定案前，先將本期損益結轉「保留盈餘」科目，其分錄如下：

12/31	本期損益	98,264	
	保留盈餘		98,264

3. 實帳戶的結帳

實帳戶結帳時，將每一實帳戶計算其借、貸方總額及其餘額，然後將餘額記於各帳戶借、貸方總額較小的一方，並於摘要欄註明「結轉下期」，各總額下劃雙線以示結平。次一會計期間開始時，再將該餘額記於各帳戶下一行借、貸方總額較大的一方，並於摘要欄註明「承轉上期」，以供繼續記載各項交易。

> 因此實帳戶結帳時，無須做結帳分錄，僅須於分類帳上註記即可，為免發生錯誤，必須另外編製「結帳後試算表」以資驗證。

大業管理顧問事務所結帳後之分類帳，部分帳戶如下：

	現　金		第 1 頁
12/1	800,000	12/1	60,000
12/7	70,000	12/1	400,000
12/10	180,000	12/11	1,500
		12/18	800
		12/30	70,000
		12/31	60,000
		12/31 結轉下期	457,700
	1,050,000		1,050,000
12/31 承轉上期	457,700		

	應收利息		第 18 頁
12/31	264	12/31 結轉下期	264
12/31 承轉上期	264		

	應收票據		第 20 頁
12/12	80,000	12/31 結轉下期	80,000
12/31 承轉上期	80,000		

	預付租金		第 25 頁
12/1	60,000	12/31	20,000
		12/31 結轉下期	40,000
	60,000		60,000
12/31 承轉上期	40,000		

	運輸設備		第 30 頁
12/1	400,000	結轉下期	400,000
12/31 承轉上期	400,000		

實帳戶結帳後，應編製如下的結帳後試算表，以驗證結帳的正確性。

大業管理顧問事務所
結 帳 後 試 算 表
X2年12月31日

會計科目	借方餘額		貸方餘額	
現金	457,700	00		
應收利息	264	00		
應收票據	80,000	00		
預付租金	40,000	00		
運輸設備	400,000	00		
累計折舊－汽車			600	00
用品盤存	900	00		
預收顧問收入			140,000	00
應付帳款			0	00
業主資本			800,000	00
業主往來			38,264	00
合　計	978,864	00	978,864	00

Unit **3-11**
資產負債表

資產負債表為將企業在某一特定時日的資產、負債及業主權益帳戶彙總集中，用以表示企業在當日的財務狀況。資產負債表的組成要素有：

1. **標題**：列示企業名稱、資產負債表字樣及編製的基準日。
2. **資產**：列示企業所擁有且能產生經濟效益的財產、權利或經濟資源，包括現金、應收款項、存貨、土地、建築物、設備及一些專利權、著作權或商譽等無形資產。企業的資產項目因行業不同而有稍異，資產可以再分為：流動資產、長期投資、固定資產 (廠房設備等)、無形資產及其他資產等。流動資產又按其變現的速度 (即流動性) 快慢 (大小) 排列之，變現快的 (流動性大的) 排在前面，流動性小的排在後面。固定資產則按固定性由大而小排列之。
3. **負債**：凡企業經營活動所積欠的債務或義務，且日後必須償還者，如應付帳款、應付票據、應付利息、長期借款或發行公司債等。負債也按償還期的近遠排列之，其順序為流動負債、長期負債及其他負債等。負債也是債權人對於企業的求償權。資產負債表可由調整後試算表所摘取的資產負債表項目編製之。
4. **業主權益**：業主權益是投資者對於企業的求償權，其值為企業的資產減去負債

大業管理顧問事務所
資產負債表
X2年12月31日

資　　產			負　　債		
流動資產			流動負債		
現金	$457,700		預收顧問收入	$140,000	
應收利息	264		負債總額		140,000
應收票據	80,000		業主權益		
預付租金	40,000		業主資本	800,000	
用品盤存	900		業主往來	38,264	
流動資產合計		$578,864	業主權益總額		838,264
廠房設備					
運輸設備	$400,000				
減：累計折舊	(600)				
廠房設備合計		399,400			
資產總計		$978,264	負債及業主權益總計		$978,264

的餘額，故債權人的求償權優於業主的求償權。業主權益除原所投資金外，就是企業盈餘的累積。獨資企業的業主權益科目為資本主投資及資本主往來；合夥企業的業主權益科目為合夥人投資及合夥人往來；公司企業的業主權益科目為股本、資本公積及保留盈餘。

　　資產負債表依資產、負債及業主權益三類科目的排列方式，而有帳戶式及報告式兩種格式。帳戶式資產負債表將代表企業所擁有的資產列於報表左側；將被債權人求償的負債及被投資者求償的業主權益排在報表右側。負債的求償權優於投資者的求償權，故先列出負債，再列出業主權益。大業管理顧問事務所的帳戶式資產負債表如上。

　　報告式資產負債表則按資產、負債及業主權益的順序由上而下排列之。大業管理顧問事務所的報告式資產負債表如下。

大業管理顧問事務所
資產負債表
X2年12月31日

資產			
流動資產			
現金		$457,700	
應收利息		264	
應收票據		80,000	
預付租金		40,000	
用品盤存		900	
流動資產合計			$578,864
廠房設備			
運輸設備	$400,000		
減：累計折舊	(600)	399,400	
廠房設備合計			399,400
資產總計			978,264
減：負債			
預收顧問收入		$140,000	
負債總額			140,000
業主權益			
業主資本		800,000	
業主往來		38,264	
業主權益總額			838,264
負債及業主權益總計			$978,264

Unit **3-12**
損益表與業主權益變動表

圖解會計學

損益表為將企業在某一會計期間的所有收入及費用帳戶彙總集中,用以表示企業在該期間的經營盈虧成果。損益表的組成要素有:

1. **標題**:列示企業名稱、損益表字樣及該表所涵蓋的期間。

2. **收入**:列示企業因銷售商品、提供勞務或其他營業活動,而從客戶處獲得現金、應收款項及其他形式資產的增加或負債的減少。由投資者投入的或由債權人借得的資金,雖有現金的收入,但也發生被求償權,因此不能視同收入。由企業的主要營業活動所產生的收入稱為營業收入;其他如利息收入、租金收入或股利收入等則稱為非營業收入。企業因行業不同而有不同的營業收入科目;提供勞務服務的有勞務收入;製造或銷售商品則有銷貨收入,如有銷貨退回、銷貨讓價等應視為銷貨收入的減項,而不可當費用處理。

3. **費用**:費用是指為獲得收入所耗用的資產或勞務。費用與損失應有所區別,無法獲得收益而耗用或減少的資產稱為損失。費用也可分為營業費用與非營業費用;主要營業活動所發生的薪資、廣告費、差旅費、水電費、郵電費等費用均屬營業費用。

068

損益表的格式也因企業所經營行業及營業規模大小,而有單站式及多站式損益表之分。單站式損益表因業務單純而將所有營業收入,非營業收入及其他收入,彙總成一個收入總數,減去所有營業費用、營業外費用及各項稅捐的費用總數,以推得經營損益成果。多站式損益表則分階段計算經營成果以便經營分析,較適用於一般買賣業及製造業。

單站式損益表與多站式損益表,編排格式如下:

單站式損益表	多站式損益表
收入:	銷貨淨額
營業收入	減:<u>銷貨成本</u>
營業外收入	銷貨毛利
減:成本及費用	減:<u>營業費用</u>
銷貨成本	營業淨利
營業費用	加:營業外收入
營業外費用	減:<u>營業外費用</u>
<u>稅捐費用</u>	稅前淨利
<u>本期損益</u>	減:<u>稅捐費用</u>
	<u>本期損益</u>

大業管理顧問事務所 X2 年的損益表編製如下：

大業管理顧問事務所
損 益 表
X2年12月1日至12月31日

收入：		
利息收入		$264
顧問收入		190,000
收入合計		$190,264
費用：		
員工薪資	$70,000	
租金費用	20,000	
文具用品	600	
水電費	800	
折舊	600	
費用合計		$92,000
本期損益		$98,264

　　業主權益變動表顯示在某一會計期間內業主投資、往來及營運盈虧對於業主權益的增減變動情形，大業管理顧問事務所在 X2 年 12 月 1 日至 12 月 31 日的會計期間業主變動情形如下：

大業管理顧問事務所
業主權益變動表
X2年12月1日至12月31日

期初餘額 (X2/12/1)	$0	
加：本年度增資	$800,000	
小計		$800,000
減：本年度提取	(60,000)	
小計		740,000
加：本年度損益	98,264	
(見損益表)		98,264
期末餘額 (X2/12/31)		$838,264

Unit **3-13**
IFRS 財務報表之表達 (一)

　　財務報表係企業財務狀況及財務績效之結構性表述。財務報表之目的在提供對於廣大使用者作成經濟決策有用之企業財務狀況、財務績效及現金流量等資訊。財務報表亦顯示管理階層對受託資源託管責任的結果。為達此項目的，國際會計準則第 1 號公報 (IAS 1) 規定一般用途財務報表之基礎，以確保該等報表與企業以前期間財務報表及其他企業財務報表之可比較性。本準則訂定財務報表之整體規範、財務報表結構之指引，以及財務報表內容之最低要求。所謂一般用途財務報表 (簡稱「財務報表」)係指，意圖滿足那些無法要求企業針對其特定資訊需求編製報告之使用者所編之報表。

　　企業之財務報表應提供資產、負債、權益、收益及費損 (包括利得及損失)、業主股本之投入及所獲得之分配、現金流量等有關之資訊並編製一套完整的財務報表包括：(1) 當期期末財務狀況表 (statement of financial position)；(2) 當期之綜合損益表 (statement of comprehensive income)；(3) 當期之權益變動表；(4) 當期之現金流量表 (statement of cash flows)。企業可使用不同於本準則所使用之報表名稱。另加：

◎附註，包括重要會計政策彙總說明及其他解釋性資訊；及

◎追溯適用會計政策或追溯重編財務報表時，應額外表達最早比較期間之期初財務狀況表。

　　企業之融資、投資與營業三大活動所發生的交易事項，經過會計程序轉化為資產、負債、業主權益、收益與費損等會計五大要素。財務報表只不過將這五大要素做適當的組合與安排，以呈現企業的財務狀況、經營績效與現金流量。五大要素與財務報表的關係，如下圖。

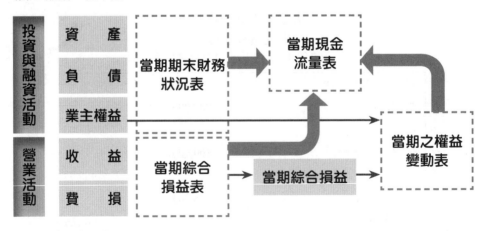

1.財務狀況表

　　國際會計準則並未強制企業使用此名稱，企業仍可以繼續稱此報表為「資產負債表 (balance sheet)」。IAS1 並未強制規定資產負債項目揭露的順序或格

式，僅要求企業分開表達流動和非流動資產，以及流動和非流動負債。如下圖。財務狀況表以【資產＝負債＋業主權益】的方式表達與我國資產負債表表達方式大體而言是相同的。但企業如果將資產與負債，按流動性大小列報，更能提供可靠及攸關的資訊，則企業的全部資產與負債皆應按流動性大小順序排列。我國習慣上先表達流動項目 (例如：將流動性最高的現金及約當現金，列於資產負債表的第一行)，再表達非流動項目的作法，也並沒有違反 IFRS 的規定。

企業應將具有下列情況的資產，分類為流動資產；其他則歸類為非流動資產：(1) 企業預期於其正常營業週期中，加以變現、意圖出售或消耗的資產；(2) 企業主要為交易目的而持有該資產；(3) 企業預期於報導期間後 12 個月內變現的資產；或 (4) 該資產為 IAS7 所定義的現金或約當現金，但於報導期間後至少 12 個月將該資產交換或用以清償負債受到限制者除外。企業之營業週期係指待處理之資產至其實現為現金或約當現金之時間。當企業的正常營業週期無法明確辨認時，假定其為 12 個月。

企業應將具有下列情況的負債分類為流動負債；其他則歸類為非流動負債：(1) 企業預期於其正常營業週期中清償的負債；(2) 企業主要為交易目的而發生的負債；(3) 企業預期於報導期間後 12 個月內到期清償的負債；或 (4) 企業不能無條件將清償期限遞延到報導期間後 12 個月以上才清償的負債。企業劃分流動與非流動資產 (負債)，應先將資產 (負債) 劃分為與營業活動有關或無關。凡與營業活動有關的資產 (負債)，應以營業週期為劃分標準；凡與營業活動無關的資產 (負債)，應以 12 個月為劃分標準。即符合下表的資產 (負債) 即為流動資產 (負債)；否則為非流動性。

項目	與營業活動	劃分標準	特　徵
資產	有關	營業週期	預期在正常營業週期中，變現、出售、消耗的資產
	無關	12 個月	預期在報導週期後 12 個月內變現的資產
負債	有關	營業週期	預期在正常營業週期中，使用營運資金清償的負債
	無關	12 個月	預期在報導週期後 12 個月內清償的負債

Unit **3-14**
IFRS 財務報表之表達 (二)

2. 綜合損益表與權益變動表

損益表乃表達某一企業個體，某特定期間經營績效的報表，亦即企業獲利的指標與業主權益增減的源頭。以往損益表依當期認列的收益與費損、應課所得稅及非常損失與會計原則變動累積影響數等，計算當期損益；再將當期損益及未認列為當期收益及費損、業主權益變動及股利分配等項目，彙總表達於業主權益變動表。

業主權益之變動可分類為：(1) 業主權益變動：係指企業與業主間因投入資金 (股本)、股票買回或股票贈與等交易所產生的變動；(2) 非業主權益變動：係指透過企業經營成果 (當期損益) 及資產與負債公允價值變動而必須加以認列者，這些權益的變動並非企業與業主間交易所發生的，故又稱其他權益變動。

IAS1 將業主權益變動與非業主權益變動分開列示。權益變動表僅列示業主權益變動；而將非業主權益 (或其他權益) 變動則移列在綜合損益表，內含當期損益及其他綜合損益；再由當期損益與其他綜合損益合計而得其他綜合損益總數。其他綜合損益係指其他 IFRS 規定或允許而未列入損益的收益或費損項目，包括：(1) 資產重估價盈餘 (IAS16 及 IAS38)；(2) 確定福利計畫的精算損益 (IAS19)；(3) 外幣換算產生的匯兌損益 (IAS21)；(4) 權益證券投資再衡量的損益 (IFRS9)；(5) 現金流量避險時，避險工具評價損益中屬於有效避險的部分 (IAS39)；(6) 採用權益法認列所享有之關聯企業及合資之其他綜合損益金額。

綜合損益表的表達方式有二：(1) 單一報表法：係將某報導期間所認列的所有收益與費損項目，直接採用綜合損益表加以表達；(2) 兩張報表法：係將綜合損益表分為當期損益與其他綜合損益兩部分，將當期損益單獨編製一張報表，稱為「當期損益表」乃為傳統的損益表；然後再將當期損益與其他綜合損益彙總編製「當期綜合損益表」。

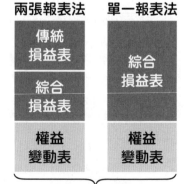

	當期權益變動		兩張報表法	單一報表法
傳統損益表	非業主權益變動	當期損益項目	傳統損益表	綜合損益表
		其他綜合損益項目	綜合損益表	
權益變動表	業主變動	業主權益變動項目	權益變動表	權益變動表

IAS1規定前 　　　　　　　　　　　　　　　**IAS1規定後**

依我國證券發行人財務報告編製準則第 12 條規定，企業應將某一期間認列之所有收益及費損項目，表達於單一綜合損益表，其內容包含當期損益及綜合損益之組成部分。因此，我國企業依編製之綜合損益表僅得以單一連續之報表表達，不得以兩張報表法表達。變革前後損益表與業主權益變動表關係，如上圖。

3. 我國損益表與 IFRS 綜合損益表比較

我國損益表與 IFRS 綜合損益表差異比較如下圖，並說明如下。

	我國傳統損益表	IFRS 綜合損益表
不變項目	營業收入	營業收入
	營業成本	營業成本
	營業毛利	營業毛利
	營業費用	營業費用
	營業利益	營業利益
	營業外收入及收益	營業外收入及收益
	當期損益	當期損益
刪除	非常損益	
	會計則變動累積影響數	
新增項目		其他綜合損益
		本期其他綜合損益
		本期綜合損益總額

(1) 非常項目與會計原則變動累積影響數

在 IFRSs 中，非常損益實與其他一般損益無異，乃企業經營所面臨之正常風險而已，故禁止單獨以「非常損益」項目，列示於損益表中。

會計原則變動，影響前後年度財務報表的比較性，因此 IAS 8 主張會計原則之變動，應採用追溯調整法，並將會計原則變動累積影響數，列入期初保留盈餘之調整，IFRS 也規定需重編以前年度的財務報表，以維持跨報導期間財務報表的比較性。

(2) 綜合損益與當期損益

IFRS 綜合損益表將損益區分為「當期損益」與「其他綜合損益」兩大部分。當期損益僅包含營業部門與停業部門本業、業外的收益與費損所計得的當期損益；其他綜合損益包括外幣換算調整、備供出售金融資產、固定資產重估價、退休金計畫精算損益等等當期損益以外且與股東交易無關之項目。當期損益與其他綜合損益合計的最後盈餘，稱為綜合損益。

4. 現金流量表

現金流量表可提供財務報表使用者評估企業產生現金之能力及使用現金之需求的基礎。國際會計準則中，有關現金流量表之規定，主要見於 IAS7「現金流量表」，惟整體而言，目前 IAS7 規範下的現金流量表，與目前我國相關規定及實務大致類似。

第 **4** 章
買賣業會計

●●●●●●●●●●●●●●●●●●●●●●●●● 章節體系架構 ▼

Unit **4-1**
買賣業的會計處理

第一章會計原則與概念，已將企業依照經營業務的性質，區分為服務業、買賣業及製造業。所謂服務業，是以提供專業勞務賺取酬勞為主的行業，例如：律師、會計師、代客記帳業、代理商、經紀商、仲介公司、代書等。買賣業則是以從事商品買賣、賺取收益為主要業務的企業；至於製造業，則是以從事產品的製造及銷售，以賺取收益為主的企業。買賣業與製造業的不同點在於，買賣業買進與賣出的商品並無不同，頂多僅作簡單改裝即行賣出，如一般的便利商店、大賣場、百貨公司、汽車經銷商等是。製造業則必須對買進的原料作進一步加工，買進與賣出的商品在型態上或功能上有顯著不同，例如：煉油廠購進原油，提煉成各種用途的油料；汽車工廠、煉鋼廠、電子公司、食品加工等都是典型的製造業。

買賣業位居製造業與最終消費者間的媒介關係如右圖；工廠 (製造業) 購買原物料、僱用員工從事商品製造，透過批發商的銷售網路批售到各地零售商，再轉售給最終消費者。批發商及零售商因僅是商品的轉售而不改變商品的功能，故均歸類為買賣業。

除了最終消費者，事實上，製造業與買賣業均有買低賣高的獲利買賣行為，為便於論述其銷貨成本的不同推算方法，會計上才有買賣業會計與製造業會計的區分。

由右圖買賣業與服務業營運模式可知，買賣業的主要業務是購進商品財貨，再轉售與顧客，其基本的會計處理程序與服務業並無不同，惟為了計算商品的買進與賣出，必須增加些會計科目及會計程序，以便處理銷貨、進貨、銷貨成本等交易事項。

由以下服務業與買賣業的簡要損益表，亦可推知服務業的業務收入相當於買買業的銷貨收入；惟賣業卻多了一個銷貨成本，以便計算當期的銷貨毛利，扣除營業費用，即可求得本期純益 (損) 如右圖的買賣業損益模式。

A 服務業公司 損益表 X2 年 1 月 1 日至 12 月 31 日	
業務收入	$190,264
營業費用	$92,000
本期純益	$98,264

B 買賣業公司 損益表 X2 年 1 月 1 日至 12 月 31 日	
銷貨收入	$367,200
銷貨成本	264,254
銷貨毛利	$102,946
營業費用	81,369
本期純益	$21,577

如果買賣業在會計期間的期初存貨與期末存貨均為零，則當期會計期間的銷貨成本等於當期所有購進商品的成本；如果期初或 (與) 期末存貨非為零，則：

$$銷貨成本＝期初存貨＋購貨成本－期末存貨$$

買賣業的會計處理重點在於設置適當相關會計科目，使能有次序地正確計算會計期間的銷貨收入、購貨成本、期末存貨，最後計得當期純益 (損)。

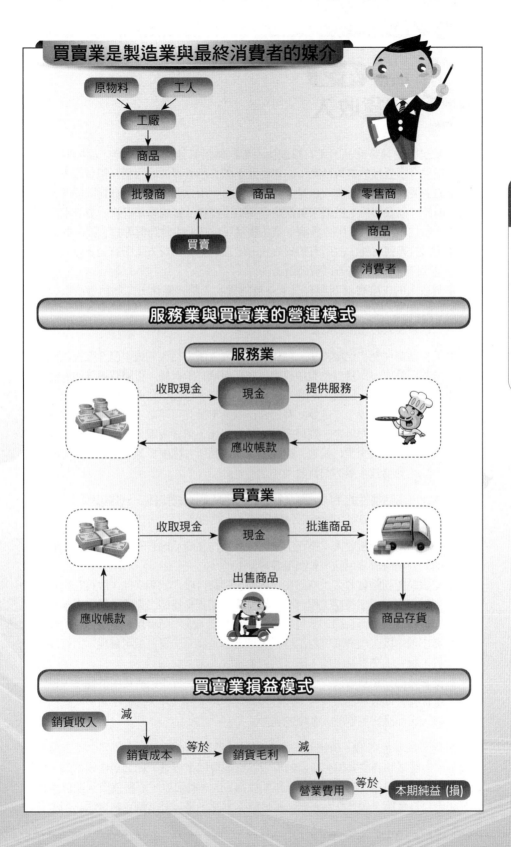

Unit 4-2
銷貨收入

　　銷貨是指企業將商品的所有權或使用權移轉給其他個人或企業，而換取買方現金給付或現金求償權的經營活動；出售商品予顧客所獲得的收入稱為銷貨收入，也是買賣業的主要收入。銷貨收入也是一個會計科目，用以記載某一會計期間的所有銷貨收入，屬於一個虛帳戶，於期末結帳時必須結清歸零，以繼續累計次一會計期間的銷貨收入。衡之 [資產＋費用＝負債＋業主權益＋收入] 的會計恆等式，因為收入與業主權益同列於等號右側，故所有銷貨收入的增加均記於貸方；所有銷貨收入的減項 (如銷貨退回等) 均記於借方以資抵銷。

　　銷貨收入的主要會計問題有三：一為銷貨收入認列條件，二為銷貨收入認列時點，三為銷貨收入金額的決定。

　　認列銷貨收入必須符合兩個條件，如右圖：

● 第一個條件為「已賺得」，即賺取該項收入所需投入的成本已全部投入或大部分都已投入。即賣方已製造或購得商品而擁有所有權，可隨時轉讓他人使用。

● 第二個條件是「已實現」或「可實現」：商品已經出售而收取現金或獲得求償權即屬「已實現」，或商品有公開市場及市價且可隨時出售兌現或求償權即屬「可實現」。換言之，獲得商品的所有權後，銷貨或處分之所得才能認列為銷貨收入，如某企業代銷他人商品，因為商品所有權屬於他人，則其銷貨的收入不能認列為該企業的銷貨收入。

　　企業或因商品屬性的不同，雖已符合銷貨收入認列的條件，但其認列的時間點又可分為交貨前、交貨時或交貨後認列銷貨收入，如右圖。

1. **交貨時認列銷貨收入**：市面上大部分商品均在商品出售時，就認列銷貨收入，如大賣場購買日用品，餐廳用餐等；

2. **交貨前認列銷貨收入**：商品在交貨前已經符合收入認列條件，故可在交貨前認列銷貨收入，如長期工程合約在簽訂時，銷貨交易即已完成，業主與承包商雙方均有義務履行合約。承包商隨工程進度投入成本而實現「已賺得」的條件；業主依約按工程進度支付工程款，符合承包商「已實現或可實現」的條件，而於工程完工交付業主前，即可認列銷貨收入。

3. **交貨後認列銷貨收入**：分期付款商品於交貨時完成「已賺得」的條件，但因貨款尚待分期收取而未符合「已實現或可實現」的條件，因此不可一次認列銷貨收入，而應按逐期收入款項認列之。

　　銷貨若是現金交易，銷貨收入的金額即以所獲得的現金收入認列之；若屬非現金交易，則應以收到的非現金資產的現金等值或現值來衡量。如為應收帳款時，應按約定利率計算其現值；但短期 (約一年期以內) 之應收帳款，因現值與到期值差距不大，如果交易金額不大且交易頻繁，基於成本考量，得以雙方議定之金額認列銷貨收

入。

會計上，商品價值 $2,500 的現銷與賒銷分錄如下：

現銷分錄：		
現金	2,500	
銷貨收入		2,500
賒銷分錄：		
應收帳款	2,500	
銷貨收入		2,500

銷貨收入認列條件

① 已賺得
賺取該項收入所需投入的成本，已全部投入或大部分都已投入

② 已實現或可實現
➪ 商品已經出售而收取現金或獲得求償權
➪ 商品有公開市場及市價且可隨時出售兌現或求償權

銷貨收入認列時點

交貨時已符合認列條件而認列銷貨收入	➤	● 賣場結帳時，已符合「已賺得」及「已實現」的認列條件。 ● 餐廳用餐在客人結帳時，即符合「已賺得」及「已實現」的認列條件。
交貨前已符合認列條件而認列銷貨收入	➤	● 農產品在生產完成後交貨前，已符合「已賺得」條件且有確定市價，可隨時出售而可認列銷貨收入。 ● 依長期工程合約，按進度收取的收入，可列為銷貨收入。
交貨後已符合認列條件而認列銷貨收入	➤	分期付款商品交貨時，已符合「已賺得」的銷貨收入認列條件，但尾款能否全部收齊則未確定，因此銷貨收入僅能按分期收到的款項，認列銷貨收入。

Unit **4-3**
銷貨退回、讓價與折扣

　　已銷售的商品，可能因為其尺寸、顏色或形狀不符消費者所需，或品質有瑕疵而遭退回，會計上稱為「銷貨退回」。已銷售的商品被退回乃銷貨收入的減少，本可直接借記「銷貨收入」科目減少銷貨收入；但這種記帳方式沒有保留銷貨退回記錄，如於某時段需要了解銷貨退回情形，以作為企業經營改進或購貨之參考，通常另設「銷貨退回」科目借記之。銷貨若為賒銷，則債權已因銷貨退回而減少，應貸記「應收帳款」；若為現銷，則應退還現金，即貸記「現金」。設銷貨退回 $2,500，則現銷與賒銷的分錄如下：

現銷貨品的銷貨退回分錄：		
銷貨退回	2,500	
現金		2,500
賒銷貨品的銷貨退回分錄：		
銷貨退回	2,500	
應收帳款		2,500

　　買賣業本諸顧客滿意的至高經營理念，允許顧客因為品質有瑕疵、顏色、大小、形式等各種原因，或根本就是不喜歡而退回已售出的商品。這種退回，基本上是銷貨的取消，但有時在賣方為避免商品運送的程序與費用，在售價上給予折減，期盼顧客仍有保留該商品的意願，這種為避免退貨而在售價上給予折減的金額，稱為銷貨讓價。銷貨讓價亦為銷貨收入的減少，本可直接借記「銷貨收入」，但基於管理上的需要，通常單獨設置「銷貨讓價」科目記載之。若金額不大，次數不多，則可與「銷貨退回」科目合併成為「銷貨退回及讓價」。

　　設銷售之商品，因運送途中略有損壞，給予顧客 $800 之讓價，其分錄如下：

現銷商品的銷貨讓價分錄：		
銷貨讓價	800	
現金		800
賒銷商品的銷貨讓價分錄：		
銷貨讓價	800	
應收帳款		800

　　上述銷貨退回及讓價經賣方同意後，如屬現購商品，則以現金退還之；如屬賒購商品，則應以書面通知顧客，表示已貸記其「應收帳款」，該項書面通知通常以銷貨退回或折讓證明單或類似名稱通知買方。

商場上為促銷商品或加速賒款收回而有商業折扣、數量折扣與現金折扣等銷貨折扣。商業折扣乃指在買賣成立前，為促銷商品，就定價予以折減，例如：定價 $10,000 之商品以 $8,500 成交，亦即減收 $1,500，俗稱八五折 (15% off)。數量折扣乃指購買數量大而給予之折扣，例如：買 9 個送 1 個相當於打九折或 10% off 等。會計上對商業折扣及數量折扣都不予認列，而以實際成交價格入帳。例如：上述商業折扣例就以 $8,500 借記「現金」(現銷) 或借記「應收帳款」(賒銷)、貸記「銷貨收入」。

現金折扣乃指企業為鼓勵顧客儘早付款，而在某種條件下給予顧客現金減免的優待，通常就其成交價格減收若干百分比的價款。現金折扣通常適用於批發商與零售商之間，而少用於零售商與最終消費者之間。賒銷交易所產生的應收帳款，買方在符合某些條件下才能享受現金折扣，否則必須支付交易全額。現金折扣屬於已經入帳的銷貨收入減項，一般多另設會計科目記錄之，此種現金折扣就賣方而言，借記為「銷貨折扣」，就買方而言，則貸記為「進貨折扣」。

銷貨退回、銷貨讓價及銷貨折扣等都是銷貨收入的減項或抵銷科目。正常情況下，銷貨收入科目有貸方餘額，而銷貨退回、銷貨讓價及銷貨折扣等科目均有借方餘額，其在損益表上的表達方式如下圖。

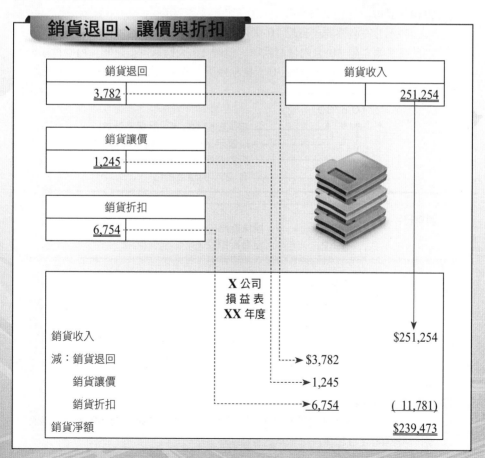

Unit 4-4
現金折扣

企業在賒銷商品交易成立後產生應收帳款，太多的應收帳款將積壓資金影響財務週轉，導致利息負擔加重，並增加壞帳發生的風險。應收帳款的收回也需支付龐大的費用，因此國外有公司專門折價收購各公司的應收帳款，代為收帳以賺取價差。銀行界也開發信用卡制度，銀行透過個人信用的調查，設定每張信用卡的賒銷額度，方便持卡人賒購財物；商家在支付一定比率手續費後，可以免除應收帳款的收帳費用及避免呆帳的風險；銀行則透過網路系統，自持卡人帳戶扣取消費金額，而造成共存共榮的消費環境。

將應收帳款折價，轉讓專業收帳公司或提供信用卡消費，而支付一定比率手續費，商家所犧牲的利益均由買家以外的機構獲益；現金折扣則是由商家犧牲部分利益直接回饋給買家，以鼓勵買家儘速償還應收帳款的方法。商業界常用之現金折扣表述方法及意義說明如下：

1. 2/10，n/30

表示若在發票開立日起 10 天內付款，則給予貨款總額 2% 的折扣；至遲應於發票開立起 30 天內付清款項。這個 10 天稱為折扣期間，超過折扣期限就無法享受現金折扣，這個 30 天稱為授信期間。通用格式及示意圖如下：

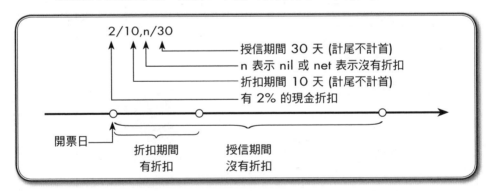

2. 2/10，n/30，EOM

「EOM」係「End Of Month」之縮寫，表示 10 天之折扣期間及 30 天授信期限，均自本月底起算而非發票開立日起算。凡在本月份內賒購者，如果能於次月 10 日前付款，皆可獲得 2% 折扣，但至遲應於本月底起算 30 天內償還貨款。此法適用於賒銷給經常往來之特定顧客，由於交易次數繁多，為簡化日期計算手續而生。

3. 2/EOM，n/60

表示發票開立日到月底為折扣期間可享受 2% 的折扣及 60 天授信期限，則自發票開立日起算。

4. **2/10/ EOM，n/60**

　　表示發票開立日到次月 10 日為折扣期間及 60 天授信期限，則自發票開立日起算。

5. **2/10，n/30，AOG**

　　「AOG」是「Arrival Of Goods」之縮寫，表示折扣期限、授信期限均自貨物到達目的地後起算。此法適用於買、賣雙方相距甚遠，為使買方有充裕的時間檢驗商品，並能獲得現金折扣，故從商品到達時，才起算折扣期限及授信期限。

　　若 $100貨款的現金折扣條件為 2/10，n/30，則開立發票日起 10 天內可享受 $2 的現金折扣，或僅需支付 $98；超過開立發票日起 30 天，就應支付 $100；$98 在 20 天內就有 $2 的利息，依據利息公式：

$$利息＝本金×年利率×年數$$

可得 $2＝$98×年利率×(20/365)，計得 年利率＝0.3724＝37.24%

　　由上述計算可知，放棄現金折扣的損失 (亦即相當負擔年利率 37.24%)，通常遠比借款利率為高，增加顧客在折扣期間內付清貨款的誘因。

　　設台新公司於 X2 年 9 月 10 日賒售商品 $80,000 給顧客，銷貨條件為 2/10，n/30。該客戶於同年 9 月 19 日支付貨款 $78,400 結清賒欠，則賣方有關分錄如下：

9/10	應收帳款	80,000	
	銷貨收入		80,000
9/19	現金	78,400	
	銷貨折扣	1,600	
	應收帳款		80,000

　　如果客戶於同年 9 月 19 日支付一半貨款 $39,200 (享受 $40,000×2%＝$800 折扣)，10 月 3 日結清賒欠 ($40,000 無法享受折扣)，則賣方有關分錄如下：

9/19	現金	39,200	
	銷貨折扣	800	
	應收帳款		40,000
10/3	現金	40,000	
	應收帳款		40,000

　　由於該顧客係在折扣期限內付款，故給予 2% 的現金折扣，實收現金 $78,400。反之，若客戶逾越折扣期限付款，則支付 $80,000 貨款，則賣方分錄為：

| 現金 | 80,000 | |
| 　　應收帳款 | | 80,000 |

Unit 4-5
進貨的會計處理

圖解會計學

買賣業先自批發供應商購入商品，再轉售給最終消費顧客。前期留存的商品成本或期初存貨，加上本期購進商品的成本或本期進貨，乃本期可供銷售的商品成本總額，這些可供銷售且已經售出的商品成本稱銷貨成本，其成本將轉為費用以與銷貨收入配合，於試算表中計算本期損益。期末尚未出售的商品成本即為期末存貨，可結轉下期為期初存貨繼續出售，期初、期末存貨均係資產科目。其關係如右圖所示。

期末存貨的計價涉及單位成本及存貨數量兩項；會計上對期末存貨數量及成本的計算，有永續盤存制及定期盤存制等兩種方法。

永續盤存制係平時對貨品每次的購進、出售及結存詳細記載，隨時可就帳簿記錄了解銷貨成本及期末存貨。

永續盤存制的會計處理僅設一項「存貨」科目，用以記載期初存貨及本期進貨。當進貨時，借記「存貨」，貸記「應付帳款」或「現金」；銷貨時除記錄銷貨收入外，同時記錄存貨減少，即借記「銷貨成本」，貸記「存貨」。期末「存貨」科目之餘額，即代表應有之期末存貨餘額，如右圖。

定期盤存制係指平時只對進貨交易予以記錄，銷售時不記錄存貨減少 (即不立即記錄銷貨成本)，等期末 (或定期) 加以盤點求得期末存貨後，再計算銷貨成本，如右圖。其會計處理為，進貨時不借記「存貨」，而另設一過渡性科目「進貨」，即借記「進貨」，貸記「應付帳款」或「現金」。期末盤點存貨時，再將期末存貨轉入「存貨」科目，此一期末存貨即為下年度之期初存貨。

存貨盤點時，應依據下列兩個原則，才能獲得正確的存貨數量。1.存貨是為出售賺取價差的商品或物件，如營運所需的汽車屬於公司的固定資產，但是汽車經銷商的汽車是以出售為目的，故屬商品存貨；2.擁有存貨的所有權。

寄銷或承銷是商場上的另一種交易型態。所謂寄銷，就是商品的所有人，將貨品委由其他商店代為銷售。貨品的所有人稱為寄銷人；而代為銷售貨品的人稱為承銷人，這種銷售行為就代銷者而言，就稱為承銷。因此代為銷售的商品，因未擁有所有權而不能計為承銷人的存貨。

商品所有權的移轉應視銷貨條件而定。若銷貨條件為「起運點交貨」(FOB 起運點)，則貨品離開賣方倉庫，交付運送人後所有權屬買方所有，應計入買方存貨。若銷貨條件為「目的地交貨 (FOB 目的地)」，則貨品運送至買方指定的地點，貨品的所有權才算移轉，商品未達前不能計入買方存貨，運輸費用、保險費用、商品損壞等責任均歸賣方負責。

分期付款出售的商品，在買方未付清貨款前，法律上仍屬於賣方的存貨，但在會計上則屬買方存貨。

進貨會計處理

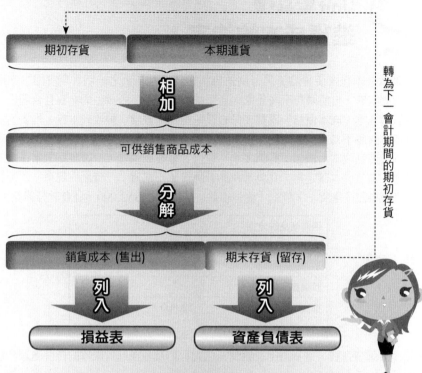

期初存貨　本期進貨

相加

可供銷售商品成本

分解

銷貨成本 (售出)　期末存貨 (留存)

列入

列入

損益表　資產負債表

轉為下一會計期間的期初存貨

永續盤存制		
購進商品	商品出售	可逐由帳面查得銷貨成本。 也需實際盤點存貨以核對帳面存量。不符時以「存貨盤盈(虧)」調整之。
購進商品時借記「存貨」，貸記「應付帳款」或「現金」	貸記銷貨收入並計算銷貨成本	

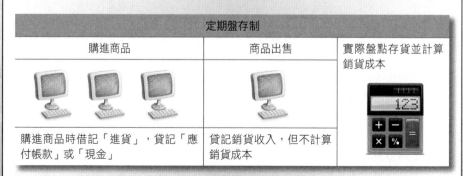

定期盤存制		
購進商品	商品出售	實際盤點存貨並計算銷貨成本
購進商品時借記「進貨」，貸記「應付帳款」或「現金」	貸記銷貨收入，但不計算銷貨成本	

Unit **4-6**
進貨成本的決定

進貨成本包含使貨品達到可供銷售狀態及地點為止之一切合理支出，亦即為達到可銷售狀態，自訂購起至商品進入倉庫或營業處所，所發生的必要且合理之支出，包括訂購成本、成本價格、運費、保險費、稅捐、倉儲、驗收成本等。惟實務上或因部分成本歸屬不易，或因金額太小，計算瑣碎，常將某些相關成本逕作為費用處理，而不列入商品成本，例如：訂購成本、倉儲、驗收成本等，一般實務上常作為當期費用處理。進貨成本確定後，凡現購商品者應借記「進貨」，貸記「現金」；若為賒購者，則應借記「進貨」，貸記「應付帳款」。如進貨 $52,000，其會計分錄如下：

現購商品的分錄：		
進貨	52,000	
現金		52,000
賒購商品的分錄：		
進貨	52,000	
應付帳款		52,000

至於進貨運費、進貨退出及讓價、進貨折扣及最後進貨成本的會計處理步驟，說明如下：

1. 進貨運費

進貨成本包含使貨品達到可供銷售狀態及地點為止之一切合理支出，因此購進貨品自任何地點運抵可供銷售處的所有運費，均應作為進貨成本的一部分。運費為進貨成本的加項，支付運費時固然可以借記進貨科目，惟實務上為能累計運費支付情形，通常另設「進貨運費」科目記載之，期末再結轉至「進貨」。如支付運費 $5,000 之會計分錄如下：

進貨運費	5,000	
現金		5,000

「進貨運費」科目為進貨成本的一部分，在商品未出售前，為存貨成本之一；而類似科目「銷貨運費」則視同銷售費用，並不計入銷貨成本中，以簡化銷貨成本的計算。這種安排並不影響本期損益的正確性。

2. 進貨退出及讓價

進貨退出係指購進之商品可能因為品質、規格、尺寸不合或於運送途中發生損壞，或數量不符而退回給賣方；賣方也可能為避免退貨的程序與費用，徵得買方同意，就有瑕疵但尚可用之商品，給予減價的行為，就是進貨讓價。兩者皆減少買方的進貨成本，可要求賣方退回現金或減少帳款。如屬賒銷交易，則賣方應就上項進貨退出及讓價，以書面如進貨退回或讓價證明單，告知

買方。

進貨退出及讓價雖也可直接貸記「進貨」科目以減少進貨成本，但為統計退貨情形，以了解供應商的商品品質及信用，通常可視需要另設「進貨退出」、「進貨讓價」或合併為「進貨退出及讓價」科目記載之。如有某筆進貨有 $4,000 的進貨退出或進貨讓價，則其會計分錄如下：

應付帳款	4,000	
進貨退出及讓價		4,000

期末再將「進貨退出及讓價」科目結轉「進貨」科目，計算進貨成本。

3. 進貨折扣

進貨折扣乃指賒購交易的賣方，為鼓勵買方盡早付款，增加財務周轉、減輕利息負擔，在某一條件下，給予買方價款折扣的優待。進貨折扣乃進貨成本之減項。例如，賒購商品 $80,000，付款條件為 2/10，n/30，則在 10 天內付款只須支付現金 $78,400，另 $1,600 為進貨折扣，其相關會計分錄為：

賒購商品：		
進貨	80,000	
應付帳款		80,000
在折扣期限內付清貨款		
應付帳款	80,000	
現金		78,400
進貨折扣		1,600
超過折扣期限付清貨款		
應付帳款	80,000	
現金		80,000

就理論言，逾折扣期限付款所喪失的進貨 (現金) 折扣實為損失或費用，不應列入商品成本中，但實務上為方便計算，未獲得之進貨折扣，常常併入進貨成本，不單獨列作損失或費用處理。

4. 進貨成本

進貨運費為進貨之附加科目，進貨折扣、進貨退出及讓價則為進貨之抵銷科目。進貨經進貨折扣、退出及讓價的調整後，成為進貨淨額，再加上進貨運費後，成為進貨成本。在損益表上列示如下：

進貨		$735,000
減：進貨退出及讓價	$20,480	
進貨折扣	15,754	(36,234)
進貨淨額		$698,766
加：進貨運費		15,700
進貨成本		$714,466

Unit **4-7**
銷貨成本的決定

　　會計期間的營業行為將銷貨收入與退回、讓價或折扣等累計於「銷貨收入」、「銷貨退回與讓價」、「銷貨折扣」等科目，再由這些科目的餘額於試算表中推得本期銷貨淨額。若能計得本會計期間所有銷貨的銷貨成本，當可計得本期損益。

　　存貨是指隨時可供銷售的庫存商品；會計期間開始的庫存商品價值即為期初存貨或期初存貨成本；在會計期間內也會陸續購進商品補充庫存；會計期間期末的庫存商品價值即為期末存貨或期末存貨成本。相關計算式如下：

> ●本期進貨成本＝進貨－進貨退出與讓價折扣＋進貨運費
> ●可供銷售商品成本＝期初存貨 (成本)＋本期進貨成本
> ●銷貨成本＝可供銷售商品成本－期末存貨 (成本)

　　以上公式可參閱單元 4-5 進貨的會計處理的「進貨會計處理」圖示。

　　由於每一會計期間的「期末存貨」即為次期之「期初存貨」，故事實上只須決定期末存貨的成本，即可推得本期的銷貨成本。

　　會計上對存貨數量及成本的計算，有永續盤存制及定期盤存制等兩種方法。定期盤存制在平時只對進貨交易予以記錄，銷售時不記錄存貨減少，等期末 (或定期) 加以盤點求得期末存貨後，再計算銷貨成本。

　　永續盤存制係平時對貨品每次的買進、銷售及結存詳細加以記錄，隨時可就帳簿記錄了解銷貨成本及期末存貨。永續盤存制的會計處理僅設一項「存貨」科目，用以記載期初存貨及本期進貨。期末「存貨」科目之餘額，即代表應有之期末存貨餘額。

　　期末存貨確定後，在損益表上列為可供銷售商品成本之減項，以求銷貨成本，在編製資產負債表時，期末存貨則列為流動資產。茲設例說明處理程序如右：

　　右側銷貨成本計算圖解中，由上而下相當於下列公式：

> ●進貨淨額＝本期進貨－進貨退出與讓價－進貨折扣
> ●進貨成本＝進貨淨額＋進貨運費
> ●可供銷售商品成本＝期初存貨＋進貨成本
> ●銷貨成本＝可供銷售商品成本－期末存貨

設台新公司 X2 年度有關商品購進、銷售、結存資料如下：

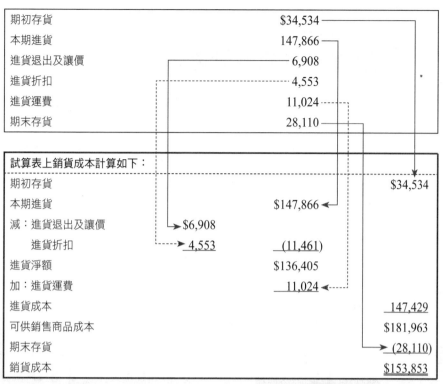

期初存貨			$34,534
本期進貨			147,866
進貨退出及讓價			6,908
進貨折扣			4,553
進貨運費			11,024
期末存貨			28,110

試算表上銷貨成本計算如下：

期初存貨			$34,534
本期進貨		$147,866	
減：進貨退出及讓價	$6,908		
進貨折扣	4,553	(11,461)	
進貨淨額		$136,405	
加：進貨運費		11,024	
進貨成本			147,429
可供銷售商品成本			$181,963
期末存貨			(28,110)
銷貨成本			$153,853

銷貨成本計算

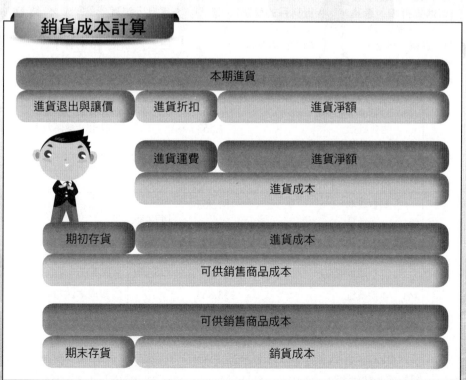

Unit **4-8**
銷貨成本的會計處理

　　採用定期盤存制的會計作業，每屆會計年度結束時，必須進行各商品的實地盤存，再依據商品盤存量推算其成本，彙總所有商品的期末存貨成本，即得本會計期間的期末存貨成本。期末存貨成本求得之後，當可依據單元 4-7 銷貨成本的決定的相關公式推算銷貨成本。實務上，並不是將相關科目的餘額代入公式直接計算，而是將相關科目的餘額經過「調整」或「結帳」使其能於試算表中自然算出銷貨成本。

　　若將銷貨成本之計算視為「調整」，則應於期末作調整分錄，調整時設置「銷貨成本」科目，以記載銷貨成本。

　　若以「結帳」的方式計算銷貨成本時，則可將期初存貨、本期進貨 (及附帶科目) 直接結轉「本期損益」，期末存貨則自「本期損益」轉出，其餘額即為銷貨成本。茲將此二種方法分述如下：

1. 設置銷貨成本科目

　　本法設置「銷貨成本」科目，以記載銷貨成本。其程序為：

① 先將進貨有關的科目 (如進貨折扣、進貨退出、進貨讓價) 結轉「進貨」科目，	② 其次將進貨淨額 (進貨科目的餘額)、進貨運費及期初存貨結轉「銷貨成本」，	③ 再將期末存貨自「銷貨成本」轉出，	④ 最後將銷貨成本結轉「本期損益」。

　　其會計分錄及各分類帳戶餘額如下：

(1)	進貨退出及讓價	6,908		進貨成本扣除進貨退出、讓價及折扣
	進貨折扣	4,553		
	進貨		11,461	
(2)	進貨	11,024		進貨成本加上進貨運費
	進貨運費		11,024	
	銷貨成本	181,963		結轉期初存貨及進貨到銷貨成本
	進貨		147,429	
	存貨 (期初)		34,534	
(3)	存貨 (期末)	28,110		將期末存貨自銷貨成本轉出
	銷貨成本		28,110	
(4)	本期損益	153,853		銷貨成本餘額為本期的銷貨成本
	銷貨成本		153,853	

　　經過前述分錄後，除存貨科目借餘 $28,110 為次期的期初存貨，本期損益科目餘額 $153,853 代表本期的銷貨成本，其餘科目均已結清，以便累計次期的經營活動資訊。

存貨				進貨退出		
(2)	**34,553**	34,534		(1)	6,908	**6,908**
(3)	28,110					

進貨折扣				進貨運費		
(1)	4,553	**4,553**		(2)	**11,024**	11,024

進貨				銷貨成本		
(1)	**147,866**	11,461		(2)	181,963	
(2)	11,024	147,429		(3)		28,110
				(4)		153,853

				本期損益		
				(4)	153,853	

2. 直接結轉本期損益科目

　　結帳法係先將進貨及其附加、抵銷科目，與期初存貨結轉「本期損益」科目，再將期末存貨由「本期損益」科目轉出，則「本期損益」借、貸金額相抵後之餘額，即為銷貨成本，其分錄如下：

(1)	進貨退出及讓價	6,908	
	進貨折扣	4,553	
	本期損益		11,461
(2)	本期損益	11,024	
	進貨運費		11,024
(3)	本期損益	147,866	
	進貨		147,866
(4)	本期損益	34,534	
	存貨 (期初)		34,534
(5)	存貨 (期末)	28,110	
	本期損益		28,110

將上述分錄過入本期損益帳戶後，其情形如下：

本期損益			
(2) 進貨運費	11,024	(1) 進貨退出及讓價	6,908
(3) 進貨	147,866	(1) 進貨折扣	4,553
(4) 存貨 (期初)	34,534	(5) 存貨 (期末)	28,110

　　本期損益科目中，(4)＋(3)＋(2)－(1)＝可供銷售商品成本，再減 (5) 即為銷貨成本。即 $34,534＋$147,866＋$11,024－($4,553＋$6,908)－$28,110＝$153,853。將各相關科目結轉本期損益後，除期末存貨尚留帳上外，其餘進貨及進貨附屬科目、期初存貨等均已結平 (結清)，餘額為零。下期開帳時，再另設進貨及其附屬科目記載之。

Unit **4-9**
工作底稿

買賣業結算工作底稿與服務業大致相同，但增加銷貨成本之計算程序。茲設例說明如下：

大旺公司 X2 年 12 月 31 日調整前之試算表，如次頁工作底稿試算表欄所示，期末唯一調整項目為銷貨成本及期末存貨。工作底稿中之調整分錄包括：

(1) 先將期初存貨、本期進貨及附屬科目結轉銷貨成本，
(2) 次將期末存貨自銷貨成本轉出，
(3) 計提所得稅費用。

其調整分錄為：

(1)	銷貨成本	74,799		將期初存貨、本期
	進貨退出	845		進貨、進貨退出、
	進貨折扣	1,438		進貨折扣、進貨運
	存貨 (期初)		41,250	費結轉銷貨成本
	進貨		35,245	
	進貨運費		587	
(2)	存貨 (期末)	35,645		將期末存貨結轉銷
	銷貨成本		35,645	貨成本
(3)	所得稅費用	8,439		應付所得稅
	應付所得稅		8,439	

茲將結帳分錄列示如下：

(1)	銷貨收入	105,845		將銷貨收入、銷貨
	銷貨退回		825	退回、銷貨折扣結
	銷貨折扣		1,257	轉本期損益
	本期損益		103,763	
(2)	本期損益	54,123		將銷貨成本、銷售
	銷貨成本		39,154	費用、管理費用結
	銷售費用		9,825	轉本期損益
	管理費用		5,144	
(3)	本期損益	8,439		將所得稅費用結轉
	所得稅費用		8,439	本期損益
(4)	本期損益	41,201		將本期損益結轉保
	保留盈餘		41,201	留盈餘

過帳後銷貨成本餘額為 $39,154。結算本期純益時將銷貨成本 $39,154 列於貸方表示收益之減項，至於期末存貨 $35,645 則移入資產負債表中流動資產項下。本期損益結算後其稅前純益 $49,640 (即 $103,763－$54,123)，設所得稅率為 17%，則應課所得稅 $8,439，稅後純益為 $41,201。保留盈餘科目期初餘額為 $32,254，結帳後餘額因為增加稅後純益 $41,201 而為 $73,455。

大旺公司
工作底稿
X2 年度

會計科目	試算表 借	試算表 貸	調整 借	調整 貸	調整後試算表 借	調整後試算表 貸	損益表 借	損益表 貸	資產負債表 借	資產負債表 貸
現金	85,124				85,124				85,124	
應收帳款	7,625				7,625				7,625	
存貨 (X2/1/1)	41,250			(1) 41,250						
應付帳款		1,500				1,500				1,500
股本		45,000				45,000				45,000
保留盈餘		32,254				32,254				32,254
銷貨收入		105,845				105,845		105,845		
銷貨退回	825				825		825			
銷貨折扣	1,257				1,257		1,257			
進貨	35,245			(1) 35,245						
進貨退出		845	(1) 845							
進貨折扣		1,438	(1) 1,438							
進貨運費	587			(1) 587						
銷售費用	9,825				9,825		9,825			
管理費用	5,144				5,144		5,144			
存貨 (X2/12/31)			(2) 35,645	(2) 35,645	35,645				35,645	
銷貨成本			(1) 74,799		39,154		39,154			
	186,882	186,882	112,727	112,727						
所得稅			(3) 8,439		8,439		8,439			
應付所得稅				(3) 8,439		8,439				8,439
			121,166	121,166	193,038	193,038	64,644	105,845	128,394	
本期純益							41,201			41,201
							105,845	105,845	128,394	128,394

Unit 4-10

財務報表

　　大旺公司因使用之科目較少，故 X2 年 12 月 31 日之資產負債表，僅作資產、負債及股東權益，簡單分類得如下的簡式資產負債表：

大旺公司
資產負債表
X2 年 12 月 31 日

資　　　產		負債及股東權益	
現金	$85,124	應付帳款	$1,500
應收帳款	7,625	應付所得稅	8,439
商品存貨	35,645	股本	45,000
		保留盈餘	73,455
資產總額	$128,394	負債及股東權益總額	$128,394

　　本例損益表中所需列示科目較多，故以多站式損益表來表述更多之資訊。所謂多站式損益表，係將損益表作多階段之劃分，通常先由銷貨淨額減除銷貨成本，求算銷貨毛利，再依次求算營業利益、稅前純益及本期損益。茲將銷貨收入以外之損益表項目說明如下：

　　銷貨成本：係指已售商品於取得時，所發生之直接及間接成本。商品之進貨成本包括進貨價格、進貨運費，但進貨退出、進貨折扣等，須由總成本中減除。

　　銷貨成本計算公式為：

> 銷貨成本＝期初存貨 (成本)＋本期進貨成本－期末存貨 (成本)

　　銷貨毛利：係指銷貨淨額減除銷貨成本之餘額，如銷貨淨額大於銷貨成本，則有毛利，反之則有毛損。

> 銷貨毛利 (毛損)＝銷貨淨額－銷貨成本

　　營業費用：營業費用又可分為推銷費用與管理費用，或稱為總務管理費用。凡管理部門所發生之費用屬管理費用，如管理人員薪資、辦公室租金、折舊、文具用品、水電費、郵電費等。凡銷售部門所發生之費用屬推銷費用，如銷售人員薪資、差旅費、銷貨運費、折舊、廣告費、郵電費等。

　　營業純益 (損)：係指銷貨毛利減除推銷費用及管理費用後之餘額，如銷貨毛利大於推銷費用與管理費用之和，則有營業純益，反之則有營業純損。

> 營業純益(損)＝銷貨毛利－(推銷費用＋管理費用)

非營業收入或費用：又稱營業外收入或費用，係指非主要的營業活動所產生之收入或費用，如租金收入、利息收入、資產處分利得、利息支出、資產處分損失等。

稅前純益 (損)：指營業純益 (損) 加上非營業收入，減除非營業費用後之餘額。

> 稅前純益 (損) ＝營業純益 (損) ＋非營業收入－非營業費用

所得稅費用：企業計算出每期稅前損益數字後，尚應據此項數字，計算所得稅費用，在次年繳納。

本期純益：稅前純益減除所得稅費用後即為「本期純益」，乃當年度營業結果可供分配股息及紅利之部分。

茲以大旺公司 X2 年度之損益表資料，編製多站式損益表如下：

大旺公司
損 益 表
X2年1月1日至民國X2年12月31日

銷貨收入			$105,845
減：銷貨退回		$ 825	
銷貨折扣		1,257	(2,082)
銷貨淨額			$103,763
銷貨成本：			
期初存貨		$ 41,250	
本期進貨	$35,245		
減：進貨退出	$ 845		
進貨折扣	1,438	(2,283)	
進貨淨額	$32,962		
加：進貨運費	587		
進貨成本		33,549	
可供銷售商品成本		$ 74,799	
期末存貨		(35,645)	
銷貨成本			(39,154)
銷貨毛利			$ 64,609
營業費用：			
銷售費用		$ 5,144	
管理費用		9,825	
合　計			(14,969)
稅前純益			$ 49,640
減；所得稅費用			(8,439)
本期純益			$ 41,201

Unit 4-11
期末存貨的重要性

　　前面單元論述銷貨收入與進貨成本的會計處理，及在一個假設的期末存貨 (例如：大旺公司假設於 X2 年 12 月 31 日的期末存貨為 $35,645) 計算本期純益 (損)。採用定期盤存制的買賣業，每屆會計期間終了，都必須進行存貨的實地盤點，以推求期末存貨的成本；採用永續盤存制的買賣業，於會計期間終了時，雖可從帳面讀取期末存貨的成本，但仍需進行存貨盤點，以驗證其數量是否與帳面量相符，若有不符，則以「存貨盤盈」或「存貨盤虧」科目調整之。

　　存貨常占企業總資產相當大的比例，因此，期末存貨計價是否正確，對企業的財務狀況及經營成果均有重大影響，存貨計價錯誤，不但使當期期末資產及業主權益產生錯誤，更會使連續兩個會計期間的損益表達錯誤。

　　將公式 [銷貨成本＝期初存貨 (成本)＋本期進貨成本－期末存貨 (成本)] 改寫成

　　銷貨成本＋期末存貨 (成本)＝期初存貨 (成本)＋本期進貨成本，圖示如下：

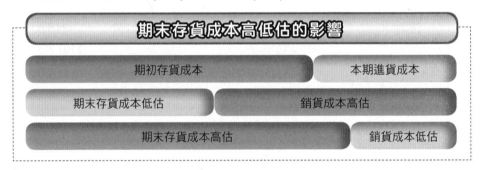

　　由上圖可推得：本期期末存貨高估，則本期銷貨成本低估，次期期初存貨高估；反之，本期期末存貨低估，則本期銷貨成本高估，次期期初存貨低估。

　　在損益表中，銷貨成本低估，則本期純益高估；反之，銷貨成本高估，則本期純益低估。在資產負債表中的商品存貨，乃是會計期間終了時的存貨 (期末存貨)，因此，若期末存貨高估，則商品存貨也高估，保留盈餘也就高估了；若期末存貨低估，則商品存貨也低估，保留盈餘也就低估了。歸納如下：

期末存貨高低估的影響	本期損益表		本期資產負債表	
	銷貨成本	本期損益	商品存貨	保留盈餘
期末存貨高估	低估	高估	高估	高估
期末存貨低估	高估	低估	低估	低估
期初存貨高低估的影響	次期損益表		次期資產負債表	
	銷貨成本	本期損益	商品存貨	保留盈餘
期初存貨高估	高估	低估	無影響	無影響
期初存貨低估	低估	高估	無影響	無影響

茲假設大正公司 X1 年底的正確期末存貨為 $120,000，純益為 $45,000。但因期末存貨高估 $10,000，致使 X1 年度之純益高估 $10,000，而得純益$55,000。X1 年度的期末存貨為 X2 年度的期初存貨，因此 X2 年度之期初存貨也高估 $10,000，導致 X2 年度之純益較正確之純益少計 $10,000。雖然兩年度的純益誤差將相互抵銷，不致影響 X2 年底保留盈餘之正確性，但各年度的純益均不正確；將影響對該企業獲利能力的評判。

大正公司
損益表
X1年1月1日至12月31日

	期末存貨正確		期末存貨錯誤	
銷貨收入		$435,000		$435,000
銷貨成本：				
期初存貨	$110,000		$110,000	
進　貨	225,000		225,000	
可銷售商品	$335,000		$335,000	
期末存貨	(120,000)	(215,000)	(130,000)	(205,000)
銷貨毛利		$220,000		$ 230,000
營業費用		(175,000)		(175,000)
純　益		$ 45,000		$ 55,000

設 X1 年初的業主權益為 $240,000，X1 年底正確的期末存貨獲得純益$45,000，得 X1 年底的業主權益為 $285,000；X2 年度再獲利$40,000，得 X2 年底的業主權益為 $325,000。以 X1 年底高估的期末存貨獲得純益 $55,000，得 X1 年底的業主權益為 $295,000；X2 年度再獲利 $30,000，得 X2 年底的業主權益仍為 $325,000。因此，某期末存貨的錯估，到次期獲得修正。

大正公司
損益表
X2年1月1日至12月31日

	期初存貨正確		期初存貨錯誤	
銷貨收入		$375,000		$375,000
銷貨成本：				
期初存貨	$120,000		$130,000	
進　貨	165,000		165,000	
可銷售商品	$285,000		$295,000	
期末存貨	(100,000)	(185,000)	(100,000)	(195,000)
銷貨毛利		$190,000		$180,000
營業費用		(150,000)		(150,000)
純　益		$ 40,000		$ 30,000

Unit **4-12**
個別認定法與先進先出法

一般而言，存貨成本應是由存貨的數量乘以存貨單位成本而得。企業在同一會計期間內之進貨次數頻繁，每批進貨之單位成本可能不同，而造成期末存貨成本計算的困難。例如，某企業在同一會計期間內，購進每個單價 $1,900 的商品 20 個，也購進單價 $1,800 的商品 10 個，在同一會計期間終了時，有 15 個存貨，則存貨成本應以單價 $1,900 或 $1,800 或 $1,850 或其他來計算呢？

會計上有 1. 個別認定法；2. 先進先出法；3. 加權平均法等三種方法來推估存貨成本。如何選擇其一個或數個單位成本，乘上存貨數量，用來作為計算期末存貨值的依據？茲設例說明各種存貨成本推估方法之運用。下表為某買賣業一年間的期初存貨、各次進貨數量與成本及各次銷售的數量與單位售價資料，一年間的期初存貨與進貨總共有 80 個商品，賣掉 60 個，則所留下的期末存貨 20 個的成本為多少？茲以各種存貨成本推估方法說明之。

期初存貨及進貨				銷　　貨			
日期	單位	單位成本	總成本	日期	單位	單位售價	總收入
1/1	10	$10.00	$100	3/15	10	$12	$120
2/5	10	12.00	120	5/20	20	12	240
4/28	20	12.40	248	9/20	10	13	130
7/29	10	11.00	110	11/3	20	13	260
10/30	20	10.00	200				
11/25	10	10.60	106		—		——
	80		$884		60		$750

1. 個別認定法

個別認定法是依期末存貨商品之標籤或註記，分辨原來的進貨成本以推算期末存貨成本。假設上例期末的 20 個存貨，經查分別為 7 月 29 日及 11 月 25 日所購入者，其原進貨成本為 $110 ($11.00×10) 及 $106 ($10.60×10)，合計期末存貨成本為 $216，本期可供銷售商品成本為 $884，因此銷貨成本為 $668 ($884－$216)。

本法適用於容易分辨、價格昂貴、且進出數量及次數不多的商品，例如：汽車、珠寶等。其優點為以實際成本配合實際收入計算損益，反映本期的實際損益。缺點則必須保持個別商品之記錄，會計處理成本比較高。

2. 先進先出法 (First-in, first-out method，簡稱 FIFO)

先進先出法係假設商品係按期初存貨及買進的順序售出，期末存貨為後期買入之商品，因此期末存貨的成本則是最後購入的商品成本，如右圖。

採用先進先出法時，在定期盤存制下，應就期末實地盤點之存貨數量，依全會計期間最後進貨之相反順序推算至等於存貨數量為止，再配合各次進貨單位成本乘算加總，即得期末存貨成本。上例期末存貨數量為 20 個，其成本計算如下：

進貨日期	數　量	單位成本	總 成 本
11/25	10	$10.60	$106
10/30	10	10.00	100
	20		$206

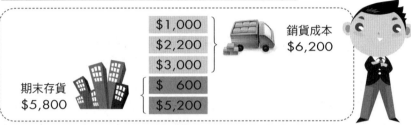

採用本法所計算之期末存貨成本為 $206，本期可供銷售商品成本為$884，減除期末存貨後，得出當期的銷貨成本為 $678 (即 $884－$206)。如果公司採用永續盤存制，則須每次銷售時，依先進先出順序，將先購入者作為銷貨成本，後購入者作為期末存貨，隨時記錄商品之買進、售出及結存，茲釋例如下：

日期	進　貨			銷　售			結　存		
	數量	單位成本	總價	數量	單位成本	總價	數量	單位成本	總價
期初	10	10.00	100				10	10.00	100
2/5	10	12.00	120				10	12.00	120
3/15				10	10.00	100	10	12.00	120
4/28	20	12.40	248				20	12.40	248
5/20				10	12.00	120	20	12.40	248
5/20				10	12.40	124	10	12.40	124
7/29	10	11.00	110				10	11.00	110
9/20				10	12.40	124	10	11.00	110
10/30	20	10.00	200				20	10.00	200
11/3				10	11.00	110	20	10.00	200
11/3				10	10.00	100	10	10.00	100
11/25	10	10.60	106				10	10.60	106
合計	80		884	60		678	20		206

上表中，3 月 15 日銷售時，將期初 (最早) 存貨成本轉列為銷貨成本；5 月 20日銷售 20 個時，先將 2 月 5 日購入的 10 個 (單位成本 $12.00) 轉入銷貨成本，不足之數再以 4 月 28 日購入者 (單位成本 $12.40) 補足轉為銷貨成本。依此類推，則最後剩下 20 個的期末存貨成本為 $206。由上列計算過程中可知，先進先出無論採定期盤存制或永續盤存制，其銷貨成本與期末存貨的成本都相同。

Unit 4-13
加權平均法

圖解會計學

加權平均法是以數量為權數，來推算存貨的平均單位成本，進而推算銷貨成本與存貨成本。加權平均法依計算加權平均單位成本的頻率而有：(1) 期末加權平均法 (適用於定期盤存制) 與 (2) 移動加權平均法 (適用於永續盤存制)。

1. 期末加權平均法

$$期末平均單位成本 = \frac{期初存貨成本 + 本期進貨總成本}{期初存量 + 本期進貨數量}$$

本例的期初存貨成本及本期進貨總成本為 $884，期初存量及本期進貨量為 80 個，得期末平均單位成本＝$884/80＝$11.05；期末存貨成本＝$11.05×20＝$221；銷貨成本＝$11.05×60＝$663；銷貨毛利＝$750－$663＝$87

2. 移動加權平均法

移動加權平均法係於每次進貨時，就將目前存貨單位成本與本次進貨單位成本以進貨數量加權平均，計算新的單位成本，作為下次進貨前、銷貨時，計算銷貨成本的基礎。移動加權平均法僅適用於永續盤存制，本例計算結果如下表所示：

日期	進貨			銷售			結存		
	數量	單位成本	總價	數量	單位成本	總價	數量	單位成本	總價
期初	10	10.00	100				10	10.00	100
2/5	10	12.00	120				20	[11.00]	220
3/15				10	11.00	110	10	11.00	110
4/28	20	12.40	248				30	[11.93]	358
5/20				20	11.93	238	10	12.00	120
7/29	10	11.00	110				20	[11.50]	230
9/20				10	11.50	115	10	11.50	115
10/30	20	10.00	200				30	[10.50]	315
11/3				20	10.50	210	10	10.50	105
11/25	10	10.60	106				20	[10.55]	211
合計	80		884	60		673	20		211

得銷貨成本為 $673，期末存貨成本為 $211。

每進一批貨，就應按下列公式，計算一次移動加權平均單位成本：

$$移動平均單位成本 = \frac{該批進貨總成本 + 結存存貨總成本}{該批進貨數量 + 結存存貨數量}$$

期初存貨的結存存量有 10 個，單位成本為 $10，總成本為 $100；2 月 5 日進貨10 個，單位成本為 $12，總成本為 $120，故得移動加權平均單位成本：

$$移動平均單位成本 = \frac{\$100+\$120}{10+10} = \frac{\$220}{20} = \$11.00$$

3 月 15 日銷售的 10 個商品的成本，應以單位成本 \$11.00 計價，出售的結存量為 10 個，單位成本為 \$11，總成本為 \$110。

4 月 28 日進貨 20 個，單位成本為 \$12.40，進貨總成本為 \$248，故得

$$移動平均單位成本 = \frac{\$110+\$248}{10+20} = \frac{\$358}{30} = \$11.93333333333333333$$

在移動加權平均法之下，單位成本的計算可能無法整除如上例，5 月 20 日銷售的 20 個商品理應以單位成本 \$11.93333333333333333 計算銷貨成本為 \$238.666666667；而結存的 10 個商品的成本應為 \$119.333333333。如依四捨五入的原則，銷貨成本應取 \$239，惟實務上可取銷貨成本為 \$238，結存存貨成本為 \$120；如此可使結存存貨的單位成本，可以獲得整除的 \$12.00。銷售商品時，應注意其銷售成本 (\$238) 與所餘存貨的成本 (\$120) 的總和，應與銷售前的存貨成本 (\$358) 相符，至於銷售成本或存貨成本與精算值的小誤差，則可不予考慮。

上表中每一點線以上，為一筆進貨資料，其結存欄顯示進貨後的存量，總成本及計算所得的移動平均單位成本 (表上以中括號包圍之)，此單位成本即為下一次進貨以前，所有銷售量的銷售成本計價基礎。

不同的成本流動假設，產生不同之銷貨成本及期末存貨成本，茲以前述計算例之資料，將各種成本流動假設下銷貨成本、期末存貨成本，彙整比較如下表：

	個別認列法	先進先出法	期末平均法	移動平均法
銷貨收入	\$ 750	\$ 750	\$ 750	\$ 750
銷貨成本				
期初存貨	\$100	\$100	\$100	\$100
進貨	784	784	784	784
可銷售商品	\$884	\$884	\$884	\$884
期末存貨	(216)	(206)	(221)	(211)
銷貨成本	\$668	\$678	\$663	\$ 673
銷貨毛利	\$ 82	\$ 72	\$ 87	\$ 77

一般而言，企業可以採用最適合於經營環境的存貨成本計價方法，但是這種可選用存貨成本計價方法的自由，並不意味企業可以每年改變計價方法。企業宜在選定存貨成本計價方法後，持續採用，以符合會計上一貫性 (或稱一致性) 原則之規定，使前、後期財務報表，可以在相同基礎上相互比較。雖然如此，企業選定存貨計價方法後，如有正當理由，也是可以改變的，惟應於財務報表附註揭露新的存貨成本計價方法、改變的理由及對收益的影響等，以提醒報表使用者。

Unit **4-14**
成本與淨變現價值孰低法

圖解會計學

商品存貨的淨變現價值 (Net Realizable Value, NRV) 係指該商品的估計售價扣除至完工尚需投入之估計成本、完成出售之估計銷售費用及相關稅費後的價值。商品可能因發生毀損、全部或部分過時、競爭而銷售價格下降或銷售費用上升，使存貨的成本高於淨變現價值而無法回收。我國財務會計準則及 IFRS 均規定，存貨的後續衡量，應按成本與淨變現價值孰低法 (Lower of Cost and Net Realizable Value Method) 評價。換言之，當存貨成本高於淨變現價值時，將存貨成本降低至淨變現價值，並且認列跌價損失；而當淨變現價值較成本為高時，仍用原始成本評價，不認列漲價的利益，以符合穩健原則。

適用成本與淨變現價值孰低法時，因存貨種類繁多，數量與售價各不相同，有些存貨可能漲價，有些存貨也可能跌價。我國及 IFRS 會計準則規定，成本與淨變現價值孰低法的運作方法。原則上採個別項目比較法，部分例外情形可採分類項目比較法。茲說明如下：

1.個別項目比較法

在比較存貨成本與淨變現價值孰低時，應就個別存貨逐一比較。此法使某一存貨的跌價損失，無法與另一存貨的漲價利益相互抵銷，符合存貨有跌價時，應認列跌價損失，但漲價時僅彌補跌價損失而不認列漲價利益的原則。這種方式的比較法最為穩健，可避免因整體存貨的淨變現價值高於存貨總成本，而忽略個別存貨可能仍有跌價損失之情形。

2.分類項目比較法

符合某些條件下，企業可將類似或相關的存貨歸類為同一類別，將同類別存貨的總成本與該類別存貨的總淨變現價值作比較。若該類別存貨的總成本高於總淨變現價值，則該類別存貨有跌價損失；否則，則無跌價損失。

IAS2 規定符合下列條件的存貨項目，可分類為同一類別：(1) 屬於相同產品線且其目的或最終用途類似；(2) 於同一地區生產及銷售；(3) 實務上無法與該產品線之其他項目分離評價。茲設例說明如下：

成本與淨變現價值孰低法					
			期末存貨		
存貨項目	成本	淨變現價值	個別比較法	分類比較法	跌價損失
用品 A	$15,000	$12,000	$12,000		$ 3,000
用品 B	17,600	18,100	17,600		$0
用品類	$32,600	$30,100		$30,100	$ 2,500
食品 A	$23,500	$34,000	23,500		$0
食品 B	74,200	57,600	57,600		$16,600
食品類	$97,700	$91,600		$91,600	$ 6,100

由上表知，用品 A 的存貨成本為 $15,000，高於估計的淨變現價值 $12,000，期末存貨成本降為 $12,000，而有 $3,000 的跌價損失。用品 B 的存貨成本為 $17,600，低於估計的淨變現價值 $18,100，因為不認漲價利益，故期末存貨成本仍為 $17,600。另就用品類而言，其存貨總成本為 $32,600，高於估計的總淨變現價值 $30,100，期末存貨成本降為 $30,100，而有 $2,500 的跌價損失。就用品類而言，採用個別比較法時，有 $3,000 的跌價損失，但採用分類比較法時，則僅有 $2,500 的跌價損失；此乃因用品 B 有 $500 的漲價而抵銷。

過去會計準則允許使用全體項目比較法，就一個企業全體存貨的總成本與全體存貨的總淨變現價值作比較，以認列跌價損失。此種比較法為我國及 IFRS 會計準則所禁止採用，以避免全體存貨的漲、跌價相互抵銷，使跌價損失失真，甚至不會發生任何跌價損失。

期末存貨之淨變現價值較存貨成本為低時，就必須於當期認列存貨跌價損失。帳務處理方法有：(1) 直接沖銷法：應借記「銷貨成本」，貸記「存貨」，將跌價損失直接沖銷；(2) 備抵損失法：應借記「存貨跌價損失」；貸記「備抵存貨跌價損失」。換言之，帳簿上存貨仍然以成本記載，在編製資產負債表時，將「備抵存貨跌價損失」科目作為存貨成本之減項，代表存貨以成本與淨變現價值孰低評價之金額。「存貨跌價損失」應結轉本期損益，作為銷貨成本之加項。

備抵存貨跌價損失為不可有借餘的貸餘科目，以免認列高於成本的淨變現價值而虛增期末存貨成本。換言之，如有借餘的備抵存貨跌價損失，將使資產負債表的存貨成本高於帳面價值。

企業應於各報導期末，重新衡量存貨的淨變現價值，如有回升，應於原沖減範圍內，認列並迴轉存貨淨變現值增加數。其分錄應借記「備抵存貨跌價損失」，貸記「存貨市價回升利益」列為銷貨成本的減項。

上表中，分類比較法的存貨淨變現值 $121,700 (＝$30,100＋$91,600) 低於存貨成本 $130,300 (＝$32,600＋$97,700)，而有 $8,600 (＝$130,300－$121,700) 的跌價損失，應記分錄為：

存貨跌價損失	8,600	
備抵存貨跌價損失		8,600

若次一會計年度期末又有 $9,300 的跌價損失，則應補提 $700，其分錄為：

存貨跌價損失	700	
備抵存貨跌價損失		700

存貨因損毀或過時而致售價低於成本而產生的損失，應將存貨成本直接沖減至淨變現價值，認列跌價損失。若某商品的成本為 $5,000，因為水漬使其淨變現價值僅為 $2,000 而有 $3,000 的淨變現價值損失，其直接沖減分錄為：

銷貨成本	3,000	
存貨		3,000

Unit **4-15**
估計存貨的方法

　　採定期盤存制的買賣業，必須經過實地盤存，才能獲得存貨數量並以歷史成本推算存貨成本。此種企業有二種可能無法或不值得進行實地盤存，但又必須知悉其存貨量與存貨成本；其一是如果存貨遭遇火災燒毀或水災流失或失竊等不同原因，而無存貨可盤點，但是理賠事宜又需存量成本；其二是企業可能需要月報表或季報表，但頻繁的實地盤點所費不貲且影響營業活動，因此也不值得實地盤存。僅在此二種情況下，期末存貨成本能利用估計的方法推估之。

　　會計上普遍採用的存貨估計方法有：(1) 毛利法與 (2) 零售價法二種，分述如下：

1. 毛利法

　　毛利法係先依據過去年度的銷貨毛利率，以推算本期的銷貨毛利，其次從本期的銷貨淨額中減去估計之銷貨毛利，得出估計的銷貨成本，再從可供銷售商品成本中減去估計的銷貨成本，即可得出估計之期末存貨。其計算順序如下：

步驟 **1**	步驟 **2**	步驟 **3**
估計銷貨毛利＝銷貨淨額×毛利率	可供銷售商品的成本＝期初存貨＋本期進貨成本	估計期末存貨＝可供銷售商品的成本－(銷貨淨額－估計銷貨毛利)

　　設某買賣業的期初存貨為 $40,000，同期的進貨淨額為 $120,000，進貨淨額中含有 $3,000 以 FOB 起運點購買的商品尚在運送途中，銷貨淨額為 $200,000，且過去數年的平均毛利率為銷貨淨額的 30%。

　　估計銷售毛利＝$200,000×30%＝$60,000，則期末存貨估算，如下表：

期末存貨估算表		
期初存貨		40,000
進貨淨額		120,000
可供銷售商品成本		160,000
減：估計銷貨成本		
銷貨淨額	$200,000	
估計銷售毛利	(60,000)	140,000
估計應有期末存貨		$ 20,000
減：在途商品		3,000
估計期末存貨		$ 17,000

　　毛利法中，毛利率的正確性，影響存貨估計的可靠性。若年度之售價、進貨成本有大幅異動，或銷貨組合有改變，以致本期毛利率與前期毛利率有顯

著不同時，應作適當調整。再者，凡是業務有顯著季節性的行業，通常旺季時售價高，毛利率高，淡季時可能降價求售，毛利率會降低，估計存貨時，應適用不同的毛利率。

2. **零售價法**

　　凡是經銷商品種類及數量繁多且單價不高的買賣業，如百貨公司、大型賣場等，實地盤點費時費力。這種性質的買賣業，可使用零售價法來估計其存貨成本。採用零售價法估計存貨的企業，平時購進商品時，除了記錄成本外，尚需登錄其零售價格。因此，可算出進貨成本、進貨零售價、期初存貨成本與期初存貨零售價，則零售價法推估期末存貨成本的計算公式如下：

① 可供銷售商品總成本＝期初存貨成本＋進貨成本 (淨額)
② 可供銷售商品總售價＝期初存貨零售價＋進貨零售價 (淨額)
③ 成本率＝可供銷售商品總成本÷可供銷售商品總售價
④ 期末存貨售價＝可供銷售商品總售價－銷售淨額
⑤ 估計期末存貨成本＝期末存貨售價×成本率

　　假設某超商的年度資料如下：

	成　本	零售價
期初存貨	$160,000	$210,000
進貨淨額	$380,000	$540,000
銷貨淨額		$535,000

　　則成本率及期末存貨成本估算如下表：

成本率計算		
	成　本	零售價
期初存貨	$160,000	$210,000
進貨淨額	$380,000	$540,000
可供銷售商品總額	$540,000	$750,000
成本率＝$540,000÷$750,000＝0.72＝72%		

期末存貨成本估計	
可供銷售商品總售價	$750,000
減：銷貨淨額	$535,000
期末存貨零售價	$215,000
乘：成本率	0.72
估計期末存貨成本	$154,800

　　估得期末存貨成本為 $154,800。

第 5 章

現金、零用金與銀行調節表

●●●●●●●●●●●●●●●●●●●● 章節體系架構 ▼

Unit **5-1**
現金的意義及管控

現金是所有企業都有的資產，依據資產轉換成現金所需要時間的長短，定義資產流動性的大小，現金不須經過任何變現程序，即可用以償付債務、支付費用、購買資產，故屬所有資產中流動性最大的資產。會計上所謂的現金，係指必須同時具備下列二個條件的資產：

1. **可自由流通**：現金必須是法律上允許在當地自由流通，且可作為支付工具與交易之媒介，例如：新台幣即是我國目前通行之貨幣；至於如美金、日幣等外幣，因現行法令並不允許在台灣自由流通、不得直接用來支付費用、清償債務或作為交易的媒介，所以應另行設外幣現金或外幣存款科目記載之。

2. **可自由運用**：現金必須是企業可以不受限制而隨時動用的資產。償債基金或勞工退休基金均屬已限定、指定用途的財源，因限於規定企業並無支用的權力，而不符合「可自由運用」的要件，所以不可以將之列為現金。

一般而言，現金包括通用的硬幣、紙幣、銀行匯票、即期支票；換言之，凡銀行願意接受為存款的資產均屬之。而指定用途的現金、借條、借據、遠期支票、遠期票據、暫付旅費、郵票、印花稅票等，皆不被認為是現金項目。

在會計處理上，有將庫存現金與銀行存款分開，亦有合併成單一現金科目。我國實務上，通常將現金與銀行存款 (包括支票存款、活期存款及定期存款) 分別設置科目加以記錄，但在編製資產負債表時，則多合併以「現金及銀行存款」列示。

企業的日常交易大多涉及現金的收付，由於現金流動性大，易遭盜竊或無心誤用，因此現金之管理與控制益形重要。良好的現金管理，旨在達成下列四項目標：

1. 所有現金交易均應確實依照規定處理，並能迅速提供現金流向與結餘，以便企業有效進行資金調度與運用。
2. 有足夠的現金備供清償所有即將到期的債務，避免調度不靈。
3. 避免持有過多閒置現金，必須善加利用才能產生收益。
4. 防止因盜竊及詐欺而導致現金之損失。

為達成現金管理控制的目標，管理階層須對企業現金收支，建立良好的管理控制制度。現金之管理控制制度因各企業組織規模或政策之不同而異，僅列其一般通則，備供參考。

1. **職能分工**：任何交易不得由一人自始至終包辦處理，應將交易劃分為不同的階段，由不同的人辦理，而產生相互牽制的功能。
2. **人員輪調**：強迫員工休假或工作輪調，可以提早發現可能弊端。現金出納與會計記錄工作雖由不同人員職能分工，但這兩種人員若聯合，也使監守自盜行為不易發現，經由工作的輪調，可增加發現弊端的機會。

3. 收到現金應該立即記錄，以免有挪用之機會，並當日全數解存銀行，取回存款條，憑以入帳。
4. 貫徹銷貨必定開立發票的政策；現銷由一人處理時，最好使用收銀機記錄銷貨交易。
5. 除零星支付外，所有支出一律以支票付款。
6. 貨款儘量請客戶直接匯入公司之銀行帳戶。
7. 客戶以票據付款者，應請註記抬頭、劃線並註明禁止背書轉讓。
8. 賒銷貨款收現時，應立即記錄，並不定期核對客戶積欠之貨款。
9. 銀行調解節表應定期由處理現金與登載現金收支帳以外之人員編製。

　　零用金是另一個加強現金管理的重要方法。零用金是指公司將一定額度的現金交由專人管理，以支付如計程車費、水電費、郵票等小額零星費用。其他較大額的支出則使用支票或匯款以保留憑證。因此，現金應包括銀行存款及零用金。現金的意義如下圖所示：

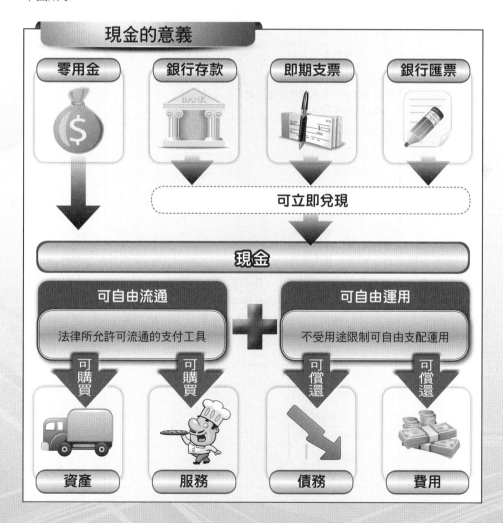

Unit 5-2
零用金

圖解會計學

企業對外支付以使用支票為原則，但如計程車費、郵票、水電費、差旅費等小額零星支付，使用支票付款不僅不經濟，而且手續麻煩。零用金制度就是提撥一定數額的現金，交由專人保管，用以支付這些小額零星開支的制度。在此制度下，平時支付各項費用時，亦應取得合法憑證，但不需要立即記帳，只需要作備忘記錄即可。等到零用金即將耗盡時，保管人員檢附單據，請求撥補零用金，並由會計部門作成適當之會計記錄。零用金在資產負債表中，併入現金科目列示。

設新海公司於 10 月 1 日簽發支票 $7,000 設置零用金，10 月 15 日零用金保管人員提出下列單據，請求撥補歸墊：購買郵票 $1,500，文具用品 $750，支付計程車費$2,580，加班誤餐費$870 及水電費$865，手存現金剩餘 $435。有關分錄如下：

10/1 設置零用金時：		
10/1　零用金	7,000	
銀行存款		7,000
零用金保管人支付費用時僅作備忘，不作分錄		
10/15 撥補零用金時：		
10/15　郵電費	1,500	
文具用品	750	
交通	2,580	
加班誤餐費	870	
水電費	865	
銀行存款		6,565

零用金撥補時，經會計審核單據無誤後，會立即轉請出納開立支票補充零用金，因此上述零用金撥補分錄中，係借記「各項費用」，貸記「銀行存款」，而非貸記「零用金」。若貸記「零用金」，嗣後又要借記，徒增帳務處理手續。零用金設立後，在帳上始終維持 $7,000 之定額，若因零用金太少，可酌予增加，以減少時常撥補之煩；若因零用金太多，容易滋生舞弊，則可酌予減少，其增加、減少分錄如下：

增加零用金至 $9,000		
零用金	2,000	
銀行存款		2,000
減少零用金至 $4,000		
銀行存款	3,000	
零用金		3,000

零用金因為支付頻繁，金額又零星，難免支付有誤，常會發生零用金超額或短少的情形，只要沒有舞弊情事，就以「現金短溢」或「現金餘絀」科目來處理，這個科目若為借方餘額，則作為其他費用，若為貸方餘額，則作為其他收入處理。但是如果短缺金額重大，顯然不是零星找付所致，則應追查原因，將短絀金額轉列應收帳款，並向保管人員催討，不得逕作短溢處理。

設上例手存零用金結餘 $430，缺少 $5，以現金短溢處理之分錄如下：

現金短溢	5	
銀行存款		5

年底辦理結帳工作時，應通知零用金保管人員辦理費用報銷，假設同時撥補零用金，其手續如上所述，但是如果報銷費用而不撥補零用金，此時零用金之餘額就會減少，報銷分錄貸方應為「零用金」而非「銀行存款」，以減少零用金之餘額。

例如，上例年終結帳時，零用金支付情形如下：郵電費 $2,800，水電費 $2,200，雜費 $700，手存現金尚有 $1,300，若不撥補零用金，則分錄為：

郵電費	2,800	
水電費	2,200	
雜費	700	
零用金		5,700

次年年初，開出支票 $5,700 撥補零用金，分錄如下：

零用金	5,700	
銀行存款		5,700

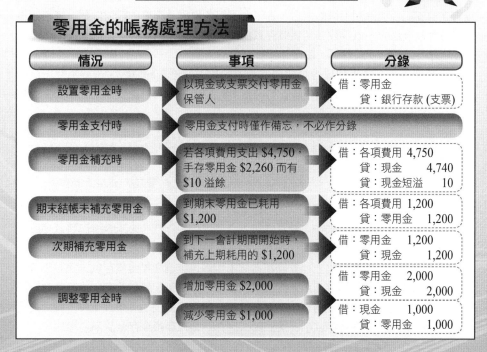

零用金的帳務處理方法

情況	事項	分錄
設置零用金時	以現金或支票交付零用金保管人	借：零用金 　　貸：銀行存款 (支票)
零用金支付時	零用金支付時僅作備忘，不必作分錄	
零用金補充時	若各項費用支出 $4,750，手存零用金 $2,260 而有 $10 溢餘	借：各項費用 4,750 　　貸：現金　　4,740 　　貸：現金短溢　10
期末結帳未補充零用金	到期末零用金已耗用 $1,200	借：各項費用 1,200 　　貸：零用金　1,200
次期補充零用金	到下一會計期間開始時，補充上期耗用的 $1,200	借：零用金　1,200 　　貸：現金　1,200
調整零用金時	增加零用金 $2,000	借：零用金　2,000 　　貸：現金　2,000
	減少零用金 $1,000	借：現金　1,000 　　貸：零用金　1,000

Unit **5-3**
銀行對帳單差異分析

　　企業多在銀行開立「支票存款」戶,以存入每日收受的現金,並以支票支付各種款項,以免除領取現金、點算鈔票及保管現金的麻煩;同時,銀行也會定期的送來對帳單以與企業內部帳戶核對。因此,銀行存款是企業現金的重要內控機制。

　　「銀行存款」是企業的資產,對應的「支票存款」則為銀行的負債,因此企業帳上「銀行存款」科目之記載,與銀行帳上「支票存款」科目之處理恰為借、貸方向相反,但金額相等。

　　企業將款項存入銀行時,公司帳上借記「銀行存款」,貸記「現金」或「應收票據」;銀行則借記「庫存現金」,貸記「支票存款」。反之,企業開具即期支票時,帳上貸記「銀行存款」;銀行則借記「支票存款」,貸記「庫存現金」。企業與銀行間的記錄,金額相同,方向相反。所以,如果雙方對存款變動的記錄一致時,公司帳上「銀行存款」之餘額應與銀行帳上「支票存款」的餘額相等。

　　「支票存款」的存入或領取並非同一個人或企業,因此就沒有支票存款存摺,公司存提金額與時間,並不一定與銀行帳務處理一致,因此銀行為核對往來款項及餘額,通常會定期寄發對帳單給存戶。對帳單的內容包括該期間之存入款項、支付款項及每日之結存 (或透支)。有時另附有「借項通知單」,記載如代扣手續費、轉支利息費用等減少存款的事項,或另有「貸項通知單」,記載如委託銀行代收的票據已收現之通知等增加存款的事項。對帳單格式各銀行或有不同,惟內容大同小異。

　　企業就銀行存款科目借、貸方之金額與銀行對帳單之存、提欄核對時,常會發現雙方之收支記錄與餘額不符的情形,為了解不符的原因及正確的存款餘額,就必須編製銀行存款調節表,以尋找公司帳載存款餘額與銀行對帳單餘額不符的原因,確定公司帳上應有的正確存款餘額,並作為調整分錄的依據。

　　一般而言,企業帳列現金餘額與銀行對帳單餘額不符的原因,主要為雙方記帳的時間落差與雙方或一方有錯誤或舞弊發生 (彙整如下表),因此雙方的餘額必然不相等,茲詳細分述如下:

情　形	(1)	(2)	(3)	(4)	(5)
企業銀行存款	已借	已貸	未貸	未借	雙方或一方之記錄有誤
銀行支票存款	未貸	未借	已借	已貸	

(1) **企業已借記存款,銀行未貸記存款**:企業已借記存款,表示企業已將款項匯入銀行,因此帳上已借記銀行存款,但銀行尚未收到該筆款項,所以尚未貸記支票存款,此時雙方帳上存款餘額自然不相等,企業如果臨櫃存款,應該不會發生這種情形,但如果利用夜間存款或匯款,則銀行記錄該筆存款或匯款會有一天的延遲,這種存款稱為「在途存款」。另企業開出的支票因要件不符而遭退票,亦視同「在途存款」。調節時,應作為銀行對帳單存款餘額之增加。

(2) 企業已貸記存款，銀行未借記存款：企業已貸記存款，表示企業已開立交付債權人之即期支票，就企業而言，已作支出，貸記銀行存款，但因持票人或受款人尚未到銀行兌現，銀行尚未支付，故未借記支票存款，餘額當然不相等，這種存款稱為「未兌現支票」，調節時應作為對帳單存款餘額之減少。

(3) 銀行已借記存款，企業未貸記存款：銀行已借記存款，表示銀行因代扣手續費、代付各項費用、客戶支票存款不足退票等，而已借記支票存款，使餘額減少，但公司因為尚未接獲通知，而未貸記銀行存款。調節時，應作為企業銀行存款餘額的減少。

(4) 銀行已貸記存款，企業未借記存款：銀行已貸記存款，表示企業委託銀行代收的票據收現或存款利息收入轉帳、代收股東繳納的股本等，銀行已貸記支票存款增加，但企業尚未接獲通知，故未作借記銀行存款。調節時，應作為企業銀行存款餘額之增加。

(5) 雙方或一方之記錄有誤：如企業開立票據的實際金額為 $4,500，銀行依照支票金額付款，但企業於登帳時誤記為 $5,400，兩者餘額自然不等。又如其他企業開立的支票，銀行誤記入本企業存款帳戶等，調解時皆須予以更正。

　　各種差異原因對企業銀行存款餘額與銀行支票存款餘額的影響，如下圖：

113

Unit **5-4**
銀行存款調節表

圖解會計學

114

　　如果企業銀行存款帳戶的帳戶餘額，不等於銀行對帳單的支票存款餘額，則應就銀行對帳單期間內的企業銀行存款各筆收入、支出金額與銀行對帳單逐筆核對，找出前述各種差異原因及金額。有系統的核對方法如下：

(1) 以企業銀行存款帳上每一筆存款 (借方) 與銀行對帳單上的存款欄每一筆核對之，兩邊相符者，各用「✓」號表示之；核對完畢後，企業銀行存款帳上未打「✓」者，即為前述 (1) 企業已借記存款，銀行未貸記存款；銀行對帳單上未打「✓」者，即為前述 (4) 銀行已貸記存款，企業未借記存款。

(2) 以企業銀行存款帳上每一筆支出 (貸方) 與銀行對帳單上的提款欄每一筆核對之，兩邊相符者，各用「✓」號表示之；核對完畢後，企業銀行存款上未打「✓」者，即為前述 (2) 企業已貸記存款，銀行未借記存款；銀行對帳單上未打「✓」者，即為前述 (3) 銀行已借記存款，企業未貸記存款。

(3) 核對過程中，研判銀行存款上與對帳單上金額相異的兩筆應屬同一筆時，如屬登錄錯誤，可在對帳單上加註其差額並加正負號。如果銀行存款的金額必須減去差額，才等於對帳單上的金額，應冠以負號；如果銀行存款的金額必須加上差額，才等於對帳單上的金額，應冠以正號。

編製銀行存款調節表之方法有三種：

1. **正確餘額法**：調節表分為兩欄，一欄由企業銀行存款帳戶餘額，加 (4)「銀行已貸記存款，企業未借記存款」，減 (3)「銀行已借記存款，企業未貸記存款」，加 (減) 錯誤金額以獲得正確的企業銀行存款帳戶餘額；另一欄由銀行對帳單存款餘額，減 (2)「企業已貸記存款，銀行未借記存款」，加 (1)「企業已借記存款，銀行未貸記存款」，加 (減) 錯誤金額以獲得正確的對帳單存款餘額；最後兩欄的餘額相等時，表示時間差的因素所造成的差異已經釐清。

2. **對帳單餘額法**：以公司銀行存款帳戶餘額為準，減 (1)「企業已借記存款，銀行未貸記存款」，加 (4)「銀行已貸記存款，企業未借記存款」，減 (3)「銀行已借記存款，企業未貸記存款」，加 (2)「企業已貸記存款，銀行未借記存款」，加 (減) 錯誤金額以獲得對帳單存款餘額。計算所得銀行存款餘額應與對帳單上的餘額相符。

3. **企業帳面餘額法**：以銀行對帳單餘額為準，減 (2)「企業已貸記存款，銀行未借記存款」，加 (3)「銀行已借記存款，企業未貸記存款」，加 (1)「企業已借記存款，銀行未貸記存款」，減 (4)「銀行已貸記存款，企業未借記存款」，加 (減) 錯誤金額以獲得銀行存款餘額。計算所得對帳單餘額應與企業銀行存款科目的餘額相符。

設民裕公司在 BB 銀行開立支票存款戶，某年 12 月底銀行對帳單之餘額為 $73,805；公司銀行存款帳上之餘額為 $87,185，經仔細核對後發現下列事項：

1. 公司 12 月底存入 $21,000，銀行尚未入帳。在途存款屬於差異原因 (1)。
2. 公司簽發之支票，有三張總額 $7,850 尚未持往銀行兌現，屬於差異原因 (2)。
3. 銀行代收票據 $1,800 已收現，公司尚未入帳，屬於差異原因 (4)。
4. 客戶支付貨款的支票 $2,000，存入後因客戶存款不足遭銀行退票，屬於差異原因 (3)。
5. 銀行扣手續費 $30，屬於差異原因 (3)。

根據上述資料，按正確餘額法編製之銀行存款調節表如下：

民裕公司
銀行存款調節表
BB 銀行 #1572
XX 年 12 月 31 日

銀行對帳單餘額		$73,805	公司帳上餘額		$87,185
加：在途存款		21,000	加：託收票據		1,800
		$94,805			$88,985
減：未兌現支票		(7,850)	減：銀行手續費	$30	
			存款不足退票	2,000	
					(2,030)
12 月 31 日正確餘額		$86,955	12月31日正確餘額		$86,955

上例中，民裕公司往來銀行所送來之對帳單與公司之銀行存款科目核對餘額不符。銀行方面須加計在途存款及減除未兌現支票，公司方面須加計銀行代收之票據，並減除手續費及退票等，經調節後得出正確存款額為 $86,955。

下列左圖表示由銀行對帳單的餘額，以兩方時間差的差異修正，而得公司銀行存款帳戶的餘額；右圖表示由公司銀行存款帳戶的餘額，以兩方時間差的差異修正，而得銀行對帳單的餘額。

企業帳面餘額法	
銀行對帳單餘額	$73,805
加：在途存款	21,000
銀行手續費	30
存款不足退票	2,000
減：未兌現支票	(7,850)
託收票據	(1,800)
公司帳上餘額	87,185

對帳單餘額法	
公司帳上餘額	87,185
加：未兌現支票	7,850
託收票據	1,800
減：在途存款	(21,000)
銀行手續費	(30)
存款不足退票	(2,000)
銀行對帳單餘額	$73,805

Unit **5-5**
銀行存款調節的調整分錄

圖解會計學

任何因遺漏、錯誤或記帳時間延誤引起的差異，均應在編製財務報表前，作適當分錄予以補正。惟公司需作之分錄僅以調節公司帳載餘額，令其與正確存款數額相符為限，銀行記錄與正確金額不符者，經兌現或收入後，銀行自然會自行補正記錄，與公司帳務處理無關。

凡是銀行已經入帳而公司尚未入帳的加項，以適當會計科目列於貸方，借記銀行存款科目；減項則以適當會計科目列於借方，貸記銀行存款科目；如右頁圖所示。

在途存款與未兌現支票係屬公司已入帳而銀行未入帳，因此不必調整。將本例各調整分錄如下：

116

銀行存款	1,800	
應收票據		1,800
應收帳款	2,000	
銀行存款		2,000
銀行手續費	30	
銀行存款		30

上述分錄也可以合併成一個分錄如下：

銀行存款	1,800	
應收帳款	2,000	
銀行手續費	30	
應收票據		1,800
銀行存款		2,030

> 企業若有不同的存款帳戶，不論是否在同一銀行，均應依照帳戶別，個別編製銀行存款調節表，以確定各存款帳戶的正確存款餘額。

另為維持社會經濟活動的秩序，許多商業活動都需要繳交保證金，以便作為義務履行的保證。保證金的金額通常不小，如以現金當作保證金，則提領、搬運、清點及保管均相當費事，因此有保付支票的出現。

保付支票乃由往來銀行保證付款的支票，銀行作保付手續時，將支票視同已經兌付，且立即自開票公司的存款中，減除該筆款項。

因此，在編製銀行存款調節表時，未兌現支票中，如果包含保付支票，則因為在開立保付支票時，銀行已經自客戶存款餘額中減除，不致有存款餘額不足之情形，故不需要調節減少對帳單餘額。

銀行可依據企業在銀行進出記錄及信用評等，而與企業訂定透支契約，以方便在公司的銀行存款不足時，仍然繼續簽發支票付款，以維企業的正常營運。企業之銀行存款因此出現貸方餘額 (或稱赤字)，即為銀行透支。

銀行透支為企業對銀行的負債，編製企業資產負債表時，其處理方式應視情況而定。

按照會計原理的規定，資產、負債除非具有法定抵銷權，否則不得相互抵銷，以免掩蓋資訊內容，無法充分揭露企業的財務狀況。因此企業在甲銀行有存款，而在其他銀行為透支，則在甲銀行的存款餘額應列在流動資產項下，在其他銀行的透支則歸入流動負債項下，改用「銀行透支」或「短期借款」科目列示。但如果是在同一銀行的不同分行有性質相同的支票存款帳戶，分別為有存款及透支的帳戶時，因為具有法定抵銷權，則可以相互抵銷，僅列餘額即可，不必分列資產與負債。

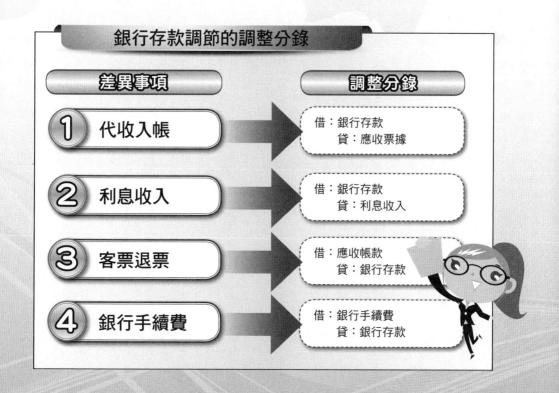

銀行存款調節的調整分錄

差異事項	調整分錄
① 代收入帳	借：銀行存款　貸：應收票據
② 利息收入	借：銀行存款　貸：利息收入
③ 客票退票	借：應收帳款　貸：銀行存款
④ 銀行手續費	借：銀行手續費　貸：銀行存款

Unit **6-1**
應收帳款的認列時間與金額

圖解會計學

　　凡企業由於主要營業活動之銷貨，或提供勞務所發生對他人貨幣、財貨及勞務之請求權，若無書面憑證，僅記帳掛欠者稱為應收帳款；若持有他人之即期或遠期票據，可隨時或於指定日期，據以向付款人或承兌人，求取一定金額之債權憑證稱為應收票據。此種延遲收款的銷貨方式稱為賒銷，是以讓顧客先進貨或享受服務，經過一段時間後再付款的方式，達到其商品促銷，提高顧客購買意願的目的。非主要營業活動產生的其他無期票為憑的財物求償權，稱為其他應收款，如應收利息、應收租金等。在會計上，應收帳款為流動資產的重要項目。

一、應收帳款的認列時間

　　應收帳款與銷貨收入認列時點相同，通常於商品銷貨完成，貨品的所有權及經濟效益移轉給買方時認列，勞務則於勞務提供完成時認列。至於銷貨完成及所有權移轉給買方的時點，則由銷貨條件訂定。如果銷貨條件為起運點 (或工廠) 交貨 (FOB 起運點)，則於貨品交付指定之運送人 (例如，航空公司或貨運公司) 後，該批貨品的經濟效益及所有權即屬買方所有。在此銷貨條件之下，於貨品交運時，賣方即可在其帳上認列「應收帳款」及「銷貨收入」。因為貨品的經濟效益已移轉給買方，所以運費及運送途中發生的損失，通常應由買方負擔。相對地，目的地交貨 (FOB 目的地)，則必須等到貨品運達買方所指定的地點後，經濟效益及所有權才算移轉，銷貨才算完成。由於運送途中，貨品的經濟效益尚屬賣方所有，故運費及運送途中發生的損失，通常均應由賣方負擔，如下圖。

120

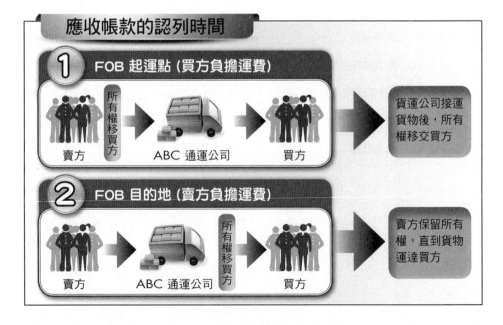

分期付款銷貨，除非帳款收現的不確定性很高，或難以合理估計收帳費用及可能發生的損失外，在會計上，仍應於貨品交付時，認列全部之銷貨收入。

二、應收帳款金額之決定

企業為促銷商品或服務，而提供各種折扣以激發購買意願，賒銷應收帳款入帳之金額的決定，應考慮商業折扣及現金折扣等各項因素，茲說明如下：

1. 商業折扣

商業折扣係企業因應同業競爭、市場供需，而按定價給予折減的金額。例如，定價 $10,000 之貨品，折減 20% (俗稱八折) 出售，實際售價為 $8,000，商業折扣為 20%，即折減 $2,000。會計上對於商業折扣均不入帳，買、賣雙方都以實際成交價格，認列進貨成本及銷貨收入。

2. 現金折扣

企業為鼓勵買方儘速償還賒銷後所產生的應收帳款，通常定有信用期限及折扣期限。在信用期限是不催收貨款的最後期限；若能在折扣期限內付款者，可以再減收若干金額，而使實際的現金收入減少，此種情況稱之為現金折扣。現金折扣的條件如 2/10，n/30；2/10，n/30，EOM 等所代表的意義，已於單元 4-4 現金折扣說明過，不再重複。現金折扣相關公式如下：

> 售價＝定價×商業折扣
> 現金折扣折減數＝售價×現金折扣率
> 折扣期限內應償還金額＝售價－現金折扣折減數
> 折扣期限後應償還金額＝售價

Unit **6-2**
應收帳款的折減項目 (一)

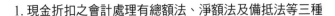

1. 現金折扣之會計處理有總額法、淨額法及備抵法等三種

(1) **總額法**：按銷貨總額借記應收帳款，貸記銷貨收入；在折扣期限內付款完畢時，現金折扣額以借記銷貨折扣入帳。銷貨折扣為銷貨收入的減項。

(2) **淨額法**：銷售總額扣除現金折扣後的淨額借記應收帳款，貸記銷貨收入；在折扣期限後付款完畢時，以現金折扣額貸記顧客未享折扣入帳。顧客未享折扣視同其他收入。

(3) **備抵法**：以銷貨總額借記應收帳款，以淨額貸記銷貨收入，現金折扣數貸記備抵銷貨折扣。備抵銷貨折扣為應收帳款的減項。

　　設亞欣公司於某年 1 月 6 日賒銷總價款 $1,000 的商品給五陽公司，付款條件 2/10，n/30。五陽公司於 1 月 15 日償還貨款之半數，餘款於 1 月 20 日還清，分就總額法、淨額法及備抵法，說明亞欣公司會計處理如下：

1 月 6 日賒銷 $1,000，付款條件 2/10，n/30

總額法		淨額法		備抵法	
應收帳款　　1,000		應收帳款　　980		應收帳款　　1,000	
銷貨收入　　1,000		銷貨收入　　980		銷貨收入　　980	
				備抵銷貨折扣　20	

1 月 15 日 (折扣期限內) 償還貨款之半數

總額法		淨額法		備抵法	
現金　　490		現金　　490		現金　　490	
銷貨折扣　10		應收帳款　490		備抵銷貨折扣　10	
應收帳款　500				應收帳款　500	

1 月 20 日 (超過折扣期限) 還清餘款

總額法		淨額法		備抵法	
現金　　500		現金　　500		現金　　500	
應收帳款　500		應收帳款　490		備抵銷貨折扣　10	
		顧客未享折扣　10		應收帳款　500	
				顧客未享折扣　10	

　　採總額法有高估應收帳款淨變現價值之嫌，惟實務上為方便計，多先評估顧客還款情形，再決定採用何種方法，若顧客多能於折扣期限償還貨款，則採淨額法比較方便；反之，採總額法。總額法應於跨年度時調整利息收入。

　　現金折扣自買方立場而言，為「進貨折扣」，係進貨成本的減少，應自進貨成本中減除。就賣方立場而言，則是「銷貨折扣」，為銷貨收入的減少，在損益表上應列為銷貨收入的減項。

美國早期有應收帳款收帳公司，以某一折扣收購各公司的應收帳款代為收帳，後來銀行界過濾消費者的信用，發行信用卡方便消費者購物消費，更免除商家收帳的困擾。顧客以信用卡購貨時，零售商的收帳對象係發行信用卡的公司或金融機構，而非購貨的顧客。信用卡發行公司必須先將貨款給予特約商店，再向刷卡人收取貨款。若無法向刷卡人收回帳款，則壞帳損失由信用卡發行公司負擔。

以信用卡銷貨的方式銷售，零售商取得現金 (貨款) 較為迅速，貨款亦較有保障，此外亦可節省調查顧客信用、帳務處理及收取帳款的費用，惟必須按銷貨額一定百分比，支付信用卡發行公司手續費。這項費用應在賣方帳上列為銷售費用，並以扣除手續費後之淨額，列入應收帳款。

設亞欣公司出售 $1,000 商品給持信用卡的顧客，並按銷貨金額的 3% 支付信用卡手續費，其分錄如下：

應收帳款	970	
信用卡費用	30	
銷貨收入		1,000

2. 銷貨退回及讓價

貨物銷售後，可能因運送途中發生損壞或品質被認定有瑕疵，而遭顧客抱怨。處理方式有二：一為退回部分或全部商品，退還相當貨款 (銷貨退回)；其二為商品堪用，減少部分價格，請顧客留用，以免浪費運費與處理手續 (銷貨讓價)。銷貨退回或銷貨讓價，皆使銷貨收入減少。正常企業的這種銷貨退回及銷貨讓價應該維持最少，故合併成一個「銷貨退回與讓價」科目記載之。

例如，一筆 $4,000 的銷貨，顧客發現部分貨品有瑕疵而退回值 $1,500 的商品，若退回之貨品原係賒銷，且帳款尚未收現，則相關分錄如下：

銷貨退回及讓價	1,500	
應收帳款		1,500

若退回貨品的帳款已付清，且曾經獲得 2% 銷貨折扣，則應退還現金 $1,470，且作如下的會計分錄：

銷貨退回及讓價	1,500	
銷貨折扣		30
現金		1,470

退貨還款時，只能返還顧客原支付之現金價額，買方不能因退貨而獲利；故上例買方帳上原本之「應付帳款」為 $4,000，已獲折扣 $80，僅實付 $3,920，但退貨時，亦僅以退貨 $1,500 經 2% 折扣後的 $1,470 為限。就賣方而言，借記銷貨退回及讓價 $1,500，使銷貨收入減為 $2,500；貸記銷貨折扣 $30，使銷貨折扣減為 $50，相當實際銷貨收入 $2,500 的 2%。

Unit 6-3
應收帳款的折減項目 (二)

銷貨退回及讓價為銷貨收入之減項，與銷貨折扣在損益表上列示方法如下：

銷貨收入		$50,560
減：銷貨退回及讓價	$200	
銷貨折扣	640	(840)
銷貨淨額		$49,720

3. 銷貨運費

在銷貨條件為 FOB 目的地的銷貨條件下，銷貨運費應由賣方負擔，屬於銷售費用。若貨品由運輸業者代為運送且貨到付費，則運費可由買方代墊，將來再自價款中扣除。代墊運費形同提早付款，買方如有代付運費的情形，現金折扣的計算，仍應以原發票金額為準，計算現金折扣。

例如，一筆 FOB 目的地的銷貨，貨款 $5,000，代墊運費 $80，且獲得折扣 2%，則雙方的分錄如下：

	買方		賣方	
銷售時	進貨　　5,000		應收帳款　　5,000	
	應付帳款	5,000	銷貨收入	5,000
墊付運費	代付款　　80			
	現金	80		
清償貨款	應付帳款　　5,000		現金　　4,820	
	代付款	80	銷貨運費　　80	
	進貨折扣	100	銷貨折扣　　100	
	現金	4,820	應收帳款	5,000

4. 應收帳款的現值

假設顧客以分期付款方式購得電視機壹台，約定每月支付 $10,000，共需支付 3 個月 (如分期付款示意圖)。若購買時銀行的年利率為 5%，且採複利計息，則商家只要在銀行存入 $29,752，就可在存款後每個月領得 $10,000，連續領取 3 個月 (如分期付款 3 個月現值圖)。這 $29,752 就是這個分期收款的現值；換言之，分 3 個月收回 $30,000 的現在價值僅是 $29,752；如果電視機的成本高於 $29,752，意味著虧本銷售。

分期付款示意圖

顧客購買電視機	第1個月	第2個月	第3個月	商家3個月共得 $30,000
	支付$10,000	支付$10,000	支付$10,000	

分期付款 3 個月現值圖

| 銀行存入 $29,752 | 第1個月 | 第2個月 | 第3個月 | 3個月共領回 $30,000 |

領回$10,000　　領回$10,000　　領回$10,000

分期付款現值的計算，請參閱單元 6-13 年金計算，先以下表印證在銀行年利率 5% 下，存入 $29,752 後，確可每個月領回 $10,000，且連續 3 個月。

年利率 5%		月利率＝5%÷12＝0.4167%		
本金	每月利息	月底本利和	月底領回	剩餘本金
$29,752	124	29,876	10,000	19,876
19,876	83	19,959	10,000	9,959
9,959	41	10,000	10,000	0

理論上，應收帳款應以現值入帳，但因 3 個月期間的應收帳款到期值與現值差額不大 (上例相差 $30,000－$29,752＝$248)，且一般應收帳款都約在 1~3 個月內收帳，故都以到期值 ($30,000) 入帳，即借記應收帳款，貸記銷貨收入。

但是購買電視機的實例中，如果改為分 3 年付款，每年支付 $10,000，則有如下的現值圖。換言之，在年利率 5% 時，現在存入 $27,232，也可每年領回 $10,000，連續 3 年。因為應收分期帳款到期值 $30,000 與現值 $27,232 相差比較大，以現值列帳的會計處理如下：

分期付款 3 年現值圖

| 銀行存入 $27,232 | 第1年 | 第2年 | 第3年 | 3年共領回 $30,000 |

領回$10,000　　領回$10,000　　領回$10,000

到期值與現值的差異數 ($30,000$－$27,232＝$2,768) 視同「利息收入」或「遞延收入」，銷售時應記分錄為：

應收分期帳款	27,232	
銷貨收入		27,232

現值 $27,232 第 1 年的利息是 $27,232×5%＝$1,362，故收回的應收分期帳款為 $10,000－$1,362＝$8,638，其第 1 年底的調整分錄為：

現金	10,000	
利息收入		1,362
應收分期帳款		8,638

第 2、3 年利息分別是 $930、$476，3 年利息共 $2,768，與現值合計 $30,000。

Unit **6-4**
應收帳款的後續衡量

圖解會計學

　　賒銷產生的應收帳款，難免會發生無法收回的情形，此種無法收回的帳款，會計上稱為壞帳或呆帳，是一種損失的費用，因此賒銷前，應該依據企業的授信政策，對顧客的信用嚴加審核。

　　依會計上配合原則，因銷貨而發生的壞帳費用，應該在銷貨年度認列。然而某筆應收帳款能否收回，在銷貨時並無法確知，因此只能在期末，估計應收帳款收現的可能性，亦即估計可能發生的壞帳費用及應收帳款的可收現淨值。壞帳認列的時間及其帳務處理方法，可分為直接沖銷法及備抵法兩種：

1. **直接沖銷法**：相當於 IAS 39 號公報採用的「已發生損失模式」。未來預期引起的壞帳損失，不論其可能性有多大，均不能認列減損損失。除商品賒銷後借記應收帳款，貸記銷貨收入外，會計期末不做任何調整分錄，直到某筆應收帳款確定無法收回時，才認列壞帳損失且直接沖銷該筆應收帳款。如果某公司確定客戶 A 的一筆 $4,500 應收帳款無法收入，則其分錄如下：

壞帳費用	4,500	
應收帳款 (客戶 A)		4,500

　　採用直接沖銷法，可能使壞帳發生的時間與認列銷貨收入的時間，未必在同一會計期間，無法符合收益與相當費用，應列於相同會計期間的配合原則，也可能因為有高估應收帳款淨變現價值而無法合理衡量損益。一般公認會計原則並不允許使用。

2. **備抵法**：相當於 IASB 於 2009 年對 IAS 39 號公報修改為「預期損失模式」，即未來有可能發生損失事項而使應收帳款無法回收，現在即應認列減損損失。壞帳實際發生前無法估計某一筆賒銷的應收帳款能否收回，但為符合收益與費用配合原則或更準確估計應收帳款淨變現價值，均應於期末依據過去的經驗，並參酌目前及未來的經濟情況，估計壞帳發生的可能金額，預先提列。採用備抵法時，因為壞帳費用是整體預估數，預估壞帳並不代表放棄債權資產，也無法確定實際發生壞帳的顧客；因此不能也無法貸記「應收帳款」，而應以「備抵壞帳」科目替代。

(1) 壞帳提列

　　假設大仁企業於期末有應收帳款餘額 $500,000，若估計壞帳費用為 $30,000，則期末調整分錄為：

壞帳費用	30,000	
備抵壞帳		30,000

備抵壞帳在資產負債表上列為應收帳款的減項，相減後的餘額，代表應收

帳款的淨變現價值。

應收帳款	$500,000
減：備抵壞帳	(30,000)
應收帳款淨額	$470,000

(2) 壞帳的沖銷

　　在備抵法下，確定應收帳款無法收回，實際發生壞帳時，應將應收帳款沖銷。若於估列壞帳費用以後，確定一筆 $800 的應收帳款無法收回，其分錄如下：

備抵壞帳	800	
應收帳款		800

　　借方不得再借記壞帳費用，以免重複計算壞帳費用，因為在估列壞帳費用時，已將壞帳列入損益計算。如因沖銷壞帳而使備抵壞帳發生借方餘額，則留待期末再加以調整。

(3) 壞帳的收回

　　已經沖銷的應收帳款，可能因為顧客恢復償債能力，而付清已經沖銷的應收帳款，此時應該先轉回沖銷的「應收帳款」及「備抵壞帳」，再借記「現金」，貸記「應收帳款」，如收回前面已沖銷的 $800 應收帳款，則應作分錄如下：

先轉回原沖銷分錄：		
應收帳款	800	
備抵壞帳		800
再作收現記錄		
現金	800	
應收帳款		800

應收帳款的帳務處理

會計事項	備抵法		直接沖銷法	
壞帳的提列	壞帳費用　××× 　備抵壞帳　　　×××			
壞帳的沖銷 (確定)	備抵壞帳　××× 　應收帳款　　　×××		壞帳費用　××× 　應收帳款　　　×××	
壞帳的收回	應收帳款　××× 　備抵壞帳　　　××× 現金　××× 　應收帳款　　　×××		現金　××× 　壞帳費用　　　×××	

Unit **6-5**
壞帳費用的估計

圖解會計學

　　採用直接沖銷法的會計制度，無須於期末提列壞帳費用；但採用備抵法的企業，應於期末提列壞帳費用，故應先估計應提壞帳費用，壞帳費用的估計方法，有賒銷淨額百分比法、帳款餘額百分比法及兩階段評估法 (IFRS 規定) 等三種。

1. 賒銷淨額百分比法

　　　　基於賒銷的銷貨收入 (當期應收帳款) 愈多，可能的壞帳愈多的假設及收入與費用配合原則，期末的估計壞帳費用，應先以過去實際發生的壞帳，占賒銷淨額的百分比為壞帳率，並參酌本年度經濟情況，加以調整，以作為本年度計提壞帳之基礎。提列壞帳時，係以當期賒銷淨額乘上壞帳率，即可計算出符合成本與費用配合原則的當期應提壞帳費用，再配合前期的備抵壞帳餘額，以調整分錄使本期備抵壞帳餘額等於本期應提額。本法注重損益表的正確表述，也稱為損益表法。

　　　　假設百齡公司本年度賒銷淨額為 $3,000,000，年底應收帳款餘額為 $500,000，備抵壞帳科目有貸餘 $8,000。若壞帳率為賒銷淨額之 1%，則本年度之壞帳費用為 $30,000 (即 $3,000,000×1%)，其期末調整分錄為：

壞帳費用	22,000	
備抵壞帳		22,000

　　　　依據備抵壞帳原來留存的貸餘 $8,000；調整後，使備抵壞帳科目貸餘為 $30,000。

2. 帳款餘額百分比法

　　　　本法係以帳款餘額估列壞帳，又可分為綜合比率法及帳齡分析法兩種；

(1) 綜合比率法

　　　　　　此法係以過去年度應收帳款餘額中，發生壞帳的比率，再依照目前經濟情況酌加調整，以調整後的比率乘以本年度期末應收帳款餘額，即可算出本年年底應收帳款餘額中，估計無法收回的部分，也是應有的備抵壞帳金額。將應有的備抵壞帳金額減去前期備抵壞帳餘額，即為本期期末應提的壞帳費用。承上例，年底應收帳款餘額為 $500,000，若壞帳率是應收帳款餘額之 3%，則本年底應有之備抵壞帳餘額為 $15,000，扣除原有之貸方餘額 $8,000 後，本年度應提列之壞帳費用為 $7,000，其調整分錄如下：

壞帳費用	7,000	
備抵壞帳		7,000

128

　　若備抵壞帳原為借餘 $3,500，為了產生應有之備抵壞帳貸餘 $15,000，則本年度應認列壞帳費用 $18,500 (即 $15,000＋$3,500)。

　　本法注重資產負債表上應收帳款的淨變現價值。本例的年底應收帳款餘額為 $500,000，3% 的壞帳率應有 $15,000 之備抵壞帳，其淨變現價值為$485,000。若不扣除前期留存之備抵壞帳貸方餘額 $8,000，則備抵壞帳將增為 $23,000，而使應收帳款的淨變現價值降為 $477,000 (即 $500,000－$23,000) 比原估計數低；因此，採用本法計提壞帳時，必須扣除前期留存的備抵壞帳餘額，方能反映年底應收帳款的淨變現價值。

(2) **帳齡分析法**

　　基於應收帳款欠款時間愈長，其可能發生壞帳的機率愈大，壞帳比率應當比較高；反之，欠款時間較短者，發生壞帳的機率比較小，壞帳比率應當比較低。帳齡分析法估提壞帳費用時，先將所有應收帳款依欠款時間長短分類之，再對於欠款時間的長短賦予不同的壞帳率，計算各分類的壞帳費用，彙總所有壞帳費用即得該企業的期末應有的壞帳費用。凡採用此法，亦應先計算出應有的備抵壞帳餘額，仍應與原有備抵壞帳數額相比較，差額即為本年度應提之壞帳費用。茲舉例說明如下：

　　企善公司某年底應收帳款餘額為 $31,700，調整前備抵壞帳為貸餘 $1,000，經分析應收帳款明細表，得悉帳齡情況及賦予的壞帳率如下：

顧客名稱	金額	未到期	過期天數			
			1-30	31-60	61-90	90 以上
甲皇	$2,000	$2,000				
乙天	1,300			$1,300		
丙際	3,500	3,500				
丁化	2,200				$1,400	$800
戊勤	1,400	700		700		
其他	21,300	4,600	$10,000	$2,400	3,400	900
合計	$31,700	$10,800	$10,000	$4,400	$4,800	$1,700
壞帳率		1%	2.5%	8%	10%	15%
應提壞帳		108	250	352	480	255
應有的備抵壞帳 (各應提壞帳總和)		$1,445				

　　若企善公司本年底應有備抵壞帳餘額為 $1,445，帳上原已有貸方餘額 $1,000，故應補提「壞帳費用」及「備抵壞帳」各 $445。調整分錄如下：

壞帳費用	445	
壞帳費用		445

Unit **6-6**
應收帳款之減損

圖解會計學

　　應收帳款可能因尚有銷貨退回與折讓，或有帳款無法收回之信用風險，而使其變現價值降低。因此，期末應對應收帳款作適當之調整，俾使財務狀況表所表達之應收帳款，較能反映其變現價值。

　　依據 IAS 39 規定，應收款項為金融資產的一種，應採用「攤銷後成本」來衡量。企業應於每一報導期間結束日，評估是否有單一或一組按攤銷後成本衡量之金融資產發生減損之任何客觀證據 IAS58。前述客觀證據通常包括：(1) 發行人或債務人發生顯著財務困難；(2) 發行人已發生如支付利息或清償本金等違約或逾期之情事；(3) 債權人因經濟或法律因素考量，對發生財務困難之債務人讓步 (如延長付款期限或折減付款金額) 等。

　　若有任何此種客觀證據存在，其損失金額應以該資產帳面金額與估計未來現金流量按該金融資產原始有效利率折現值間之差額衡量。若不用原始認列時之有效利率，而以現時市場利率折現，將使採用攤銷後成本衡量之金融資產，變為以公允價值衡量。若現金流量的現值與到期值差異不大時，則不必計算現值。

　　若於後續期間減損損失金額減少，且能客觀地與認列減損後發生之事項相連結 (如：債務人的信用評等提高、財務狀況改善等)，則先前認列之減損損失，應直接或藉由調整備抵帳戶迴轉。該迴轉不得使金融資產帳面金額超過若未認列減損情況下，於迴轉日應有之攤銷後成本。迴轉金額應認列於損益。減損損失亦可以直接沖銷法或備抵法處理，其相關會計分錄彙整如下：

	直接沖銷法	備抵法
減損損失發生時	壞帳費用 (減損損失) 　　應收帳款	壞帳費用 (減損損失) 　　累計減損－應收帳款
應收帳款確定無法收回		累計減損－應收帳款 　　應收帳款
減損損失的迴轉分錄	應收帳款 　　減損損失迴轉利益	累計減損－應收帳款 　　減損損失迴轉利益

　　國際會計準則規定應收帳款減損損失可採二階段評估法，其評估步驟及示意圖如下：

兩階段評估法的評估步驟：

　　1. 先單獨對重要的應收帳款客戶進行信用風險評估；若有客觀減損跡證，則估計其減損損失；否則併其餘的應收帳款客戶採集體評估。

　　2. 單獨評估的個別客戶已有客觀的減損證據並已認列減損損失者，不再進行集體評估。

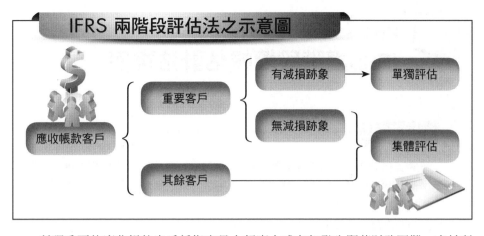

所謂重要的應收帳款客戶係指交易金額龐大或有如發生顯著財務困難、支付利息或清償本金等違約或逾期之情事、顧客很可能宣告破產或進行財務重整或承受債權人債務讓步 (如延長付款期限或折減付款金額) 等客觀證據的應收帳款客戶。集體評估係針對其他無客觀減損證據的應收帳款可依地區性 (如某地區失業率增加、發生天災)、行業別 (如行業的淡旺季)、商品別 (如某商品因新聞事件而滯銷) 或個別除外的集體等不同風險特徵分類為某一集體,再根據經驗對每一集體賦予不同的折減百分比計算減損損失。集體評估採帳款餘額綜合百分比法或帳齡分析法均無不可。

以應收帳款餘額百分比法或兩階段評估法所計得的壞帳費用是本期應有的備抵壞帳,應與備抵壞帳原有的借方與貸方總額依下列公式推算本期備抵壞帳的調整數。

> 本期備抵壞帳調整數=備抵壞帳調整後應有數—
> 備抵壞帳調整前原有貸方總數+備抵壞帳調整前原有借方總數

依據備抵壞帳調整數的正或負,其調整分錄如下:

備抵壞帳調整數 (xxx) > 0		備抵壞帳調整數 (xxx) < 0	
壞帳費用　　　xxx		備抵壞帳　　　xxx	
備抵壞帳　　　　　xxx		壞帳迴轉利益　　　　xxx	

舉例如下:

	備抵壞帳		備抵壞帳		備抵壞帳	
	借方	貸方	借方	貸方	借方	貸方
原有		450	370	450		950
調整		300		670	200	
應有		750		750		750
調整	750+0—450=300		750+370—450=670		750+0—950=—200	
調整分錄	壞帳費用　300 　備抵壞帳　300		壞帳費用　670 　備抵壞帳　670		備抵壞帳　200 　壞帳迴轉利益　200	

Unit 6-7
IFRS兩階段壞帳估計法釋例

釋例1

　　三多公司於 X2 年底應收帳款淨額為 $87,000 (應收帳款總額 $96,000，備抵壞帳 $9,000)，X2 年間有一重要客戶發生重大財務困難，經評估其應收帳款 $17,000 有六成無法收回；其餘客戶之帳款估計可能有 1.5% 無法回收。試估計該年的壞帳費用及其相關分錄。

　　壞帳個別評估：$17,000×0.6＝$10,200
　　壞帳集體評估：($96,000－$17,000)×0.015＝$79,000×0.015＝$1,185
　　X2 年應有備抵壞帳＝$10,200＋$1,185＝$11,385
　　則備抵壞帳調整數及分錄如下：

132

備抵壞帳		X2 年備抵壞帳調整數	壞帳費用	2,385
	9,000	＝$11,385－$9,000＝	備抵壞帳	2,385
	2,3850	$2,385		
	11,385			

釋例2

　　伯利公司於 X2 年年底依據 IFRS 二階段壞帳評估法進行壞帳評估。調整前「備抵呆帳—應收帳款」有貸餘 $21,500，公司評估應收帳款減損的資料如下：

個別重大客戶應收帳款			
客戶	應收帳款	減損跡象	估計減損損失
甲公司	$350,000	有	$32,000
乙公司	$750,000	無	－
丙公司	$400,000	有	$47,500
丁公司	$300,000	無	－
合計	$1,800,000		$79,500

非重大客戶應收帳款	
客戶	應收帳款
戊公司	$53,000
己公司	$71,000
庚公司	$64,000
合計	$188,000

若集體評估的估計壞帳率為 1%，試作壞帳減損認列分錄。

應收帳款減損評估程序如下：

首先對個別重大的應收帳款客戶作個別單獨評估，四個重大客戶經評估發現甲、丙公司有減損跡象，估計減損損失各為 $32,000、$47,500，合計 $79,500；未發現減損跡象的乙、丁公司併入其他非重大客戶集體評估。

重大客戶的應有壞帳減損估計為 $79,500

集體客戶的應收帳款總額＝$750,000＋$300,000＋$188,000＝$1,238,000

集體客戶的應有壞帳減損估計為 $1,238,000×1%＝$12,380

應有的備抵壞帳餘額＝$79,500＋$12,380＝$91,880

原有備抵壞帳餘額為 $21,500 貸餘，則伯利公司於 X2 年年底應調整的

備抵壞帳餘額＝$91,880－$21,500＝$70,380 (即認列的壞帳費用)，認列分錄為：

壞帳費用	70,380	
備抵壞帳		70,380

釋例3

三多公司於 X2 年底依 IFRS 兩階段評估法估計壞帳費用前，應收帳款淨額為$35,000 (應收帳款總額 $41,000，備抵壞帳 $6,000)，X2 年間有一客戶的應收帳款 $2,000 確定為壞帳，X2 年底該公司的某一客戶發生重大財務困難，經評估其應收帳款 $15,000 僅能收回三折；其餘客戶之帳款將有 2% 無法回收。試估計該年的壞帳費用及其相關分錄。

壞帳個別評估：$\$15,000 \times (1-0.3) = \$10,500$

壞帳集體評估：$(\$41,000-\$15,000) \times 0.02 = \$26,000 \times 0.02 = \$520$

X2 年應有備抵壞帳 $= \$10,500 + \$520 = \$11,020$

X2 年間有一客戶的應收帳款 \$2,000 確定為壞帳，相關分錄如下：

備抵壞帳	2,000	
應收帳款		2,000

故備抵壞帳的借餘為 \$2,000。則備抵壞帳調整數及分錄如下：

備抵壞帳				
2,000	6,000		壞帳費用	7,020
	7,020		備抵壞帳	7,020
	11,020			

X2 年備抵壞帳調整數 $= \$11,020 - \$6,000 + \$2,000 = \$7,020$

釋例4

　　三多公司於 X1 年報導期間結束日評估應收帳款的減損證據，發現有甲、乙公司的應收帳款與應收分期帳款有減損的客觀證據，另因水災將丙、丁、戊三家公司按總額 \$44,800 的 2.5% 做集體減損。單獨減損的跡證如下表：

單獨減損跡證			
發生日期	公司別	金額	跡證
X1/1/1	甲公司	\$47,800	三年期年利率 7% 的應收帳款；其折現值為 \$39,019；甲公司因財務困難於 X1/7/15 與三多公司協商將償還期限延長為四年
X1/1/1	乙公司	\$75,100	三年期年利率 7% 的應收分期帳款；每期 (年底) 償還本息 \$28,617；乙公司因財務困難於 X1/8/25 與三多公司協商同意乙公司第一年償還本息後，每期償還本息降為 \$24,000

甲公司應收帳款 \$47,800 在年利率 7% 下，
3 年期複利現值 \$47,800 $\div(1+0.07)^3=$ \$39,019；
4 年期複利現值 \$47,800 $\div(1+0.07)^4=$ \$36,466。
於 X1 年底的應收帳款減損＝\$39,019－\$36,466＝\$2,553。

乙公司應收分期帳款 \$75,100 在年利率 7% 下，分期償還安排如下表：

現值 \$75,100 的每期償還 \$28,617 的計算表					
年	年初現值	利息	本利和	償還	年底餘額
X1	75,100	5,257	80,357	28,617	51,740
X2	51,740	3,622	55,362	28,617	26,745
X3	26,745	1,872	28,617	28,617	0

3 年期每期償還金額＝\$75,100 $\div[(1+0.07)^{-3}/0.07]=$ \$28,617；
每期償還 \$24,000，2 年期的年金現值為
\$24,000 $\times[(1+0.07)^{-2}/0.07]=$ \$43,392。

分期償還安排如下表：

每期償還 \$24,000 的現值 \$43,392 的的計算表					
年	年初現值	利息	本利和	償還	年底餘額
X2	43,392	3,037	46,430	24,000	22,430
X3	22,430	1,570	24,000	24,000	0

年金現值 \$75,100，3 年期的 X1 年底攤銷後成本為 \$51,740；後 2 年改為每期償還本息 \$24,000，在 X2 年初或 X1 年底的年金現值為 \$43,392，故應收分期帳款的減損損失＝\$51,740－\$43,392＝\$8,348。
甲、乙兩公司單獨評估的減損損失＝\$2,553＋\$8,348＝\$10,901。
乙、集體評估的減損損失＝\$44,800×0.025＝\$1,120。
X1 年底應收帳款合計減損損失＝\$10,901＋\$1,120＝\$12,021。若 X1 年的備抵壞帳餘額為 0，則會計分錄如下：

直接沖銷法				備抵法			
減損損失	12,021		或	減損損失	12,021		或
壞帳費用	12,021			壞帳費用	12,021		
應收帳款		12,021		備抵壞帳		12,021	

Unit **6-8**
應收票據 (一)

圖解會計學

136

1. 應收票據的特質

票據乃是發票人承諾在特定日期，無條件支付一定金額給收票人的一種書面承諾；對收票人而言，這種票據稱為應收票據；對發票人而言，則為應付票據。票據到期除了支付票面金額外，另附加開票日至付款日間之利息的稱為附息票據；僅付票面金額而不附加利息者稱為不附息票據。

應收票據具有書面承諾，相較於應收帳款僅是記帳掛欠更有保障。如果應收帳款逾期尚難收回，可用應收票據加以書面承諾及附加利息，換取債權人的同意延長支付期限。應收票據亦可當商家間小額資金借貸的保證工具。對於信用等級較低的顧客或銷售金額較大、支付期限較長的賒銷，應收票據也是很好的保證工具。

2. 票據相關之名詞

① 票據面值：票據上所載記的金額。

② 到期值：票據到期時應有的價值，如有附息，則包含期間利息。

③ 票據現值：將票據到期值依市場有效利率及票據期間折算現在的價值。

④ 票面利率：票據票面上所載明的利率，為計算到期值的依據。

⑤ 有效利率：市場上資金供需所決定的實際利率，為計算票據現值的依據。

⑥ 單利計算：每期利息的計算以原始本金為基礎，孳生利息不再生利。

⑦ 複利計算：以原始本金計算第一期利息，孳生利息加入本金，再孳生利息。

票據到期日的決定：

(1) 約定若干年後付款，是指若干年後與發票日的同月同日為到期日。

(2) 約定若干月後付款，是指若干月後與發票日的同一日為到期日。月底 (如 30 日或 31 日) 開的票據，如果到期月份的月底為 28 日或 29 日，則到期日為到期月的 28 日或 29 日。

(3) 約定若干日後付款，到期日應按實際天數計算，計算時發票日不包括在內。舉例如下表：

票據簽發日	票據期間	票據到期日
X5 年7月25 日	3 年期間	X8 年 7 月 25 日
X5 年7月25 日	5 個月期間	X5 年 12 月 25 日
X5 年7月25 日	80 天期間	X5 年 10 月 13 日

3. 應收票據之衡量與會計處理

(1) 應收票據之原始衡量

理論上，應收票據均應以現值認列，但是原則上因為營業活動產生的一年期內的應收票據，均以面值認列；營業活動產生一年期以上或非營業活動產生的應收票據 (不問票期長短) 均應以現值認列。

長期應收票據應以到期值按市場有效利率推算現值入帳；附息票據應以票面利率推算到期值，無附息票據則以面額為到期值。面值與現值的差額先以「應收票據折價」加以記錄；依時間之經過再將應收票據折價轉利息收入，於票據認列時，債權之現值即為「應收票據」(以面額記錄) 減「應收票據折價」及「應收利息」，隨時間經過，應收票據折價結轉利息收入而沖銷，故債權之現值隨之增加，至到期日時，應收票據折價全數轉為利息收入，其債權現值即票面金額及應收利息。

(2) 應收票據之後續衡量

以面值認列的票據，如有附息，則應於後續年度結帳日及 (或) 到期日補提利息收入；如未附息，則僅於票據兌現或拒付時再作分錄。

以現值認列的票據應以有效利率攤銷應收票據折價、溢價以增加、減少攤銷後成本到達票面金額。如果票據期間跨越會計年度，則於所跨會計年度結帳時應作利息收入的調整分錄；到期日非為會計年度結帳日時，也應作補提利息收入分錄。

(3) 票據到期之處理

票據到期，如果到期兌現，則將應收票據除列；如果到期拒付，則將應收票據轉列催收款項。相關分錄如下：

票據到期兌現分錄		票據到期拒付分錄	
現金　　　　XXX		催收款項　　　XXX	
應收票據	XXX	應收票據	XXX
利息收入	XXX (附息票據)	利息收入	XXX (附息票據)

4. 面值入帳釋例

釋例 1

三多公司銷售商品 X5 年 11 月 1 日收到 3 個月到期面額 $9,000 應收票據，市場有效利率為 6%，試按不附息及票面利率 4% 完成各階段相關分錄。

銷售商品屬營業活動，故應以應收票據面值認列，無須有效利率來推算現值。票面利率 4% 的到期值為 $9,000×(1＋0.04×(3/12))＝$9,090，利息＝$90。

附息 (票面利率 **4%**) 票據相關分錄	
原始認列 (X5/11/1)	期末調整 (X5/12/31) 利息＝90×(2/3)＝60
應收票據　　　　　9,000　　　　　　　　　　銷貨收入　　　　　　　9,000	應收利息　　　　　　60　　　　　　　　　　利息收入　　　　　　　　60
到期補提利息 (X6/2/1) 利息＝30	到期票據兌算
應收利息　　　　　　30　　　　　　　　　　利息收入　　　　　　　　30	現金　　　　　　　9090　　　　　　　　　　應收利息　　　　　　　　90　　　　　　　　　　應收票據　　　　　　9,000

不附息票據相關分錄	
原始認列 (X5/11/1)	期末調整 (X5/12/31) 利息＝0
應收票據　　　　　9,000　　　　　　　　　　銷貨收入　　　　　　　9,000	不需有利息調整分錄
到期補提利息 (X6/2/1) 利息＝0	到期票據兌算
不需有利息補提分錄	現金　　　　　　　9000　　　　　　　　　　應收票據　　　　　　9,000

138

5. 現值入帳釋例

釋例2

　　三多公司借款給嘉裕公司於 X5 年 11 月1 日收到 3 個月到期面額 $9,000，票面利率 4% 的應收票據，市場有效利率為 8%，試完成各階段相關分錄。

　　借款屬非營業活動，故應以應收票據現值認列，票據到期值與票據現值細算如下表：

票據面值	票面 (年) 利率	票據期間 (月)	有 效(年) 利率
$9,000	4% (0.04)	3	8% (0.08)
到期值＝		票據現值＝	
$9,000×(1＋0.04×3/12)＝$9,090		$9,090÷(1＋0.08×3/12)＝$8,912	
應收票據折價 (面值－票據現值)＝		$9,000－$8,912＝$88	

Unit 6-9
應收票據 (二)

	2 個月(X5/11/1~12/31)	1 個月 (X6/1/1~2/1)
應收利息	$9,000×0.04×(2/12)=$60	$9,000×0.04×(1/12)=$30
利息收入	$8,912×0.08×(2/12)=$119	$8,912×0.08×(1/12)=$59
應收票據折價攤銷	$119—$60=$59	$59—$30=$29

依據上列資料，可作分錄如下表：

原始認列 (X5/11/1)		期末調整 (X5/12/31)	
應收票據　　　　9,000		應收利息　　　　60	
應收票據折價　　　　88		應收票據折價　　　59	
現金　　　　　　8,912		利息收入　　　　　119	
到期補提利息 (X6/2/1)		**到期兌現**	
應收利息　　　　30		現金　　　　　9,090	
應收票據折價　　29		應收利息　　　　　90	
利息收入　　　　　59		應收票據　　　　9,000	

三多公司於 X5 年 11 月 1 日實際支付嘉裕公司 $8,912 (票據現值)，到期時收回到期值 $9,090，享有 $178 的利息收入。

釋例3

　　三多公司於 X5 年 1 月 1 日出售成本 $300,000 土地一方，收到 3 年到期面額 $350,000，票面利率 4% 的應收票據，市場有效利率為 8%，試按複利法完成各階段相關分錄。

出售土地屬非營業活動，故應以應收票據現值認列，票據到期值與票據現值細算如下表：

票據面值	票面 (年) 利率	票據期間 (年)	有效 (年) 利率
$350,000	4%(0.04)	3	8%(0.08)
到期值＝		票據現值＝	
$350,000×(1+0.04)^3＝$393,702		$393,702÷(1+0.08)^3＝$312,534	
應收票據折價 (面值—票據現值)＝		$350,000—$312,534＝$37,466	

出售土地利益＝票據現值—土地成本＝$312,534—$300,000＝$12,534

各年度應收利息、利息收入及應收票據折價攤提數計算如下表：

期間	X5/1/1~X5/12/31	X6/1/1~X6/12/31	X7/1/1~X7/12/31
本金 (面值)	350,000	364,000	378,560
應收利息①	14,000	14,560	15,142
本金 (現值)	312,534	337,536	364,539
利息收入②	25,002	27,003	29,163
折價攤銷數①—②	11,002	12,443	14,021

應收票據折價＝$11,002＋$12,443＋$14,021＝$37,466

應收利息合計數＝$14,000＋$14,560＋$15,142＝$43,702

依據上述數據可作各年度的調整分錄如下表：

原始認列 (X5/1/1)		X5/12/31 調整分錄	
應收票據　　　　　 350,000		應收利息　　　　 14,000	
土地成本　　　　　　300,000		應收票據折價　　 11,002	
處分不動產利益　　　 12,534		利息收入　　　　　 25,002	
應收票據折價　　　　 37,466			
X6/12/31 調整分錄		**X7/12/31 調整分錄**	
應收利息　　　　 14,560		應收利息　　　　 15,142	
應收票據折價　　 12,443		應收票據折價　　 14,021	
利息收入　　　　　 27,003		利息收入　　　　　 29,163	
08/1/1 到期日補提利息		**到期日票據兌現**	
無利息需要補提		現金　　　　　　 393,702	
		應收票據　　　　　 350,000	
		應收利息　　　　　 43,702	

140

圖解會計學

如果票據的開票日期為 X5 年 4 月 1 日，則 X5 年 12 月 31 日的應收利息及利息收入均為第一年應收利息及利息收入的 9/12；X6 年 12 月 31 日的應收利息及利息收入均為第一年應收利息及利息收入的 3/12 及第二年應收利息及利息收入的 9/12 之和；X7 年 12 月 31 日的應收利息及利息收入均為第二年應收利息及利息收入的 3/12 及第三年應收利息及利息收入的 9/12 之和；到期日 X8 年 4 月 1 日的應收利息及利息收入為第三年應收利息及利息收入的 3/12，計算如下表：

	第一年		第二年		第三年	
應收利息	14,000		14,560		15,142	
按 3：1 分配	10,500	3,500	10,920	3,640	11,356	3,786
調整數	10,500	14,420		14,996		3,786
調整日	X5/12/31	X6/12/31		X7/12/31		X8/4/1
利息收入	25,002		27,003		29,163	
按 3：1 分配	18,751	6,251	20,252	6,751	21,872	7,291
調整數	18,751	26,503		28,623		7,291
折價攤銷數	8,251	12,083		13,627		3,505

調整分錄如下表：

原始認列 (X5/4/1)		X5/12/31 調整分錄	
應收票據	350,000	應收利息	10,500
土地成本	300,000	應收票據折價	8,251
處分不動產利益	12,534	利息收入	18,751
應收票據折價	37,466		
X6/12/31 調整分錄		**X7/12/31 調整分錄**	
應收利息	14,420	應收利息	14,996
應收票據折價	12,083	應收票據折價	13,627
利息收入	26,503	利息收入	28,623
X8/4/1 到期日補提利息		**到期日票據兌現**	
應收利息	3,786	現金	393,702
應收票據折價	3,505	應收票據	350,000
利息收入	7,291	應收利息	43,702

Unit **6-10**
應收票據的貼現

　　應收票據貼現係指在票據到期前，將票據轉讓給銀行或他人，貼付利息而提前換取現金，即貼息取現的意思。原來持票人變成貼現人，而受讓票據的人變成新的持票人。應收票據貼現時，貼現人須在票據上背書，到期時開票人若無法支付本息，則貼現人應負責償還相關的債務。

　　票據貼現時貼現人 (原持票人) 可能的貼現損益及可以收取現金的計算程序如下。首先應計算票據的到期值。附息票據的到期值為面額加上全期的利息，不附息票據之面額即為到期值。到期值乘上貼現利率及貼現期間即為貼現息；到期值減貼現息就是可以收到的現金；由於收到的現金與所交付的票據面額及應收利息不相等，其差額就是貼現損益，其間關係及計算程序如下圖：

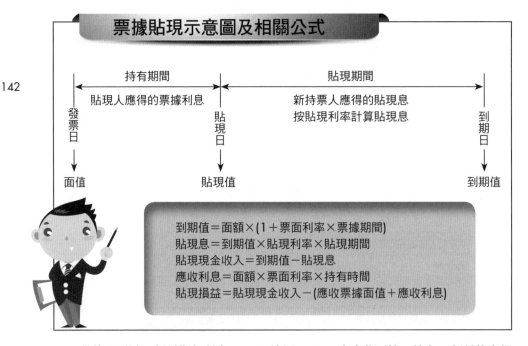

票據貼現示意圖及相關公式

持有期間　　　　　　　　　　貼現期間

貼現人應得的票據利息　　　　新持票人應得的貼現息
　　　　　　　　　　　　　　按貼現利率計算貼現息

發票日　　　　　貼現日　　　　　　　　　　　　到期日

面值　　　　　貼現值　　　　　　　　　　　　到期值

到期值＝面額×(1＋票面利率×票據期間)
貼現息＝到期值×貼現利率×貼現期間
貼現現金收入＝到期值－貼現息
應收利息＝面額×票面利率×持有時間
貼現損益＝貼現現金收入－(應收票據面值＋應收利息)

　　設某公司以 6 個月期年利率 6%，面額 \$60,000 之應收票據，持有 4 個月後向銀行貼現，貼現利率 10%，貼現有關項目之計算程序及會計處理分錄如下：

到期值＝\$60,000×(1＋6%×(6/12))＝\$61,800

貼現息＝\$61,800×10%×(2/12)＝\$1,030　　　　　貼現期間＝2 個月

貼現現金收入＝\$61,800－\$1,030＝\$60,770　　　　貼現人可得現金

原持票人應收利息＝\$60,000×6%×(4/12)＝\$1,200　原持票人持有 4 個月

貼現損益＝\$60,770－(\$60,000＋\$1,200)＝－\$430　負值代表貼現損失

票據貼現的貼現利率大於票據附息利率，新持票人才有利息可圖，因此貼現人就有票據貼現損失。原持票人雖然支付貼現息 $1,030，但也收回 2 個月貼現期間原票據應收利息 $60,000×6%×(2/12)＝$600，因此，票據貼現損失＝$1,030－$600＝$430。

貼現人 (原持票人) 貼現時的分錄：		
現金	60,770	
票據貼現損失	430	
應收票據 (或應收票據貼現)		60,000
利息收入		1,200

票據到期時，發票人如期付款，使應收票據的索償權消失，如果原持票人於貼現時貸記應收票據時，已將原來收票時借記的應收票據沖銷；若貸記應收票據貼現，則因原來借記的應收票據尚未沖銷，則應以下列分錄沖銷之。

應收票據沖銷之分錄：		
應收票據貼現	60,000	
應收票據		60,000

票據到期時，發票人如拒絕付款，持票人可向貼現人追索求償，貼現人應支付該應收票據的到期值，轉列催收款項或拒付票據，其分錄如下：

催收款項 (或拒付票據)	61,800	
現金		61,800

如果貼現時貸記應收票據貼現，也應先借記應收票據貼現，貸記的應收票據沖銷之。

未貼現的票據於到期日遭發票人拒絕付款時，若為附息票據，應先計算應收利息與票據面額共同轉列催收款項或拒付票據，拒付分錄如下：

催收款項 (或拒付票據)	61,800	
應收票據		60,000
利息收入		1,800

應收票據貼現時，若貸記應收票據，則直接沖銷貼現的票據使帳上不留貼現票據的總額；若貸記應收票據貼現，則可彙總所有應收票據的金額，提供管理上的一種重要資訊。

應收票據貼現的總額在資產負債表上，列為應收票據的減項，列示如下：

流動資產		
應收票據	125,000	
減：應收票據貼現	60,000	65,000

Unit **6-11**
複利計算 (一)

圖解會計學

1. 本金、利息與利率

　　借用他人資金或資產從事經濟活動以獲取利益，給資金或資產出借人適當的報酬是人之常情。報酬可以是物質或是金錢的：如某甲向某乙借用休旅車去旅行，還車時加滿油是一種報酬。這種資金或資產的借用，對於出借人與承借人，甚至整個社會都是正面的、有益的，因此經濟學者對這項有益的經濟活動加以科學的定義並研究擴大其可能適用範圍。一般借用他人資金一段時間所給付的金錢報酬稱為利息；原借的金額稱為本金；利息與本金的比率稱為利率。

　　現代社會無論政府機構、工商企業均需大量資金從事建設或擴充生產營業設備以期服務人民或賺取利益，甚至個人需要一筆資金購置資產或從事經濟活動。這種資金借貸如果僅限於個人間的關係，則籌借資金不大且尚難有妥當的保證機制，因而有金融機構的出現，透過政府的適當管理，可籌集大眾小額資金以供政府、企業或個人之借貸。

　　如果以 P 表示借用的本金，以 I 表示利息，以 i 表示利率；如果本金 (P)100 元借用 1 年後可以獲得 5 元的利息，則利息與本金的比率為 0.05 或 5% 表示年利率。如果本金 (P)100 元借用 1 個月後可以獲得 0.4 元的利息，則利息與本金的比率為 0.004 或 0.4% 表示月利率。

2. 複利現值與複利終值

　　以本金 P 元存入年利率 i 的銀行，第 1 年底可以獲得利息 Pi 元，本金與利息的和數 P+Pi 或 P$(1+i)$ 稱為本利和，第 2 年再以第 1 年的本利和 P$(1+i)$ 當作本金，再按年利率 i 計息，可得本利和 P$(1+i)^2$，如此繼續可得第 3、4 年底的本利和為 P$(1+i)^3$、P$(1+i)^4$ 等等，如下圖。

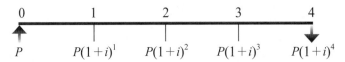

　　這種以第 1 年孳生的利息與第 1 年初的本金的和數 (本利和) 當作第 2 年年初本金繼續孳生利息的作法稱為複利計算。則稱 P$(1+i)^4$ 為本金 P 元存入年利率 i 的銀行 4 年的複利終值。同理，本金 P 元存入年利率 i 的銀行 n 年的本利和或複利終值為：

$$複利終值 = P(1+i)^n$$

上式中的本金 P 也稱為複利現值，得：

$$複利現值 = 複利終值 / (1+i)^n$$

　　一張 2 年後兌現 $50,000 的票據，如果銀行年利率為 5%，若以 $50,000

為複利終值，則其複利現值為 $\$50,000/(1+0.05)^2 = \$50,000/1.1025 = \$45,351$；換言之，只要現在存入 $\$45,351$ 在年利率 5% 的銀行，則 2 年後也可以獲得本利和 (或複利終值) $\$50,000$。某商店銷售價值 $\$50,000$ 的商品，如果消費者以 2 年後兌現 $\$50,000$ 的票據或以現金 $\$45,351$ 支付，該商店應該均可接受，因為 $\$45,351$ 存入年利率 5% 的銀行，2 年後也可以獲得複利終值 $\$50,000$。收受票據尚有屆時能否兌現的風險，如果收受的現金 $\$45,351$ 存放於較高利率的銀行，更可獲利；反之，存入較低利率銀行，則吃虧了。這種複利計算公式是商人考量接受期票或折價接受現金的重要工具；也是消費者權衡支付消費方式的重要研判工具。

複利計算中比較困難的計算是 $(1+i)^n$。這種計算有利率 i 及期數 n 兩個變數，一般商用數學書籍中，都有複利終值表 (如下圖) 可供查詢。如 $(1+0.05)^2$ 即可在下表中的期數 2 的列與利率 5% 的行交會處查得 $(1+0.05)^2 = 1.1025$。

n 期利率為 i 之 \$1 的複利終值 $a_{\overline{n}|i} = (1+i)^n$

n \ i	3½%	4%	4½%	5%	5½%	6%
1	1.035000	1.040000	1.045000	1.050000	1.055000	1.060000
2	1.071225	1.081600	1.092025	1.102500	1.113025	1.123600
3	1.108718	1.124864	1.141166	1.157625	1.174241	1.191016
4	1.147523	1.169859	1.192519	1.215506	1.238825	1.262477
5	1.187686	1.216653	1.246182	1.276282	1.306960	1.338226

上表雖僅是參考書上的一部分，但參考書上的期數 n 最多也僅提供 50 期，其利率也是以相差 0.5% 的方式提供查詢。如上表僅能查得利率 3.5%、4.0%、4.5%、5.0%、5.5% 及 6.0% 的本金 1 元的複利終值，如果年利率為 5.2% 則無法查得本金 1 元的複利終值 $(1+0.52)^2$。

3. 工程型小算盤

這些查表的工作可由計算機或個人電腦上的工程型小算盤替代之。個人電腦上的附屬應用程式中，可以找到小算盤應用程式，其畫面如下的精簡型小算盤或工程型小算盤 (次頁)。由功能表的檢視 (V)，可以選擇顯示工程型或精簡型小算盤。

精簡型小算盤

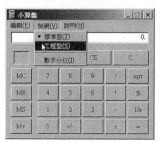

Unit 6-12
複利計算 (二)

工程型小算盤

工程型小算盤與一般手攜計算機盤面大致相似，僅將相異之處，摘要說明如下：

1. 以滑鼠單擊數字盤中的「+/−」鍵表示，將顯示在最上方顯示幕的數值改變正負號。

2. 單擊「x^2」表示計算所顯示數字的平方。若要計算平方根，請先勾選「Inv」再單擊「x^2」。例如，輸入 1.05，使 1.05 顯示在上方顯示幕，然後單擊「x^2」後，顯示幕的 1.05 改為 1.1025，即 $(1+0.05)^2$ 的值；同理，如果輸入 1.052，使 1.052 顯示在上方顯示幕，再單擊「x^2」後，顯示幕的 1.052 改為 1.106704，即 $(1+0.052)^2$ 的值。輸入 1.05 使 1.05 顯示在上方顯示幕，先勾選「Inv」然後單擊「x^2」後，顯示幕的 1.05 改為 1.024695076595959833832210386805，即 1.05 的平方根的值。

3. 單擊「x^3」表示計算所顯示數字的立方。若要計算立方根，請先勾選「Inv」再單擊「x^3」。例如，輸入 1.05 使 1.05 顯示在上方顯示幕，然後單擊「x^3」後，顯示幕的 1.05 改為 1.157625，即 $(1+0.05)^3$ 的值；同理，如果輸入 1.052，使 1.052 顯示在上方顯示幕，再單擊「x^3」後，顯示幕改為 1.164252608，即 $(1+0.052)^3$ 的值。輸入 1.05，使 1.05 顯示在上方顯示幕，先勾選「Inv」然後單擊「x^3」後，顯示幕的 1.05，改為 1.016396356814853428776742039715，即 1.05 的立方根的值。

4. 單擊「x^y」表示計算 x 的 y 次方。此按鈕為二元運算子。例如，計算 2 的 4 次方，按一下 [2] [x^y] [4] [＝]，結果為 16。若要計算 x 的開 y 次方根，請先勾選「Inv」再使用「x^y」鍵。如先輸入 16，勾選「Inv」，單擊「x^y」

鍵，然後再輸入 4 就表示求 16 的 4 次方根。

5. 「MS」、「MR」、「MC」、「M＋」等鍵的功能分別是「MS」將顯示數值存放在記憶體中；「MR」喚回儲存在記憶體中的數值，顯示於上方顯示幕。數值仍會保留在記憶體中。「MC」清除儲存在記憶體中的全部數值。「M＋」將顯示的數值累加到已存在記憶體中的數值，但不顯示這些數值的總和；如果單擊「M＋」前，先單擊「＋/－」鍵以改變顯示幕上數值的正負號，再單擊「M＋」，就可達到將顯示的數值累減到已存在記憶體中的數值的效果。

6. 單擊「1/x」鍵表示計算顯示數字的倒數。$(1+0.05)^{-2}$ 表示 $(1+0.05)^2$ 的倒數，如求複利現值 $\$50,000/(1+0.05)^2 = \$50,000 \times (1+0.05)^{-2}$，有兩種按鍵順序如下：

(1) 輸入 1＋0.05 再單擊「＝」鍵，使顯示幕出現 1.05，單擊「x^2」求 1.05 的平方並顯示於顯示幕 1.1025，單擊「MS」將 1.1025 儲存於記憶體中；輸入 50000 後單擊「/」鍵，然後單擊「MR」鍵，將記憶體中所存的 1.1025 喚回顯示幕，再單擊「＝」鍵，即得複利現值 $\$50,000/(1+0.05)^2$。

(2) 輸入 1＋0.05 再單擊「＝」鍵，使顯示幕出現 1.05，勾選「Inv」後，單擊「x^2」求 1.05 的平方根，並顯示於顯示幕 1.0246950765959598383 22103868052，單擊「MS」將 1.05 的平方根值儲存於記憶體中；輸入 50000 後單擊「＊」鍵，然後單擊「MR」鍵，將記憶體中所存的 1.05 的平方根值，喚回顯示幕，再單擊「＝」鍵，即得複利現值 $\$50,000 \times (1+0.05)^{-2}$。

7. 單擊「(」鍵表示開始括弧的新層次。目前的層次數會出現在「)」按鈕上方的方塊中。最大的層次數是 25。單擊「)」鍵表示關閉括弧的目前層次。例如，可將複利現值 $\$50,000 \times (1+0.05)^{-2}$ 改寫成 $\$50,000 \div ((1+0.05)^2)$，則按鍵順序可以是：輸入50,000，單擊「/」，單擊「(」兩次，輸入1＋0.05，單擊「)」，單擊「x^2」，再單擊「)」，最後單擊「＝」，即得答案 45351.4739..... 顯示於顯示幕。

8. 工程型小算盤也可以計算二進位數、八進位數、十進位數或十六進位數，因此，工程型小算盤左上方應該選擇十進位的選項，如下圖。

○ 十六進位　◉ 十進位　○ 八進位　○ 二進位

9. 工程型小算盤右上方顯示幕的下方有如下畫面，可供選擇角度的度量單位。另有「Backspace」鍵，以滑鼠單擊該鍵，表示退回顯示幕上最後一個數字；「CE」鍵可清除顯示的數字；「C」鍵可清除目前的計算。

◉ Deg	○ Rad	○ Grad
Backspace	CE	C

10. 單擊「pi」鍵，則工程型小算盤將圓周率 3.14159265358979323846264338332795 顯示在上方的顯示幕上。

Unit **6-13**
年金計算

圖解會計學

1. 普通年金的年金終值

普通年金也有年金終值與年金現值兩種。普通年金終值表示每年年終存入 1 元於年利率 i 的銀行，則 n 年後可以獲得的本利和。

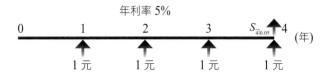

年利率 5%

上圖顯示，在年利率 5% 的銀行，每年年底存入 1 元，連續存入 4 年，則第 4 年年底可以獲得年金終值 $S_{\overline{4}|0.05}$。如果在年利率 i 的銀行，每年年底存入 1 元，連續存入 n 年，則第 n 年年底可以獲得年金終值為 $S_{\overline{n}|i}$；其公式為：

$$S_{\overline{n}|i} = \frac{(1+i)^n - 1}{i}$$

例如在年利率 6% 的銀行，每年底存入 \$1，則第 5 年年底可以獲得

年金終值 $= \$1 \times S_{\overline{5}|0.06} = \$1 \times \dfrac{(1+0.06)^5 - 1}{0.06} = \$1 \times 5.637093 = \$5.637093$

若每年年底存入 \$10,000，則第 5 年年底可以獲得：

年金終值 $= \$10,000 \times 5.637093 = \$56,370.93$

n 期利率為 i 之 \$1 的年金終值 $S_{\overline{n}|i} = \dfrac{(1+i)^n - 1}{i}$

n ＼ i	3½%	4%	4½%	5%	5½%	6%
1	1.000000	1.000000	1.000000	1.000000	1.000000	1.000000
2	2.035000	2.040000	2.045000	2.050000	2.055000	2.060000
3	3.106225	3.121600	3.137025	3.152500	3.168025	3.183600
4	4.214943	4.246464	4.278191	4.310125	4.342266	4.374616
5	5.362466	5.416323	5.470710	5.525631	5.581091	5.637093

上表為每期存入 \$1，期利率為 i 的年金終值表。年底存入 1 元於年利率 6% 的銀行，第 5 年年底年金終值，可由上表的 $n=5$ 列與 $i=6\%$ 的行交會處查得 5.637093，當然也可用工程型小算盤算得。表中所述為每期存入 \$1 的年金終值，因此，如果每半年存入 \$1，年利率為 6%，則 5 年後的年金終值應該將利率改為 3%，期數 n 改為 12，則查 $S_{\overline{12}|0.03}$ 可得 14.192030 (上圖未涵蓋)，或以小算盤推算可得。

148

2. 普通年金的年金現值

普通年金現值表示現在存入一筆金額於年利率 i 的銀行,則每年年終可提取 1 元,可連續提取 n 年,則現在存入銀行的該筆金額即是年金現值。

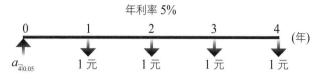

年利率 5%

上圖顯示,在年利率 5% 的銀行,首先存入 $a_{4|0.05}$ 元,則此後每年年底可提取 1 元,連續提取 4 年。這時 $a_{4|0.05}$ 稱為年金現值;其公式為 $a_{n|i} = \dfrac{1-(1+i)^{-n}}{i}$。

例如,在年利率 6% 的銀行存入 $a_{5|0.06}$ 元,則每年底可提取 \$1,直到第 5 年年底。

年金現值= $\$1 \times a_{5|0.06} = \$1 \times \dfrac{1-(1+0.06)^{-5}}{0.06} = \$1 \times 4.21236378556 = \$4.21236378556$

若某年初存入 \$10,000×4.21236378556=\$42,123.64,則此後連續 5 年年底,都可提取 \$10,000,也剛好提取完畢。

n 期利率為 i 之 \$1 的年金現值 $a_{n|i} = \dfrac{1-(1+i)^{-n}}{i}$

n \ i	3½%	4%	4½%	5%	5½%	6%
1	0.966184	0.961538	0.956938	0.952381	0.947867	0.943396
2	1.899694	1.886095	1.872668	1.859410	1.846320	1.833393
3	2.801637	2.775091	2.748964	2.723248	2.697933	2.673012
4	3.673078	3.629895	3.587526	3.545951	3.505150	3.465106
5	4.515052	4.451822	4.389977	4.329477	4.270284	4.212364

上表為每期提取 \$1,期利率為 i 的年金現值表。由上表的 $n=5$ 列與 $i=$ 6% 的行交會處查得年金現值為 \$4.212364,表示現在存入 \$4.212364 於年利率 6% 的銀行,則此後連續 5 年年底都可提取 1 元,也恰好提完。年金現值也可用工程型小算盤算得。

年金現值雖然以現在存入一筆錢,日後定期提取某一固定金額;但是也可反過來描述為現在由銀行提取一筆錢,日後定期存入某一固定金額,只是金錢流動方向相反而已。這種思維就是社會上常見的分期分款。若以房屋向銀行以年利率 6%,期間 6 年,貸款 900 萬,則以後每個月應繳交本息多少元?

因為償還本息是每個月,故應將年利率 6% 化成月利率 0.5%,6 年期化成 72 個月,則如果每個月償還本息 1 元,則現在可由銀行提取 $a_{72|0.005}$ 元:

$$a_{72|0.005} = \$60.3395139$$

現在提取 900 萬,所以

每個月應償還=\$9,000,000÷60.3395139=\$149,156

第 7 章

固定資產

章節體系架構 ▼

Unit 7-1
固定資產的特質

　　企業日常營運中，均需要使用各種資產；製造業在製造商品的過程中，需要廠房土地、機器設備、運輸設備等；買賣業需要放置商品的倉庫或展示及營業場所、運輸設備；即使服務業，也需要各種設備以提供勞務；各行業也都需要行政管理房舍等。這些資產稱為營業用資產，分為有形的及無形的資產兩種。

　　有形營業用資產又可分為固定資產 (不動產、廠房及設備) 及天然資源，前者包括永久性的土地及折舊性的廠房及各種設備；後者則包括森林、油礦及礦藏等。固定資產 (fixed assets) 有下列特徵，如右圖：

1. **有未來經濟效益**：為企業營運提供一年以上的服務或經濟效益，是構成資產的基本要件。即使資產昂貴但使用年限不超過一年，亦應逕作費用處理，不得認列為資產。

2. **正供營業上使用**：必須是目前生產、銷售、提供勞務或行政管理所必須使用的；若該資產並未使用於目前的營業活動，則屬非營業用資產。閒置不用的設備應列為其他資產，但是如果僅在旺季時加入生產行列的設備，也應列為營業資產；購入將來擴充廠房使用的土地，若非供目前營運使用，也不得列為營業用資產；而應歸入不動產長期投資；貨櫃運輸公司存放貨櫃的土地，應屬目前正供營業使用而應歸屬固定資產。

3. **非以出售或投資為目的**：購入資產的主要目的，在於使用該資產獲利而非以轉售該資產獲利。因使用而獲利的資產，應屬於營業用資產；而因轉售而獲利的資產，則屬於投資或存貨，而非營業用資產。例如，卡車是貨運公司提供勞務必須的設備，屬於貨運公司的固定資產；但是卡車卻是卡車經銷商的存貨，因為經銷商是以轉售卡車來獲利，而貨運公司則是利用卡車來提供服務而獲利。

4. **有實體存在**：有形營業用資產是可以看得見、摸得著的資產。

　　有形固定資產通常可以分成永久性資產如土地，及折舊性資產如房屋、機器設備、交通設備等類。土地資源有限也不會消滅，隨著社會繁榮需求增加，使得土地資源有增值的空間。土地以外的廠房及設備的經濟效益，會因為使用、磨損而逐漸減少或遭新技術淘汰，而有一定耐用年數，故其成本必須在耐用年數內，逐期攤銷為費用。

　　營業用資產從購置、使用、維修到報廢的循環中，會計工作包括正確記錄購置、維修成本，並將成本適當的分攤於使用期間，及最後的資產報廢；因此，本章即在討論廠房及設備資產的會計處理，包括廠房設備的意義、成本的衡量、成本分攤的方法及資產的處分等，相關會計問題如右圖。

固定資產的特徵

① 有未來經濟效益

能為企業營運提供一年以上的服務或經濟效益；使用年限不超過一年的昂貴資產，應逕作費用處理，不得認列為資產。

② 正供營業上使用

是目前生產、銷售、提供勞務或行政管理所必須使用的；若未使用於目前的營業活動，就不能攤提折舊以符成本效益配合原則。

③ 非以出售或投資為目的

購入資產的目的在於使用該資產獲利而非以轉售該資產獲利。轉售而獲利的資產應屬於投資或存貨，而非營業用資產。

④ 有實體存在

有形營業用資產是可以看得見、摸得著的資產。

固定資產生命週期的會計處理

成本衡量
成本應包括自訂購起至達到可供使用狀態及地點止，所有一切必要且合理的支出。

成本分攤
將資產成本在耐用年限內有系統且合理地逐年分攤，以符合成本效益配合原則。

資產處分
資產因陳廢或不堪使用，而加以出售，交互換、報廢或毀損等處分。

固定資產的成本構成項目

　　成本是固定資產的原始評價基礎，成本應包括自訂購起，至達到可供使用狀態及地點止，所有一切必要且合理的支出，諸如發票價格、安裝成本、運費及稅捐等。茲就各項資產之成本構成項目，分述如下：

1. 土地及土地改良

　　土地的成本項目，包括支付購價、仲介佣金、過戶費用、稅捐、工程受益費等支出。包括使購入土地後為達到可使用狀態的所有成本，如整地、填土、地上物拆除等費用，地上物拆除後殘料的變賣收入，應列為土地成本的減項。

　　購入土地後為提高土地的使用價值也會發生一些支出；舉凡支出之效益具有永久性者 (不需重複發生的支出)，則應借記「土地」科目，如前述購買土地有關整地、填土、地上物拆除的各項支出皆是。至於景觀設施、排水系統、鋪設道路、構建圍牆、停車場、裝設照明設備等，皆有一定使用年限，每經過一定時間就需要再重複支出者，這種不具永久性效益的支出，應另外記入「土地改良」帳戶，按使用年限攤提成本，以與土地帳戶區分。

2. 建築物

　　房屋若屬購入成屋，其成本項目包括購價、使用前之整修支出、仲介佣金、稅捐等。同時購入房地時，因為土地不提折舊，而房屋必須提列折舊，因此必須將總成本按相對市價比例分攤給土地及房屋。房屋如果是自行建造者，成本項目包括支付給營造廠之價款、建築師之設計費、建築執照費、監工費，以及建造期間應該資本化的借款利息、保險費等項目。

3. 機器設備

　　機器設備的成本項目，包括發票價格、關稅、運費、安裝、試車等，使機器設備達到可供使用狀態及地點之一切必要且合理的支出。如果重型機器設備安裝時，需要強化地基，或者因為機器設備危險性高、價值昂貴而必須另加設安全設施，也都是屬於設備的成本。運送或試車中發生的修理支出，應作當期費用；購買時一次課徵的稅捐可列為成本，但定期課徵的稅捐則應列為費用。如運輸設備年年必須繳納的燃料稅及保險費等，支出效益僅有一年，不得列入運輸設備的成本，每年支出時列為費用。

4. 租賃權益及租賃改良

　　租賃是一項契約行為，出租人根據契約，將資產之使用權授與承租人，而換取定期的租金收入，但財產之所有權仍屬出租人所有。依據租賃契約型態可將租賃分為「營業租賃」及「資本租賃」二種。

　　營業租賃乃指承租人使用財產的期間較短，而仍由出租人擔負資產風險的租賃方式。出租人收到定期給付的租金時，借記「現金」，貸記「租金收

入」，承租人給付租金時，則借記「租金費用」，貸記「現金」，其會計處理較為簡單。

　　資本租賃主要目的，乃在提供承租人融資置產，或長期使用租賃物之權利。雙方約定承租人不得片面取消租賃契約，同時租賃物若因科技進步或其他原因而被淘汰，其損失之風險概由承租人負擔。此種型態之租賃，表面上租賃物之所有權並未移轉給承租人，但實質上，承租人已享有資產未來長期經濟效益的權利，出租人實質上已放棄資產經濟效益的控制權，故應視同出租人已將該租賃物出售予承租人。承租人必須將未來必須支付的租金折算現值，一方認列「租賃資產」，另一方認列「租賃負債」。在資產負債表上，租賃資產列為固定資產，應按租賃期限或耐用年限較短者攤提折舊，租賃負債則列為長期負債，按雙方約定的條件還本付息。

　　我國財務會計準則規定，凡租賃契約符合下列條件之一者為資本租賃；反之，無一條件符合者為營業租賃：

(1) 租賃契約期滿，租賃物之所有權，無條件移轉予承租人。

(2) 承租人有優惠承購權。

(3) 租賃期限達租賃物耐用年限 75% 以上。

(4) 最低租金給付額折現值，達租賃資產公平市價 90% 以上。

　　租賃改良是指對承租的財產所作的改良支出，諸如對承租的房屋變更隔間、裝修或增加安全設施等。若租賃改良支出之耐用年限超過一年以上，即應將其改良成本列為資產，借記「租賃改良物」，貸記「現金」。

　　租賃改良物本身有一定的耐用年限，此耐用年限可能較租約之期限為長，亦可能較短。若改良物的耐用年限較租約的期限短，成本應在改良物的耐用年限內攤銷；若改良物的耐用年限較租約的期限長，則因租約屆滿時，承租人應將租賃物回復原狀返還出租人，或將改良物無條件讓給出租人，因此租賃改良的成本應在租賃期限內攤銷。換言之，租賃改良的成本應在租賃期間，或耐用年限兩者之較短期間內攤銷。租賃改良攤銷時，借記「折舊費用」，貸記「累計折舊」。

固定資產成本構成項目

1 固定資產購入時

應將所有自訂購起，至達到可供使用狀態及地點止，所有一切必要且合理的支出。

2 固定資產使用過程中的改良維修

改良或維修能為企業帶來長期利益者，應列入資產成本；否則，列為當期費用。

Unit **7-3**
固定資產的成本衡量（一）

圖解會計學

固定資產應依其成本構成項目計算其原始評價。茲按購買取得、受贈取得及自行建造等不同方式，說明成本之計算如下：

1. 購買取得

（1）現金購買

資產以現金購買時，則所支付的購價即為資產的成本。商業折扣不入帳，但如享用現金折扣，則應將現金折扣減除後的購價當作成本；若未能享用現金折扣，則以購價當作成本，未享用的現金折扣作為當期費用。故得：

> 資產成本＝購價－現金折扣＋合理必要支出

企業若以一筆總價款，整批購入多項資產 (例如，同時購進土地及房屋)，由於資產的性質不同 (房屋應提列折舊，土地則不必提列折舊) 或耐用年限不同，故必須將總價款分攤於各項資產，一般可按照各項資產的公平市價比例分攤。所謂公平市價，係指單獨購進該項資產所必須支付的成本。

設某公司支付 $8,400,000 購進土地及房屋，單獨購買土地之市價為 $6,000,000，單獨購買房屋之市價為 $3,000,000，則可按市價比例分攤如下：

項目	市價	市價比例	成本分配
土地	$6,000,000	2/3	$5,600,000
房屋	$3,000,000	1/3	$2,800,000
	$9,000,000		$8,400,000

購入時的分錄為：

土地	5,600,000	
房屋	2,800,000	
現金		8,400,000

（2）分期付款購買

以分期付款方式購買資產時，則總價款中所含利息費用不得列入資產成本，因此必須依據年金現值列為資產成本，每期支付的利息應列為利息費用。分期付款每期支付的金額雖然相同，但每期支付的本金 (即資產購價的一部分) 及利息均不相等。設例說明如下：

某公司於某年 5 月 15 日以分期付款方式購入電腦設備一部，該設

備之現金售價為 $900,000，雙方約定成交日支付現金 $200,000，餘款按年利率 6% 計息，並自同年 6 月 15 日起分 6 個月等額支付，每月繳納 $118,717，分期付款購買資產應先製作下表計算每期繳付的本金與利息：

分期付款本息分配表

期別	年利率 6%	月利率＝6%÷12＝0.5%		每期繳交本息 $118,717	
	本金 (1)＝(5)	利率 (2)	本期利息 (3)＝(1)×(2)	本期本金 (4)＝118,717－(3)	結欠本金 (5)＝(1)－(4)
1	$700,000	0.005	$ 3,500	$115,217	$584,783
2	584,783	0.005	2,924	115,793	468,990
3	468,990	0.005	2,345	116,372	352,618
4	352,618	0.005	1,763	116,954	235,665
5	235,665	0.005	1,179	117,538	118,127
6	118,127	0.005	590	118,127	0
合計			$12,302	$700,000	

本金115,217　本金115,793　本金116,372　本金116,954　本金117,538　本金118,127

利息3,500　利息2,924　利息2,345　利息1,763　利息1,179　利息590

支付 $700,000

期初銀行支付電腦廠商$700,000，企業每月支付$118,717，6個月共支付本金$700,000，支付利息$12,302

每期支付本息 $118,717，6 期共支付本息 $118,717×6＝$712,302，其中支付本金 $700,000 (如上表本期本金欄位的合計數)，加上成交款 $200,000，廠商共得 $900,000，支付的總利息 $12,302 (如上表本期利息欄位的合計數)。依上表購置該設備的相關分錄如下

購入電腦設備：			
5/15	電腦設備	900,000	
	現金		200,000
	應付分期帳款		700,000
支付第一期款時：			
6/15	應付分期帳款	115,217	
	利息費用	3,500	
	現金		118,717
支付第二期款時：			
7/15	應付分期帳款	115,793	
	利息費用	2,924	
	現金		118,717
以後各期分錄，可依上表自行編撰			

Unit **7-4**
固定資產的成本衡量（二）

(3) **以票據交換廠房資產**

　　企業開立票據購置資產以延期資產價款的支付，則該資產的成本應以票據的到期值，按市場利率折算的現值衡量。假設某公司於某年初以 3 年到期面額 $800,000，不附息票據購置一部電腦設備，則該票據的到期值為 $800,000。

　　若市場利率為 8%，則 $800,000＝複利現值×(1+0.08)^3＝複利現值×1.259712，計得複利現值＝$800,000÷1.259712＝$635,066；換言之，以現金 $635,066 存入利率 8% 的銀行，每年複利一次，3 年到期可以獲得 $800,000 如下表，因此，購進的機器時，設備僅值 $635,066，利息合計數為 $164,934。

第一年初存入 **$635,066** 後，每年利息及本利和				
年	存入本金	利率	利息	本利和
1	$635,066	0.08	$ 50,805	$685,871
2	$685,871	0.08	$ 54,870	$740,741
3	$740,741	0.08	$ 59,259	$800,000
	合計		$164,934	

依現值入帳的分錄如下：

電腦設備	635,066	
應付票據折價	164,934	
應付票據		800,000

　　「應付票據折價」在資產負債表上，應列為應付票據的減項，以表示應付票據當時的現值，亦即當日負債的金額，列示如下：

長期負債：	
應付票據	$800,000
減：應付票據折價	(164,934)
帳面價值 (現值)	$635,066

　　所謂帳面價值，係指應付票據的面額減未攤銷的折價，亦即該應付票據當時之現值。本例依上表各年以利息費用攤銷應付票據折價，分錄如下：

第 1 年年底的利息費用分錄為		
利息費用	50,805	
應付票據折價		50,805
第 2 年年底的利息費用分錄為		
利息費用	54,870	
應付票據折價		54,870

第 3 年年底的利息費用分錄為		
利息費用	59,259	
應付票據折價		59,259

經過 3 年的應付票據折價的總和為 $164,934 (即 $50,805＋$54,870＋$59,259)，已將應付票據折價的借餘攤銷完畢，第 3 年底支付現金 $800,000，沖銷應付票據的分錄為：

應付票據	800,000	
現金		800,000

2. 受贈取得

　　企業有時可以自股東、地方政府或其他人士獲得捐贈資產。股東可能為了增加企業的經營能力；地方政府可能是為了吸引企業在當地投資設廠，提高當地居民的就業機會及增加稅收而捐贈資產給企業。因受贈而取得的資產，通常僅須付出些微的登記費或過戶費，支付的款項實不足以代表資產取得時之經濟價值，故應以資產的公平市價為入帳基礎，此乃資產不以取得成本評價的例外。

　　設某醫院獲得當地慈善機構捐贈公平市價 $8,000,000 土地一筆及公平市價 $1,500,000 救護車一部，該車估計耐用年限為 5 年，殘值 $200,000 且按直線法提列折舊 (每年提折舊 $260,000)。因為土地無須提列折舊，直接視同捐贈收入；救護車先記遞延捐贈收入，再依每年攤提折舊並攤銷遞延捐贈收入，相關分錄如下：

159

土地	8,000,000	
捐贈收入		8,000,000
運輸設備	1,500,000	
遞延捐贈收入		1,500,000
每年提列救護車折舊費		
遞延捐贈收入	260,000	
折舊費用		260,000

3. 自行建造

　　企業可利用自己技術及人力，建造或生產供自己使用的資產，其成本當然包括自行建造資產所發生的成本，包括材料、人工、及其他的生產成本。建造設備資產過程中，所需資金，如係由貸款而來，則所支付的利息也應計入資產成本。

　　資產的公平市價反映未來經濟效益的大小，建造成本如果大於其公平市價，表示部分成本沒有未來經濟效益，不符合資產必須具有未來經濟效益的條件；所以，建造成本超過公平市價部分，不宜作為資產成本而應以公平市價為入帳基礎，成本與公平市價的差額應列為損失，不得作為資產成本。反之，若自行建造資產的成本低於其公平市價，其差額應視為成本的節省，而非收益；所以，在帳上不得認列收益，資產仍以實際建造成本入帳。

Unit **7-5**
固定資產的成本分攤 (一)

圖解會計學

1. 折舊的意義

　　除土地以外的折舊性資產經使用後，由於物質上的磨損、消耗、損壞，或功能上的不足、過時陳舊、不合經濟效益等，最後均須報廢。因此在取得資產時，必須估計資產的使用年限，將資產成本減去估計殘值後的數額，在估計耐用年限內，以合理而有系統的方法加以分攤，作為各期間的費用以符合成本效益配合原則。這種分攤成本的程序稱之為折舊，每一會計期間所分擔的成本稱為該期間之折舊費用。

　　所謂合理而有系統的方法，係指現行一般公認會計原則所認可的折舊方法。資產成本、殘值及耐用年限則是成本分攤的折舊三要素，分述如下：

(1) **成本**：指資產經成本評價所得的帳列成本。

(2) **殘值**：殘值是估計資產耐用年限屆滿時，處分資產的淨收入 (處分收入減去處分成本後之餘額)。帳列成本減去殘值為應提列折舊之總成本，或稱可折舊成本。

160

(3) **耐用年限**：耐用年限或使用年限，係指資產符合經濟效益的使用年限；電視上常見一棟高樓利用炸藥炸掉，其原因是該大樓雖尚堪用，但是炸掉後重建就可以發揮更大效益，因此耐用年限不是可用年限；又如機器設備，就物質因素而言，可以使用 20 年，若預計 10 年後即將有效率更高、產品品質更佳的新機器出現，屆時繼續使用舊機器已經不經濟，故於購入時即應按 10 年攤提折舊。

　　我國稅法規定各項折舊性資產耐用年限之估計，不得低於行政院訂定之「固定資產耐用年數表」規定之年限。實務上此項規定亦多為企業界在編製財務報表時採行。

　　資產的提列折舊是資產價值的減項，惟會計上並不直接貸記資產，而另設「累計折舊」科目，用以累計已提列折舊之數額。如此既可保留資產之原始成本，並藉累計折舊科目之設置，於財務報表得以顯示資產之折舊程度。累計折舊須按資產類別分別列示，例如：「累計折舊－房屋」，「累計折舊－運輸設備」等。

　　累計折舊帳戶餘額，僅代表資產已耗用或已分攤的成本，而非代表可供重置新設備之現金；原始成本減累計折舊的帳面價值，僅代表尚未分攤的成本，而不是資產的變現價值。

2. 折舊方法

　　一般公認會計原則所認可的折舊方法，可分為三大類，即：(1) 平均法，(2) 活動量法 (包括工作時間法及產量法)，及 (3) 遞減法 (包括定率餘額遞減

法、倍數餘額遞減法及使用年數合計法)。

遞減法又稱加速折舊法，乃指在資產使用年限中之最初年度，提列較大的折舊費用，而於以後年度，提列較少的折舊費用。又因加速折舊的方法不同，而有定率餘額遞減法、倍數餘額遞減法及使用年數合計法等法。效率隨生產而快速遞減或生產技術快速更新的設備，都適用遞減法提列折舊。

任何折舊方法提列折舊時，如果每期提列折舊費用或所採用折舊率係經四捨五入而得，應先列表計算每期折舊費用、累計折舊及期末帳面價值，而其最後帳面價值可能不等於殘值。採用遞減法以外提列折舊時，可以微調任何一期或多期的折舊費，使最後帳面價值等於估計殘值；採用遞減法時，如果最後期末帳面價值少於估計殘值，可將其差額增加到第一期折舊費用；如果最後期末帳面價值多於估計殘值，可將最後一期折舊費用減少其差額，以符合遞減法的精神。

茲以下列資產說明各種折舊的方法：

設某資產於某年 1 月 1 日購置，其列帳成本為 $680,000，估計殘值 $80,000，估計耐用年限為 5 年，預計總產量為 40,000 單位，工作時間為 20,000 小時。

則折舊總成本＝$680,000－$80,000＝$600,000。

(1) 直線法

直線法是假設資產功能上的減損、物質上的磨損、毀壞都與時間的經過成比例，故每一期間折舊費用相同，由於直線法計算簡單、容易了解，故實務上廣被採用。本例以直線法提列折舊，則每年折舊費用＝$600,000÷5＝$120,000。因為每年折舊費用未經四捨五入，每期提列 $120,000，最後期末帳面價值必等於估計殘值。

如果耐用年限改為 7 年，則每年折舊費用＝$600,000÷7＝$85,714.2857。若取每年折舊費用＝$85,714，則其折舊費用攤銷表如下：

期別	期初帳面價值	折舊費用	累計折舊	期末帳面價值
1	$680,000	$85,714	$85,714	$594,286
2	594,286	85,714	171,428	508,572
3	508,572	85,714	257,142	422,858
4	422,858	85,714	342,856	337,144
5	337,144	85,714	428,570	251,430
6	251,430	85,714	514,284	165,716
7	165,716	85,714	599,998	80,002
7	$165,716	$85,716	$600,000	$ 80,000

最後期末帳面價值比估計殘值多 2 元，可於任意一期增加 2 元 (如上表最後一行將最後一期折舊費用由 $85,714 增加 2 元而為 $85,716) 或任意二期各增加 1 元，便可使最後期末帳面價值等於估計殘值。

Unit 7-6
固定資產的成本分攤（二）

圖解會計學

162

(2) 生產數量法

　　使用生產數量法提列折舊，必須先估計設備在估計耐用年限內之總產量，再計算每一產出單位應負擔的折舊費用；因此各期間應負擔之折舊費用，以實際產出量乘以單位折舊費用而得。

　　本例折舊總成本為 $600,000，耐用年限內預計總產量為 40,000 單位，因此每生產 1 個單位的折舊費用為 $600,000÷40,000＝$15。若第 1 年生產 12,000 單位的產品，則第 1 年應分攤的折舊費用為 $15×12,000＝$180,000。如果每生產 1 個單位的折舊費用係經四捨五入而得，也需編列逐期折舊費用攤銷表，並微調各期折舊費用，使最後期末帳面價值等於估計殘值。

(3) 工作時間法

　　工作時間法與生產數量法類似，須預計資產報廢前之總工作天數或小時數，計算每單位工作時間的折舊率，乘以該期間實際工作時間，得出該期間之折舊費用。本例折舊總成本為 $600,000，耐用年限內預計工作時間為 20,000 小時，因此每工作 1 小時的折舊費用為 $600,000÷20,000＝$30。若第 1 年生產工作 3,600 小時，則第 1 年應分攤的折舊費用為 $30×3,600＝$108,000。如果每工作 1 小時的折舊費用係經四捨五入而得，也需編列並微調逐期折舊費用攤銷表，使最後期末帳面價值等於估計殘值。

(4) 定率餘額遞減法

　　本法係以資產每期遞減的期初帳面價值，乘以固定折舊率，以計算該期之折舊費用。

$$固定折舊率 = r = 1 - \sqrt[n]{\frac{s}{c}}$$

其中 s＝殘值，c＝資產原始帳列成本，n＝耐用年限

　　就本例而言，成本 $680,000，殘值 $80,000，耐用年限 5 年，則折舊率為：

$$r = 1 - \sqrt[n]{\frac{s}{c}} = 1 - \sqrt[5]{\frac{\$80,000}{\$680,000}} = 1 - 0.65180279$$
$$= 0.3482 = 34.82\%$$

各年之折舊費用攤銷表計算且經微調如下：

定率餘額遞減法之折舊費用分攤表					
年次	折舊率	期　初 帳面價值	借：折舊費用 貸：累計折舊	累計折舊	期　末 帳面價值
1	34.82%	$680,000	$236,776	$236,776	$443,224
2	34.82%	443,224	154,331	391,107	288,893
3	34.82%	288,893	100,593	491,700	188,300
4	34.82%	188,300	65,566	557,266	122,734
5	34.82%	122,734	42,734	600,000	80,000

(5) 倍數餘額遞減法

　　本法也使用固定的折舊率，但其固定折舊率取直線法折舊率的若干倍，如 2 倍或 1.5 倍或其他倍數，再以遞減的每期期初帳面價值乘以固定折舊率，而得遞減的折舊費用。如定為 2 倍，則固定折舊率 r 為：

$$r = \frac{1}{n} \times 2 = \frac{2}{n}，n：表示估計耐用年限$$

　　其餘計算折舊的程序與定率餘額遞減法相同。本例的折舊率為 2/5 ＝ 0.4 ＝ 40%，各年之折舊如下表所示：

倍數餘額遞減法之折舊費用分攤表 (倍數 2)					
年次	期初帳面價值	折舊率	折舊費用	累計折舊	期末帳面價值
1	$680,000	40%	$272,000	$272,000	$408,000
2	408,000	40%	163,200	435,200	244,800
3	244,800	40%	97,920	533,120	146,880
4	146,880	40%	58,752	591,872	88,128
5	88,128	40%	35,251	627,123	52,877
5**		40%	8,128	600,000	80,000

** 第 5 年計得的折舊費用為 $35,251，使得第 5 年期末帳面價值僅 $52,877；因低於估計殘值 $80,000，故調減第 5 年的折舊費用為 $8,128 使第 5 年期末帳面價值為 $80,000。

　　倍數餘額遞減法的折舊額是帳面價值 (不是原始成本減估計殘值) 乘以固定折舊率，而折舊率又是耐用年數的倒數乘以某一個倍數。如果選擇倍數為 3，得折舊率為 3/5 ＝ 60%，則各年折舊額及帳面價值如下表，到第 3 年應提 $65,280，但僅提 $28,800 就讓第 3 年底的帳面價值降到估殘值 $80,000；後面 2 年就不需再提折舊。因此，倍數愈大，則折舊愈快，可能不到耐用年限就不需再提折舊；反之，倍數愈小，則折舊愈慢，可能到了耐用年限時，帳面價值仍然高於估計殘值。

倍數餘額遞減法之折舊費用分攤表 (倍數 3)					
年次	期初帳面價值	折舊率	折舊費用	累計折舊	期末帳面價值
1	$680,000	60%	$408,000	$408,000	$272,000
2	272,000	60%	163,200	571,200	108,800
3	108,800	60%	65,280	636,480	43,520
3**		60%	28,800	600,000	80,000

** 第 3 年計得的折舊費用為 $65,280，使得第 3 年期末帳面價值僅 $43,520；因低於估計殘值 $80,000，故調減第 3 年的折舊費用為 $28,800 使第 3 年期末帳面價值為 $80,000。

Unit **7-7**
固定資產的成本分攤 (三)

(6) 年數合計法

年數合計法以資產耐用年限之年數合計數為分母，以使用年數反序年數為分子，所得的分數為折舊率，即：

$$折舊率\ r = \frac{耐用年限反序年次}{耐用年限年數合計數}$$

$$各年折舊費用 = (帳列成本 - 殘值) \times 折舊率$$

本法以固定的折舊總成本 (帳列成本－殘值) 乘以每年遞減的折舊率，而獲得遞減的每年折舊費用。遞減法中的定率餘額遞減法及倍數餘額遞減法，則是以固定的折舊率乘以每年遞減的期初帳面價值，而獲得遞減的每年折舊費用。

本例耐用年限 5 年，耐用年限的順序年次為 1、2、3、4、5；耐用年限的反序年次為 5、4、3、2、1；因折舊率的分母＝耐用年限年數合計數＝1+2+3+4+5＝15，故：

第 1 年的折舊率為 5/15；

第 2 年的折舊率為 4/15；

第 3 年的折舊率為 3/15；

第 4 年的折舊率為 2/15；

第 5 年的折舊率為 1/15 如下表。

年數合計法折舊率

使用年數	第 1 年	第 2 年	第 3 年	第 4 年	第 5 年
年數反序 (分子)	5	4	3	2	1
年數合計 (分母)	1+2+3+4+5＝15				
折舊率	5/15	4/15	3/15	2/15	1/15

本例各年折舊費用攤銷表如下：

年次	折舊總成本	折舊率	折舊費用	累計折舊	期末帳面價值
	使用年數合計法之折舊費用分攤表 (耐用 5 年)				
1	$600,000	5/15	$200,000	$200,000	$480,000
2	600,000	4/15	160,000	360,000	320,000
3	600,000	3/15	120,000	480,000	200,000
4	600,000	2/15	80,000	560,000	120,000
5	600,000	1/15	40,000	600,000	80,000

理論上，年數合計法是以折舊總成本 (原始成本－估計殘值) 乘以變動的折舊率 (但各年折舊率的和等於 1)，其最終的帳面價值除了四捨五入的誤差調整外，可保證最後帳面價值等於估計殘值。

下表為我國 IFRS 財務會計準則允用的各種折舊方法：

公認會計準則允用的折舊方法

折舊方法	折舊金額	計算公式
(1) 直線法	每期折舊固定	$每期折舊 = \dfrac{成本－殘值}{耐用年限}$
(2) 生產數量法	單位產量折舊固定	$單位產量折舊 = \dfrac{成本－殘值}{估計總產量}$ 每期折舊＝單位產量折舊×當期生產量
(3) 工作時間法	單位時間折舊固定	$單位時間折舊 = \dfrac{成本－殘值}{估計總工作時間}$ 每期折舊＝單位時間折舊×當期工作時間
(4) 定率餘額遞減法	每期折舊等比遞減	$折舊率\ r = 1 - \sqrt[耐用年限]{\dfrac{殘值}{成本}}$ 每期折舊＝期初帳面價值×折舊率 r
(5) 倍數餘額遞減法	每期折舊等比遞減	$折舊率為直線法的\ 2\ 倍 = \dfrac{2}{耐用年限}$ 每期折舊＝期初帳面價值×折舊率
(6) 年數合計法	每期折舊等差遞減	$第\ N\ 年折舊率 = \dfrac{耐用年數＋1－N}{耐用年數之和}$ 第 N 年折舊＝(成本－殘值)×該年折舊率

Unit 7-8
未滿一個會計期間的折舊計算

圖解會計學

前述折舊方法,均假設固定資產於會計期間之開始時,購置使用或報廢處分;如果不在會計期間開始時購置或結束時處分,則其折舊費用之計算與折舊方法有關。生產數量法及工作時間法,因各按實際產量或工作時數計算折舊費用,與購入或處分(報廢)時間無關,至於其他方法處理方式,如下例。

設某資產於某年 9 月 1 日購置,其列帳成本為 $680,000,估計殘值 $80,000,估計耐用年限為 5 年,預計總產量為 40,000單位,工作時間為 20,000 小時。9 月 1 日購置資產,9 月份應提折舊,故第 1 年應提折舊的月數是 4 個月 (當月用滿 15 天以上算 1 個月)。則各種折舊方法提列年折舊費用,說明如下:

1. 直線法

直線法每年折舊費 = $600,000 ÷ 5 = $120,000;則第 1 年應提 $120,000×(4/12) = $40,000;第 2、3、4、5 年應提全額 $120,000;第 6 年再提 8 個月的折舊 $80,000;如下表:

直線法之折舊費用分攤表			
年次	期初帳面價值	折舊費用	累計折舊	期末帳面價值
1	$680,000	$ 40,000	$ 40,000	$640,000
2	640,000	120,000	160,000	520,000
3	520,000	120,000	280,000	400,000
4	400,000	120,000	400,000	280,000
5	280,000	120,000	520,000	160,000
6	160,000	80,000	600,000	80,000

2. 定率餘額遞減法

固定折舊率 = $r = 1 - \sqrt[n]{\dfrac{s}{c}}$,其中 s = 殘值,c = 資產原始帳列成本,n = 耐用年限。第 1 年全年折舊費用為 $680,000×0.3482 = $236,776,相當 4 個月的折舊費用為 $236,776×(4/12) = $78,925,其餘各年折舊費用攤銷,如下表:

定率餘額遞減法之折舊費用分攤表				
年次	期初帳面價值	折舊率	折舊費用	累計折舊	期末帳面價值
1	$680,000	0.3482	$ 78,925	$ 78,925	$601,075
2	601,075	0.3482	209,294	288,219	391,781
3	391,781	0.3482	136,418	424,637	255,363
4	255,363	0.3482	88,917	513,555	166,445
5	166,445	0.3482	57,956	571,511	108,489
6	108,489	0.3482	37,776	609,287	70,713
6[*]	$108,489	0.3482	$28,489	$600,000	$ 80,000

[*] 第 6 年 (僅應分擔 8 個月的折舊費用) 依折舊率應提 $37,776,使最後期末帳面價值僅為 $70,713,比估計殘值少 $9,287。折舊費由 $37,776 減少 $9,287 為 $28,489,則得期末帳面價值為 $80,000。

3. 倍數餘額遞減法

固定折舊率＝2/5＝0.4＝40%，則第 1 年全年折舊費用為 \$680,000×0.4＝\$272,000，相當 4 個月的折舊費用為 \$272,000×(4/12)＝\$90,667，其餘各年折舊費用攤銷，如下表：

倍數餘額遞減法之折舊費用分攤表				
年次	期初帳面價值	折舊率	折舊費用	累計折舊	期末帳面價值
1	\$680,000	40%	\$ 90,667	\$ 90,667	\$589,333
2	589,333	40%	235,733	326,400	353,600
3	353,600	40%	141,440	467,840	212,160
4	212,160	40%	84,864	552,704	127,296
5	127,296	40%	50,918	603,622	76,378
5*	127,296	40%	47,296	600,000	80,000

* 折舊提到第 5 年的期末帳面價值已低於 \$80,000，依折舊率應提 \$50,918，使最後期末帳面價值僅為 \$76,378，比估計殘值少 \$3,622。折舊費由 \$50,918 減少 \$3,622 為 \$47,296，則得期末帳面價值為 \$80,000。

4. 年數合計法

若採用使用年數合計法，則第 1 年全年應提折舊 \$200,000 (即 \$600,000×5/15)，自 9 月 1 日至 12 月 31 日止 4 個月應分攤折舊費用 \$200,000×(4/12)＝\$66,667。

第 2 年應分擔第 1 年剩餘 8 個月的折舊費用 \$200,000－\$66,667＝\$133,333 及第 2 年全年中前 4 個月的折舊費用 \$600,000×(4/15)×(4/12)＝\$53,333，得第 2 年應分攤的折舊費用為 \$53,333＋\$133,333＝\$186,666。如此計算各年應分攤折舊費用，直到最後一年 (第 6 年)，則分攤第 5 年的後 8 個月的折舊費用；即 \$26,667，如下表：

年數合計法之折舊費用分攤表								
年次	期初帳面價值	折舊率	全年折舊費用	本期前4 個月折舊	前期後8 個月折舊	本年折舊費用	累計折舊	期末帳面價值
1	\$680,000	5/15	\$200,000	\$66,667		\$ 66,667	\$ 66,667	\$613,333
2	613,333	4/15	160,000	53,333	\$133,333	186,666	253,333	426,667
3	426,667	3/15	120,000	40,000	106,667	146,667	400,000	280,000
4	280,000	2/15	80,000	26,667	80,000	106,667	506,667	173,333
5	173,333	1/15	40,000	13,333	53,333	66,666	573,333	106,667
6	106,667				26,667	26,667	600,000	80,000

Unit **7-9**
估計值與折舊方法變動的修正

1. 估計值之變動

由於經營活動隱含不確定性之結果,財務報表中許多項目,無法精確衡量而僅能依據最近可獲得且可靠之資訊為基礎加以估計,合理估計之使用係編製財務報表之必要部分,並不損害其可靠性。資產折舊乃根據估計的耐用年限及殘值計算而得。**IFRS (IAS16.51)** 規定企業至少應於每一財務年度結束日,對資產之殘值及耐用年限進行檢視。如果由於經驗的累積、新資訊的獲得或新事項之發生,而發現原估計殘值的數字有變動時,應修正殘值;如果資產的實際耐用年限,較原估計年數為長或短時,亦應修正耐用年限。會計上稱這種修正為「會計估計變動」。會計估計變動採取「推延調整法」,亦即估計值修正前,各年度所提折舊費用不必變更;估計值修正當期及以後各期之折舊費用,則應以資產帳面價值,減去新估計的殘值,合理分攤到新估計之剩餘耐用年限中。這種推延調整法,可說是既往不究的方法。

適用生產數量法或工作時間法的資產,也應於每一財務年度結束日重新修正「預估未來產量」或「預估未來工作時數」。**IFRS (IAS16.54)** 也規定一項資產之殘值重新評估後,等於或高於資產之帳面金額時,該資產的折舊費用為零,直到該資產之殘值後續減少至低於帳面金額時,再開始提列折舊。

假設某公司於年初以 \$900,000 購置機器一部,以直線法提列折舊,估計可用 7 年,殘值為 \$60,000。於第 3 年底提列折舊以前,發現該機器可再使用 9 年,殘值為 \$40,000,則第 3 年及以後年底的折舊費用調整如下:

資產成本	\$900,000
原估計使用年限	7 年
原估殘值	\$60,000
每年折舊費用	\$120,000
前 2 年之累計折舊 (\$120,000×2)	\$240,000

第 3 年年底提折舊以前,發現此項機器尚可再使用 9 年。因此,修正後之估計耐用年限總計 12 年 (如下圖),則第 3 年及以後各年年底的折舊費用,調整如下:

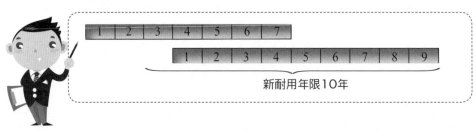

新耐用年限10年

第 3 年底未提折舊成本 ($900,000－$240,000)	$660,000
修正後之剩餘耐用年限	10 年
修正之殘值	$40,000
修正後之每年折舊費用	$62,000

前例如採用年數合計法提列折舊，於第 3 年底提列折舊以前，發現該機器可再使用 9 年，殘值為 $40,000，第 3 年初的帳面價值為 $510,000，計算如下：

資產成本	$900,000
原估計使用年限	7 年
原估殘值	$60,000
第 1 年之折舊費用 ($840,000×7/28)	$210,000
第 2 年之折舊費用 ($840,000×6/28)	$180,000
第 3 年初帳面價值	$510,000

第 3 年年底提折舊以前，發現此項機器尚可再使用 9 年。因此，修正後之估計耐用年限總計 12 年 (含第 3 年)，尚餘耐用年限 10 年的年數和＝(1＋10)×10/2＝55，所以第 3 年及以後各年年底之折舊費用，按可折舊成本 $470,000 ($510,000－$40,000) 的 10/55、9/55、8/55、…、1/55 的折舊率提列之。

2. 折舊方法的變動

折舊方法之採用，應反映企業資產所含未來經濟效益之預期消耗型態。國際會計準則 IFRS (IAS 16.61) 規定，企業至少應於每一財務年度結束日，檢視資產採用之折舊方法，若對資產所含之未來經濟效益之預期型態已有重大變動，應改變折舊方法以反映變動後之型態。傳統上，將折舊方法的變動視為「會計原則變動」而採取追溯調整法，計算其累積影響數，認列當期損益。但是 IFRS 認為折舊方法是企業為能反映資產未來經濟效益消耗型態所選用，且企業只有當資產估計經濟效益消耗的預期型態改變時，才能改變折舊方法。由於折舊方法已經不是企業能夠任意選擇的會計政策，因此認定折舊方法的變動是會計估計變動而非會計原則變動。我國財務會計準則公報第 8 號亦於民國九十五 七月二十日修訂規定，自民國九十六年一月一日起，折舊方法變動不再視為會計原則變動，而係會計估計變動。

會計估計變動採取「推延調整法」，亦即折舊方法變動前各年度所提折舊費用不必變更；折舊方法變動當期及以後各期之折舊費用，則按新的折舊方法，將尚餘可折舊成本，合理分攤到剩餘耐用年限中。

設某公司某年初以 $487,600 購入機器設備一部，殘值 $4,600，耐用年限 6 年，採使用年數合計法提列了 2 年折舊。第 3 年初，因該機器之未來經濟效益之預期型態已有重大變動而改採直線法，耐用年限及殘值均不變，有關計算如下：

(1) 使用年數合計法，年數合計數＝1＋2＋3＋4＋5＋6＝21，前 2 年合計之折舊費用為：($487,600－$4,600)×(6/21＋5/21)＝$253,000

(2) 改為直線法後，第 3、4、5、6 年各年底之折舊費用為：($487,600－$253,000－$4,600)×1/4＝$57,500

Unit 7-10
固定資產使用期間支出

圖解會計學

1. 資本支出與收益支出的劃分

　　企業為取得資產 (機器) 或享受勞務 (機器修理) 所產生的現金支付或負債，都稱為支出。會計上將支出分為資本支出與收益支出兩類。凡是支出的經濟效益能延續一年以上者，稱為資本支出；若支出之經濟效益僅及於當期者，或效期延續多期但金額甚小者，則為收益支出或費用支出。所謂經濟效益，係指提高產品品質、增加生產量、延長耐用年限、提高營運效率等。

　　因收益支出的效益僅及當期，故以費用列帳。固定資產資本支出的效益延續一年以上，應考量收益與支出配合原則，其會計處理方法有兩種，即借記「資產」帳戶或借記「累積折舊」帳戶。

　　借記「資產」帳戶增加資產的帳面價值，使以後每期的折舊費用增加以分攤所增加的資本支出，因此該法適用於該支出效果能增加產量、提高品質、降低成本等而不延長資產的耐用年限。借記「累計折舊」帳戶調減累計折舊，如果折舊率不變，則需更長的時間，才能把資產成本提列折舊完畢，因此適用於能延長耐用年限之支出。

　　設某公司某年初裝置電腦設備一套，成本為 $2,000,000，估計殘值 $100,000，耐用年限 10 年以直線法提列折舊。提列 5 年折舊後，第 6 年以 $300,000 替換原有 $200,000 的記憶裝置。估計整部電腦可再使用 10 年，殘值為 $150,000，則第 6 年年底相關計算及分錄如下：

　　每年電腦設備 (含記憶裝置) 的折舊費用＝($2,000,000－$100,000)÷10 ＝$190,000

> **5 年的累計折舊＝$190,000×5＝$950,000**

置換記憶裝置的分錄為：

電腦設備	300,000	
現金		300,000

　　汰換的記憶裝置已提累計折舊＝$950,000×($200,000/$2,000,000)＝$95,000

　　因此，電腦設備更新損失＝$200,000－$95,000＝$105,000，則汰換的分錄如下：

電腦設備更新損失	105,000	
累計折舊	95,000	
電腦設備		200,000

經過以上二個分錄後，累計折舊之貸餘＝$950,000－$95,000＝$855,000；電腦設備的帳面價值＝$2,000,000－$200,000＋$300,000＝$2,100,000，故第 6 年及以後 9 年的每年折舊費用＝($2,100,000－$855,000－$150,000)÷10＝$109,500，得第 6 年起的折舊分錄為：

折舊費用	109,500	
累計折舊		109,500

2. 資本支出與收益支出劃分錯誤的影響

　　基於成本與收益配合原則，將支出區分為資本支出與收益支出，有助於損益的正確計算。若資本支出誤記為收益支出，例如：新購電腦設備的成本記入辦公費用，結果將使當年度費用虛增，淨利低估；以後年度則因電腦設備無折舊費用，使各年度的淨利均高估。

　　反之，若將收益支出誤記為資本支出，例如電腦維修費誤記入電腦設備帳戶，其結果將虛減當年費用，高估淨利；以後年度則因電腦設備之折舊費用均虛增，而淨利將被低估。資本支出與收益支出劃分失當，係屬「會計錯誤」之一，理應更正前期損益及相關之資產、負債科目。

　　例如，某公司於某年年初購入機器一部，成本 $400,000，經 2 個會計年度後發現誤將其列為費用，估計該機器之耐用年限 5 年，無殘值，公司採直線法提列折舊，其錯誤分析與更正如下：

　　採直線法的每年折舊費用＝$400,000÷5＝$80,000；經 2 個會計年度的折舊費用及累計折舊均為 $80,000×2＝$160,000。

	正確之處理	錯誤之處理	差　異
費　用	160,000	400,000	240,000
機器設備	400,000	0	(400,000)
累計折舊	160,000	0	(160,000)

　　2 個會計年度的正確之費用為折舊費用 $160,000，因誤列機器成本 $400,000 為費用，使費用多計 $240,000，淨利等額減少。又因帳上無機器 $400,000 及累計折舊 $160,000 之記錄，應一併更正，其分錄如下：

機器設備	400,000	
累計折舊－機器設備		160,000
前期損益調整		240,000

　　機器成本 $400,000 誤列為費用，使保留盈餘虛減 $400,000，應修正 2 個會計年度的折舊費用 $160,000，故實際上僅虛減 $400,000－$160,000＝$240,000。將「前期損益調整」轉結保留盈餘，即可修正此項虛減的錯誤。

Unit **7-11**
廠房設備資產的處分 (一)

　　廠房設備資產因陳廢，或不堪使用而加以處分。所謂處分，包括出售、交換、報廢或毀損。處分資產時，資產的成本及累計折舊帳戶必須自帳上沖銷，並就帳面價值與售價比較，其差額即為處分損益，茲分就各種情形加以說明：

1. 報廢

　　固定資產報廢有兩種情況：一是由於長期使用的有形磨損，使用期滿不能繼續使用；二是由於技術改進的無形磨損，必須以新的、更先進的固定資產替換。

　　我國財務會計準則公報規定，固定資產已無使用價值者，應提足至報廢日為止的折舊費用，求得報廢日之帳面價值；按其淨變現價值或帳面價值之較低者轉列「報廢資產」科目；並將原科目之成本與累計折舊沖銷，淨變現價值與帳面價值之差額，認列資產報廢損失。

　　若報廢的資產已完全折舊，無殘值，無繼續使用價值，亦未出售，則應將累計折舊與資產成本對沖。例如，資產成本 $78,000 的機器，應作如下分錄：

累計折舊－機器	78,000	
機器		78,000

　　惟如果資產雖已完全折舊，但仍在繼續使用中，則可以不作上述對沖分錄，仍將成本及累計折舊並列於帳上，亦不得再提列折舊及更正以前年度的折舊費用。

　　設備資產可能技術變遷，不得不提前報廢或不再使用，則應估計該項資產之殘值 (淨變現價值)，將資產按殘值或帳面價值較低者列帳。

　　設機器成本 $70,000，殘值 $2,800，耐用年限為 8 年，採用直線法提列折舊，提列 3 年折舊後，再使用 4 個月報廢，則：

採用直線法提列折舊的每年折舊費用＝($70,000－$2,800)÷8＝$8,400
提列 3 年折舊的累計折舊為 $8,400×3＝$25,200
報廢時，應先補提到報廢日 4 個月的折舊費用＝$8,400×(4/12)＝$2,800

補提折舊費用的分錄為：

折舊費用	2,800	
累計折舊		2,800

得報廢時的累計折舊為$25,200＋$2,800＝$28,000
機器資產的帳面價值＝$70,000－$28,000＝$42,000

(1) 若該機器的淨變現價值為 $50,000 (大於帳面價值)，則其分錄為：

報廢資產	42,000	
累計折舊	28,000	
機器		70,000

(2) 若該機器的淨變現價值為 $38,000 (小於帳面價值)，則其分錄為：

報廢資產	38,000	
累計折舊	28,000	
資產處分損失	4,000	
機器		70,000

(3) 若該機器的淨變現價值為 $0，將帳面價值列為資產處分損失，則其分錄為

累計折舊	28,000	
資產處分損失	42,000	
機器		70,000

2. 出售

　　企業出售固定資產時，若資產之帳面價值小於出售價格，則有利得；反之，則有損失。其相關計算及分錄如下：

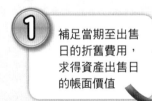　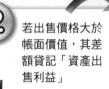

① 補足當期至出售日的折舊費用，求得資產出售日的帳面價值

② 若出售價格大於帳面價值，其差額貸記「資產出售利益」

③ 若出售價格小於帳面價值，其差額借記「資產出售損失」

　　設廠房設備的成本為 $400,000，累計折舊為 $250,000，則廠房設備的帳面價值為 $400,000 − $250,000＝$150,000。今以 $180,000 出售，則有利益 $30,000；如售價為 $130,000，則有損失 $20,000，其相關之計算及分錄如下：

帳面價值 $150,000 ＜ 出售價格 $180,000		
現金	180,000	
累計折舊－設備	250,000	
設備		400,000
資產出售利益		30,000

帳面價值 $150,000 ＞ 出售價格 $130,000		
現金	130,000	
累計折舊－設備	250,000	
資產出售損失	20,000	
設備		400,000

Unit **7-12**
廠房設備資產的處分 (二)

圖解會計學

3. 毀損

廠房及設備資產可能因火災、水災、地震或其他事故而毀損，其損失依下列步驟計算之：

(1) 補足折舊費用至災害發生日，求得災害發生日的帳面價值
(2) 分攤預付保險費，過期部份列為費用，未過期部分列為災害損失
(3) 意外損失＝帳面價值＋未過期預付保險費－保險理賠額

設某公司某年初購入機器乙部，成本 $36,000，估計殘值 $4,000 及耐用年限為 5 年，依直線法提列折舊。使用 3 年又 3 個月時，因水災而全部毀損，獲理賠 $12,000，第 4 年初預付保險費 $1,600，則第 4 年底相關分錄及計算如下：

保險費部分：

第 4 年初預付保險費 $1,600，前 3 個月的過期 (已經享用) 保險費 $400 應列為費用，後 9 個月保險費 $1,200 (尚未享用) 則列為水災損失，其分錄為：

保險費	400	
水災損失	1,200	
預付保險費		1,600

機器部分：

採用直線法提列折舊的每年折舊費用＝($36,000－$4,000)÷5＝$6,400
提列 3 年折舊的累計折舊為 $6,400×3＝$19,200
災害發生時，應先補提到報廢日3個月的折舊費用＝$6,400×(3/12)＝$1,600
災害發生時的累計折舊為$6,400×3＋$1,600＝$19,200＋$1,600＝$20,800
機器資產的帳面價值＝$36,000－$20,800＝$15,200
水災損失＝帳面價值－理賠額＝$15,200－$12,000＝$3,200
相關分錄如下：

應收保險理賠款	12,000	
累計折舊	20,800	
水災損失	3,200	
機器		36,000

4. 資產交換

以往公認會計準則對資產交換的處理，須視交換資產的種類異同而定，處理方法有二：(1) 公允價值法：當交換資產屬於不同種類時，認為原資產獲利過程已經完成，應以公允價值為基礎，認列換出資產的交換損益；(2) 帳面價值法：當交換資產屬於同種類時，換出資產的功能及用途，仍繼續由換入資產來完成，換出資產的獲利過程尚未完成，應以帳面價值為基礎，不能認列資產交換損益。

實務上發現相同種類的資產交換，也可能產生現金流量型態及使用價值的改變而具有商業實質 (commercial substance) 的現象，因此 IFRS (IAS16) 改以資產交換交易是否具有商業實質，及公允價值能否可靠衡量，作為處理依循的標準。

所謂商業實質，係指資產交換前後，對企業產生現金流量型態有顯著不同而產生經濟實質上的變動。IFR S(IAS16) 規定符合下列條件 (1) 或 (2)，並滿足條件 (3)，則該資產交換即具有商業實質：

(1) 換入資產現金流量型態 (風險、時點及金額) 與換出資產不同；
(2) 換入資產與換出資產在企業營運活動中所產生的「使用價值」不同；
(3) 上述 (1) 或 (2) 的差異，相對於所交換資產的公允價值，係屬重大。

所謂使用價值 (value in use) 係指預期資產因持續使用，以及在耐用年限屆滿時處分，所產生之估計未來現金流量的現值。相同資產於不同企業，可能因經營政策、資產配置的不同，而產生不同的使用價值。

公允價值係指在公平交易下，已充分了解並有成交意願之雙方，據以達成資產交換之金額。換入資產或換出資產需滿足下列條件之一，方能可靠地衡量資產的公允價值：

(1) 換出資產或換入資產有活絡市場。
(2) 換出資產或換入資產無活絡市場，但同類或類似資產有活絡市場。
(3) 換出資產或換入資產，無同類或類似資產的可比較市場交易，但採用估計技術決定的公允價值能滿足下列條件：(a) 該資產公允價值估計數的變異數不重大；或 (b) 在資產公允價值估計數變異區間內，各種用來決定公允價值估計數的機率，能夠合理確定。

例如，甲、乙兩家專營出售業務的房屋仲介公司同處於鬧區同一條路上不遠處，基於管理方便，兩家仲介公司同意補償一定金額後交換。因為經營環境與經營內容相似，預期其未來現金流量型態 (風險、時點及金額) 或使用價值應無重大改變，故可認定這項資產交換，應屬不具商業實質的資產交換。

又如，丙公司專營出租業務的房屋仲介公司與附近專營出售業務的丁房屋仲介公司同意補償一定金額後交換，則因房屋出租業務與房屋出售業務所可預期未來現金流量型態 (風險、時點及金額) 或使用價值應有重大改變，故可認定這項資產交換應屬具有商業實質的資產交換。

Unit 7-13
廠房設備資產的處分 (三)

5. 資產交換的認列與衡量

圖解會計學

企業間可透過交換方式，處分其不動產、廠房及設備資產。若交換方式純為物物交換，或以舊資產換入新資產，則此種交換稱為非貨幣性交換。非貨幣性交換之會計處理，將因交換是否具有商業實質而異。

具商業實質的資產交換視為買賣，換入資產以公允價值入帳，可以承認交換損失或交換利益。無商業實質的資產交換乃將新資產視為舊資產帳面價值的延續，不可承認損益。換入資產成本＝舊 (或換出) 資產帳面價值＋所付現金 (或一所收現金)

實務上，資產交換的會計處理有公允價值法與帳面價值法兩種。等值交換是資產交換的最高原則，公允價值低的一方應該補差額給公允價值高的一方，以符公平。

交換損益乃因公允價值的評定而發生，若換出資產的帳面價值為 \$80，但是其公允價值為 \$100，則有 \$20 的交換利益；反之，若其公允價值僅 \$75，則有 \$5 的交換損失。找補金額及交換損益公式如下：

176

> 現金收付或找補＝換出資產公允價值−換入資產公允價值 (>0 收現；<0 付現)
> 帳面金額＝資產成本—累計折舊—累計減損
> 交換損益＝換出資產公允價值—換出資產帳面金額 (>0 處分利益；<0 處分損失)

實際上，資產交換雙方，只要雙方找補金額確定後，即可進行實體交換；至於對方使用何種會計處理方式，並不影響己方的會計處理方式。

1. 公允價值法

公允價值法適用於具商業實值或雙方資產公允價值已知或一方公允價值已知且找補金額也協議完成，即可推得另一方的公允價值的交換。如甲方資產公允價值 \$100，經協議乙方同意補給甲方現金 \$30，則可推斷乙方的資產公允價值為 \$70；若經協議甲方同意補給乙方現金 \$25，則可推斷乙方的資產公允價值為 \$125。

2. 帳面價值法

帳面價值法適用於不具商業實值或雙方資產公允價值未知，僅找補金額協議完成的交換。因為無公允價值，故無資產交換損益，交換後的資產帳面價值為原帳面價值加付現額 (或減收現額)。

任何資產均有資產原始成本、累計折舊、累計減損的資產帳面價值基本資料。將交換資產的基本資料及公允價值填入下表即可推得換入資產的帳面價值 (成本) 及交換損益；然後據以撰寫會計分錄。

	公允價值法	帳面價值法
資產成本 (出)	己方資產的原始認列成本	同左
累計折損	使用期間的累計折舊及累計減損	同左
帳面價值 (出)	己方資產的帳面價值	同左
公允價值	交換時市場有次序而非強迫之交易中，出售資產所收取之金額	缺
現金找補	依據雙方資產公允價值找補，公允價值低的一方補給公允價值高的一方的補償金額。	協商決定
新資產（成本）帳面價值（入）	以換入資產的公允價值為換入資產的帳面價值	帳面價值 (出)＋付現 (一收現)
交換損益	＝換出資產公允價值－換出資產帳面價值 (>0 交換利益；<0 交換損失)	無

假設甲公司的卡車與乙公司的卡車交換，兩公司的資產原始成本，累計折舊及認同的公允價值如下表，據以計得相關數據。

	公允價值法		帳面價值法	
	甲公司	乙公司	甲公司	乙公司
資產成本 (出)	440,000	550,000	440,000	550,000
累計折舊	260,000	250,000	260,000	250,000
帳面價值 (出)	180,000	300,000	180,000	300,000
公允價值	200,000	270,000		
現金找補	(付) 70,000	(收) 70,000	(付) 35,000	(收) 35,000
交換損益	(益) 20,000	(損) 30,000		
帳面價值 (入)	270,000	200,000	215,000	265,000

會計分錄應包括：(1) 原資產除列，(2) 現金找補及 (3) 交換損益，因此甲、乙公司會計分錄如下：

公允價值法			
甲公司會計分錄		乙公司會計分錄	
新卡車成本	270,000	新卡車成本	200,000
累計折舊	260,000	累計折舊	250,000
現金	70,000	現金	70,000
卡車成本	440,000	交換損失	30,000
交換利益	20,000	卡車成本	5　50,000
帳面價值法			
甲公司會計分錄		乙公司會計分錄	
新卡車成本	215,000	新卡車成本	265,000
累計折舊	260,000	累計折舊	250,000
現金	35,000	現金	35,000
卡車成本	440,000	卡車成本	550,000

Unit **7-14**
資產減損

1. 資產減損基本觀念

　　存貨的後續衡量，有成本與淨變現價值孰低法，以避免存貨成本高於淨變現價值，而在財務報表上高估存貨價值；固定資產 (含無形資產) 也有資產減損 (impairment of assets) 的會計準則，期能將資產的帳面價值，更逼真的表達在財務報表上。我國第 35 號財務會計準則及 IFRS (IAS36)，均訂有資產減損的會計處理準則。

　　資產減損的基本原則為資產在財務狀況表上的帳面價值，不應超過其可回收金額。可回收金額的定義為資產之淨公平價值及其使用價值取兩者較高者。淨公平價值係指於正常交易中，對交易事項已充分瞭解，並有成交意願之雙方，經由資產之出售並扣除處分成本後，所可取得之金額；使用價值則是要求管理當局對資產所產生之未來現金流量予以估算，並以反映現時對貨幣時間價值及資產特定風險評估之稅前市場利率予以折現。其觀念如下圖：

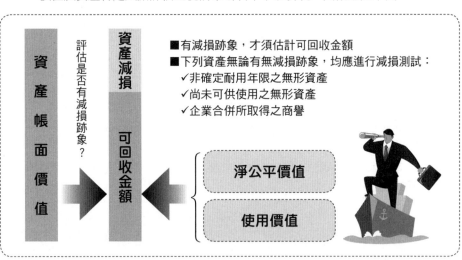

2. 資產減損測試的時機

　　IFRS (IAS36.9) 規定，企業應於每一報導期間結束日，評估是否有任何跡象顯示資產可能已減損。若有任一該等跡象存在，企業應估計該資產之可回收金額。特定之資產 (如商譽、非確定耐用年限之無形資產、尚未達可使用狀態之無形資產等) 即便無減損跡象，亦應每年定期進行減損測試。所謂減損跡象，包括外部及內部跡象。外部跡象如技術、市場、經濟或法律環境產生不利之重大變動，或是市場利率上升，而內部跡象，則如資產實體毀損或過時之證據，或是資產之經濟績效，將不如原先預期之證據。

3. 資產減損的會計處理

資產減損損失應於當期綜合損益表認列之。減損時借記「減損損失」，貸記「累計減損」，累計減損科目的性質如同累計折舊，也應列為相關資產之抵銷科目。

若可回收金額上升，應將以前認列之損失予以迴轉，惟減損損失之迴轉，不得超過未認列資產減損前之帳面價值，借記「累計減損」，貸記「減損迴轉利益」，並於綜合損益表認列之。但商譽之減損，不得迴轉。

認列資產減損後，每期折舊或攤銷費用，應按「可回收金額」為基礎，於剩餘耐用年限內提列之。

假設耕緯公司於 X_0 年初以 $80,000 購進機器設備一部，估計耐用年限 5 年，無殘值，採用直線法提列折舊。經於 X_2 年底實施減損測試，該設備之淨公允價值為 $36,000，$X_3$ 年底減損測試時，該設備之淨公允價值為 $43,000。

機器設備的原始成本 $80,000，經直線法折舊後，各年帳面價值分別為 $64,000、$48,000、$32,000、$16,000 及 $0，如下圖。$X_2$ 年底的帳面價值為 $48,000，但經減損測試的可回收金額為 $36,000，因此有 $12,000 (=$48,000−$36,000) 的資產減損，分錄為：

減損損失	12,000	
累計減損		12,000

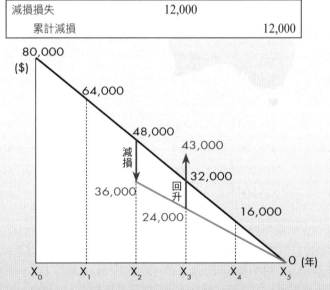

X_2 年的帳面價值已經降至 $36,000，依此再提列 3 年折舊，則 X_3 年底的帳面價值為 $24,000；若未發生資產減損，則 X_3 年底的帳面價值為 $32,000。經 X_3 年底的資產減損測試，估得可回收金額回升至 $43,000；因超過資產減損發生前 X_3 年底的帳面價值為 $32,000，估減損回升利益僅能認列 $8,000 (=$32,000−$24,000)。回升分錄為：

累計減損	8,000	
減損回升利益		8,000

Unit **7-15**
資產減損演算法

圖解會計學

如何控制減損後迴轉利益不超過原帳面價值,則有賴如下的演算法。

1. 製作資產使用年限內各期的未減損帳面價值 BV 與減損後帳面價值 BVA。初始時,未減損帳面價值BV與減損後帳面價值BVA相同。
2. 當評得資產的可回收金額 RA 後,即可判斷產生資產減損或減損迴轉利益。
   - 若 RA>BVA,則選 RA 與 BV 兩者的較小者為 D,進而計算:
     減損迴轉利益=D-BVA,BVA 調整為 D。
   - 若 RA<BVA,則產生:
     資產減損=BVA-RA,BVA調降為 RA (可回收金額)
3. 發生資產減損或減損迴轉利益而調整 BVA 時,均應調整減損後的折舊額及減損後帳面價值 BVA。

下表為 Unit 7-14 釋例的減損前後的帳面價值。

資產成本	$80,000		殘值	$0	耐用年限	5	直線法
財務報導結束日	未減損的帳面金額 BV		可回收金額 (RA)	損失 (—)/迴轉 (+)	減損後的帳面金額 BVA		
	折舊	帳面價值			折舊	帳面價值	
X0	$16,000	$80,000			$16,000	$80,000	
X1	$16,000	$64,000			$16,000	$64,000	
X2	$16,000	$48,000			$16,000	$48,000	
X3	$16,000	$32,000			$16,000	$32,000	
X4	$16,000	$16,000			$16,000	$16,000	
X5	$16,000	$0			$16,000	$0	

經 X2 年底的資產減損測試,估得可回收金額 (RA) 為 $36,000;此時的 BVA 為 $48,000 (如上圖),因 RA ($36,000) < BVA ($48,000) 而發生資產減損 $12,000,因此將 BVA 由 $48,000 調降為 $36,000 (如下圖);新的 BVA 帳面價值 $36,000 要在往後 3 年提畢,因此修改減損後的折舊費用為每年 $12,000,如下圖。

財務報導結束日	未減損的帳面金額 BV		可回收金額 (RA)	損失 (—)/迴轉 (+)	減損後的帳面金額 BVA	
	折舊	帳面價值			折舊	帳面價值
X0	$16,000	$80,000			$16,000	$80,000
X1	$16,000	$64,000			$16,000	$64,000

X2	$16,000	$48,000	$36,000	−$12,000	$16,000	$36,000
X3	$16,000	$32,000			$12,000	$24,000
X4	$16,000	$16,000			$12,000	$12,000
X5	$16,000	$0			$12,000	$0

經 X3 年底的資產減損測試，估得可回收金額 (RA) 回升至 $43,000；此時的 BVA 為 $24,000 (如上圖)，因 RA ($43,000) > BVA ($24,000)，取 RA ($43,000) 與 BV ($32,000) 之較小者 $32,000 減去 BVA ($24,000) 而得迴轉利益 $8,000，因此將 BVA 由 $24,000 調升至 $32,000 (如下圖)；新的 BVA 帳面價值 $32,000 要在往後 2 年提畢，因此修改減損後的折舊費用為每年 $16,000，如下圖。

財務報導結束日	未減損的帳面金額 BV		可回收金額 (RA)	損失 (−) / 迴轉 (+)	減損後的帳面金額 BVA	
	折舊	帳面價值			折舊	帳面價值
X0	$16,000	$80,000			$16,000	$80,000
X1	$16,000	$64,000			$16,000	$64,000
X2	$16,000	$48,000	$36,000	−$12,000	$16,000	$36,000
X3	$16,000	$32,000	$43,000	$8,000	$12,000	$32,000
X4	$16,000	$16,000			$16,000	$16,000
X5	$16,000	$0			$16,000	$0

茲再舉例以說明資產減損與減損迴轉利益的計算方法，三多公司 X1 年初購入一機器成本 $360,000，估計可用 5 年，殘值 $30,000，採直線法計提折舊。經資產減損測試，X2 年底該機器可回收金額為 $210,000，X4 年可回收金額為 $95,000。試作各年年底折舊額與帳面價值。

首先計算資產年限內各期的未減損帳面金額 (BV) 與減損後帳面金額 (BVA) 如下表，在進行首次資產減損評估前，BV 與 BVA 是相同的。

財務報導結束日	未減損帳面金額 (BV)		可回收金額 RA	損失 (−) 或迴轉 (+)	減損後帳面金額 (BVA)	
	折舊	帳面金額			折舊	帳面金額
X1/12/31	$66,000	$294,000			$66,000	$294,000
X2/12/31	$66,000	$228,000			$66,000	$228,000
X3/12/31	$66,000	$162,000			$66,000	$162,000
X4/12/31	$66,000	$96,000			$66,000	$96,000
X5/12/31	$66,000	$30,000			$66,000	$30,000

在 X2 年底經評估其可回收金額 (RA) 僅為 $210,000，比同期的 BV$228,000 減損 $18,000，減損後的 BVA 為 $210,000 (＝$228,000—$18,000)。減損以後各期 (3 年) 的折舊額 ($60,000) 及 BVA 如下表：

財務報導結束日	未減損帳面金額 (BV)		可回收金額 RA	損失 (—) 或迴轉 (＋)	減損後帳面金額 (BVA)	
	折舊	帳面金額			折舊	帳面金額
X1/12/31	$66,000	$294,000			$66,000	$294,000
X2/12/31	$66,000	$228,000	$210,000	—$18,000	$66,000	$210,000
X3/12/31	$66,000	$162,000			$60,000	$150,000
X4/12/31	$66,000	$96,000			$60,000	$90,000
X5/12/31	$66,000	$30,000			$60,000	$30,000

X4 年迴轉利益為 $5,000 及折舊額、帳面價值如下表：

財務報導結束日	未減損帳面金額 (BV)		可回收金額 RA	損失 (—) 或迴轉 (＋)	減損後帳面金額 (BVA)	
	折舊	帳面金額			折舊	帳面金額
X1/12/31	$66,000	$294,000			$66,000	$294,000
X2/12/31	$66,000	$228,000	$210,000	—$18,000	$66,000	$210,000
X3/12/31	$66,000	$162,000			$60,000	$150,000
X4/12/31	$66,000	$96,000	$95,000	$5,000	$60,000	$95,000
X5/12/31	$66,000	$30,000			$65,000	$30,000

Unit 7-16
IFRS資產後續衡量

以往資產負債表表述的資產價值僅是歷史成本減除成本分攤 (累計折舊) 的歷史帳面價值；因為資產使用期間較長，歷史帳面價值與市場上公允價值產生較大的差異，而影響財務報表的使用價值。國際會計準則委員會為彌補這項缺失，提出資產後續衡量的成本模式與重估價模式。

企業應選擇成本模式或重估價模式作為其會計政策，並將所選定之政策適 用於相同類別之全部不動產、廠房及設備。

選擇成本模式之不動產、廠房及設備，於認列為資產後應以其成本減除所有累計折舊與所有累計減損損失後之金額列報。

選擇重估價模式之不動產、廠房及設備，於認列為資產後應以重估價金額列報。重估價金額為重估價日之公允價值減除其後之所有累計折舊及累計減損損失後之金額。重估價應經常定期進行，以確保不動產、廠房及設備項目之帳面金額與該資產依報導期間結束日之公允價值所決定之金額無重大差異。若不動產、廠房及設備之某一項目重估價，則屬於該類別之全部不動產、廠房及設備項目均應重估價。

資產之帳面價值若因重估價而增加，則增加數應認列於其他綜合損益並累計至權益中之重估增項項下。惟該相同資產過去若曾認列重估價減少數為損益者，則重估價之增加數應於迴轉該減少數之範圍內認列為損益。資產之帳面金額若因重估價而減少，則該減少數應認列為損益。惟於該資產之重估增值項下貸方餘額範圍內，重估價之減少數應認列於其他綜合損益，所認列之其他綜合損益減少數，將減少權益中重估增值項下之累計金額。

> 成本模式：帳面價值＝成本—累計折舊—累計減損
> 估價模式：帳面價值＝重最近一次重估價日之公允價值—新增累計折舊—新增累計減損

國際會計準則第 16 號公報允許採用下列二種方法來調整累計折舊。

1.等比例調整法

以重估價日的資產公允價值與帳面價值的比例，等比例調升 (降) 設備成本與累計折舊。認列重估增 (減) 值後，將設備成本調整至公允價值。示意如下表：

重估價日	設備　　　　　CostA 累計折舊　　　DepA 帳面價值 (BVA)＝CostA—DepA	資產公允價值 FV 增減值 P＝｜FV—BVA｜ 增減比 R＝FV÷BVA
	DepB＝DepA×R	DepD＝｜DepB—DepA｜

調整分錄	R>1 (重估增值)		R<1 (重估減值)	
	設備　　　　P		折舊　　　　DepD	
	重估增值	P—DepD	重估增值	P—DepD
	折舊	DepD	設備	P

甲公司於 X1 年 1 月 1 日購入市價 600,000 設備,耐用 10 年,殘值 $60,000,按直線法折舊,該設備採重估價模式衡量,X3 年底進行重估價,若重估價後的設備公允價值為 (A) $455,520 及 (B) $429,240,試以等比例調整法計算重估後的設備成本、累計折舊、重估增值及相關分錄。

該設備年折舊=($600,000—$60,000)/10=$54,000

X1 年 1 月 1 日至 X3 年年底共折舊 3 年,累計折舊=$54,000×3=$162,000

得 X3 年底的帳面成本=$600,000—$162,000=$438,000

重估公允價值為 **F=$455,520 (R>1)**	重估公允價值為 **F=$429,240 (R<1)**
P=$455,520—$438,000=$17,520 R=$455,520÷$438,000=1.04 DepA=$160,000 DepB=$162,000×1.04=$168,480 DepD=｜$168,480—$162,000｜=$6,480 P—DepD=$17,520—$6,480=$11,040	P=$438,000—$429,240=$8,760 R=$429,240÷$438,000=0.98 DepA=$160,000 DepB=$160,000×0.98=$158,760 DepD=｜$158,760—$162,000｜=$3,240 P—DepD=$8,760—$3,240=$5,520
設備　　　　17,520　　　　增值為 455,520 　累計折舊　　6,480 　重估增值　　11,040	累計折舊　　3,240 重估增值　　5,520 　設備　　　　　8,760　　　減為 429,240

2. 成本消去法

累計折舊與資產的成本對沖,消除累計折舊金額;再以設備增 (減) 值,調升 (降) 設備成本。示意如下表:

重估價日	設備　　CostA 計折舊　DepA 帳面價值 (BVA)=CostA—DepA	資產公允價值 FV 增減值 P=｜FV–BVA｜ 增減比 R=FV÷BVA	
調整分錄	R>1 (重估增值)	R<1 (重估減值)	
	折舊　　　　DepA	折舊　　　　DepA	
	設備　　　　　DepA	設備　　　　　DepA	
	設備　　　　P	重估增值　　P	
	重估增值　　　P	設備　　　　　P	

重估公允價值為 $455,520 (R>1)	重估公允價值為 $429,240 (R<1)
重估增值 P=$455,520—$438,000=$17,520	重估減值 P=$438,000—$429,240=$8,760
累計折舊　162,000 　設備　　　　　162,000	累計折舊　162,000 　設備　　　　　162,000
設備　　　17,520 　重估增值　　　17,520	重估增值　8,760 　設備　　　　　8,760

第 **8** 章

遞耗資產及無形資產

●●●●●●●●●●●●●●●●●●●● 章節體系架構 ▼

Unit **8-1**
遞耗資產的成本衡量

圖解會計學

1. 遞耗資產的定義與特性

　　遞耗資產係指能較長期使用，但其價值逐漸損耗而遞減的資產；即經開採、採伐、利用而逐漸耗竭，以致無法恢復或難以恢復、更新或按原樣重置的資源，一般多指天然資源如礦藏、油田、森林等，隨著採掘或採伐，其蘊藏量逐漸消耗，其價值也隨著資源儲存量的消耗而減少。

　　遞耗資產大多自然存在而不能重置，只有像森林一類資產可以透過造林予以補植，而固定資產則大多可以重置；天然資源是指由於採掘或採伐而生產出來的生產物，直接或間接成為企業可出售商品；而固定資產則屬於生產設備與手段，有助於產品的生產，而不直接構成商品的一部分。

　　無形資產是不具實體但受法律或契約保障的無形權利或優勢，具有未來經濟效益，供營業上長期使用，能增進企業獲利能力或減少成本的資產。固定資產、遞耗資產與無形資產構成營業用資產，其性質、分類、成本攤提等彙總說明如右圖。

186

2. 遞耗資產的成本衡量

　　遞耗資產的成本因素主要有：

(1) 擁有的數量，如礦藏的儲藏量、油田蘊藏量、森林的面積
(2) 存有物的品質，即存有物的有效價值，如礦藏的礦質、成分等
(3) 存有物的市場價格
(4) 勘探資源所需的各種費用
(5) 資產所處的地理位置等

　　遞耗資產應按前述成本因素以取得成本，加上探勘及開發成本作為入帳基礎。如以礦藏而言，其取得成本包括購買礦山的支出或申請採礦權的成本；而森林業的成本則包括土地的購買成本、林園規劃、樹苗、排水、灌溉、施肥等與植林、養林有關的支出。所謂開發成本，係指實際開採前之各項準備工作之支出，包括挖掘地道、架設管道、通風設備等成本。如石油、煤礦、天然氣等地下資源的有無，必須經過探勘才能確定，能否探得資源的存在，仍屬未定之天，因此其探勘成本的處理方法有全部成本法與探勘成功法兩種。

　　全部成本法是不論探勘成功或失敗，將探勘工作所發生的成本，都計入探勘標的，作為其探勘成本；而探勘成功法則是只有探勘成功挖掘到礦產的成本，才能列入探勘成本，探勘失敗的支出只能作為當期費用。

　　遞耗資產由於存有物市價上升發生的增值，除對資產進行重估價外，帳上一般不予反應。但資產取得以後，又發現了新的自然資源蘊藏或經勘探發現，蘊藏量比原來取得時的估計量為多，因而增加了資產的價值，則應據實增計遞耗資產的帳面價值。

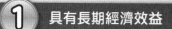

營業用資產的性質

1 具有長期經濟效益

提供一年以上的服務或經濟效益。

2 供營業使用中

目前正供營業活動使用中，否則即非營業用資產。閒置空地、廠房或設備不是營業用資產，但服役中的廠房或設備、置放運輸貨櫃之空地，均屬營業用資產。

3 非以出售為目的

汽車之於經銷商是商品 (流動資產)，但汽車之於運輸業者是營業用資產，而不是商品。

營業用資產的分類

固定資產	除土地以外均屬人為製造，如房屋、設備、生財器具等，有一定耐用年限，且可以重新製作；固定資產提供經營活動的商品製造、運輸，及其他營業有關的服務。
遞耗資產	屬於天然資源，除森林可以養林、造林以補充外均不會再生，如油礦、煤礦等，有一定蘊藏量，採擷完畢除土地外只能廢棄；從遞耗資產採伐的產出物，可直接或加工後當商品出售。
無形資產	係指受法律或契約保障的無形權利或優勢，具有排他性的未來經濟效益，供營業上長期使用，能增進企業獲利能力或減少成本的資產，如專利權、商標權、商譽等，其受益年限並不穩定。

營業用資產的成本攤銷

1 固定資產

有一定耐用年限與殘值，必須選用適當的折舊方法攤提折舊；折舊額累積到累計折舊，而不直接沖銷資產原值。

2 遞耗資產

有一定蘊藏量，除土地外尚無殘值可言，必須逐期攤提折耗；折耗額累積到累計折耗，而不直接沖銷資產原值。

3 無形資產

受益年限不穩定，取法定年限與經濟年限的較短者，一般不考慮殘值，而逐將成本逐期攤銷，也不設累計攤銷科目，而直接沖銷無形資產。

Unit **8-2**
遞耗資產的折耗 (一)

圖解會計學

遞耗資產的折耗，係指隨著資源開採而逐漸消耗所應分攤的資產成本。折耗只在採掘、採伐等工作進行之時才發生，是天然資源實體的直接消蝕，而折舊指的不是固定資產實體的耗減，而是因磨損、陳舊引起的經濟價值的減少。折耗之計算有成本折耗法及百分比折耗法兩種。

1. 成本折耗法

折耗的計算係以天然資源的成本減去殘值後之淨額，除以估計的總蘊藏量，得出單位折耗率。每一會計期間的應分攤成本，等於當期開採數量乘上單位折耗率。

每一會計期間的折耗、折舊與其他開採成本合併，即為當期已開採礦產之總成本。總成本除以當期開採量即為單位生產成本；單位生產成本乘以銷售量即為銷貨成本，單位生產成本乘以未銷售量即為期末存貨，如右圖。

提列折耗通常係借記「折耗」，貸記「累計折耗」。累計折耗代表已分攤或已開採資源的成本。天然資源之原始成本減除累計折耗後，即為該天然資源的帳面價值。

設財盛公司以 $1,350,000 購買可能有煤礦的土地，再支出 $200,000 的探勘費用證實煤礦蘊藏量為 900,000 噸，$120,000 建造廠房，$100,000 建立開發環境，預計煤礦開發完畢，土地價值為 $150,000。則相關分錄如下：

購置蘊含煤礦土地		
煤礦	1,350,000	
現金		1,350,000
證實蘊藏量及準備開採 **(200,000＋120,000＋100,000)**		
煤礦	420,000	
現金		420,000

經過以上分錄，可得煤礦的列帳成本為 $1,770,000 ($1,350,000＋$420,000)，減除土地殘值 $150,000 後，再除以蘊藏量 900,000 噸，可以計得單位折耗率 (略廠房折舊費用) 為：

> 單位折耗率＝($1,770,000－$150,000)÷900,000＝$1.80/噸

假設第 1 年開採煤礦 100,000 噸，則應提列煤礦折耗額及分錄如下：

> 第 1 年煤礦折耗＝$1.80/噸×100,000 噸＝$180,000

第 1 年折耗分錄		
折耗－煤礦	$180,000	
累計折耗－煤礦		$180,000

又假設第 1 年開採 100,000 噸的總成本及單位生產成本為：

人工成本	$320,000
開採成本	60,000
折耗成本	180,000
合計總成本	$560,000
單位生產成本	$5.60

相關分錄如下：

支付其他各項成本		
直接人工	320,000	
開採成本	60,000	
現金		380,000
計算產品成本		
存貨	560,000	
折耗－煤礦		180,000
直接人工		320,000
開採成本		60,000

遞耗資產各項成本計算公式

探勘成功	估計帳列成本、殘值、蘊藏量				單位折耗＝(成本－殘值)÷總蘊藏量
每一會計期間開採	生產成本	遞耗資產分攤成本 (本期折耗)			本期折耗＝本期開採量×單位折耗率
		固定資產折舊費用			生產成本＝本期折耗＋開採成本＋折舊費用
		開採成本	生產量	銷售量	單位生產成本＝生產成本÷生產量
					銷貨成本＝單位生產成本×銷售量
				未銷售量	存貨成本＝單位生產成本×未銷售量

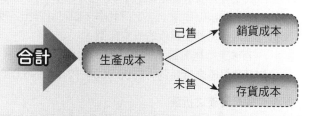

遞耗資產折耗
開採設備折舊
開採費用
直接人工
使用原料、材料
合計 → 生產成本 → 已售 → 銷貨成本
生產成本 → 未售 → 存貨成本

Unit **8-3**
遞耗資產的折耗（二）

圖解會計學

再假設第 1 年開採的 100,000 噸，以每噸 $10.0 銷售了 80,000 噸，尚留庫存 20,000 噸，則第 1 年底的銷貨收入、銷貨成本及存貨成本為：

> 銷貨收入＝$10.0/噸×80,000 噸＝$800,000
> 銷貨成本＝$5.60/噸×80,000 噸＝$448,000
> 存貨成本＝$5.60/噸×20,000 噸＝$112,000

應記相關分錄如下：

銷售煤產 80,000 噸，每噸 $10.0		
應收帳款	800,000	
銷貨收入		800,000
銷貨成本	448,000	
存貨		448,000

190

在資產負債表上相關科目表示如下：

流動資產		
應收帳款		$800,000
存貨		112,000
廠房		120,000
土地		150,000
天然資源		
煤礦	$1,620,000	
減：累計折耗	(180,000)	$1,440,000

2. 百分比折耗法

百分比折耗法又稱法定折耗法，適用於報稅。由於遞耗資產的蘊藏數量難以估計，企業界常低估蘊藏量，提高單位折耗率，藉以提高每一期的折耗金額，達到降低利潤以減少稅賦的目的；而政府則希望高估蘊藏數量，降低單位折耗率，藉以減少每一期的折耗金額，達到提高利潤增加稅收的目的。為了減少徵納雙方對於折耗金額的爭執，稅法上乃分別就各種天然資源規定折耗率，就每年的收益總額乘上法定折耗率，即可計算出各期的折耗金額。原則上累計折耗不得超過遞耗資產的成本總價。

若法定折耗率為 12%，則依據財盛公司本年度銷貨收入 $800,000，計得本年度的煤礦之折耗為：$800,000×12%＝$96,000。

3. 配合固定資產之折舊

配合遞耗資產開採所使用的房屋和機器設備等應計折舊的固定資產，如

果遞耗資產估計可供開採的年限，比這些固定資產的耐用年限為短且無法移作他用，則以遞耗資產的年限作為計提折舊的年限；反之，若遞耗資開採用盡後，仍可移轉他用，則折舊年限即為該資產的耐用年限。

再假設財盛公司為煤礦場所建價值 $120,000 廠房，雖然估計可耐用 20 年，殘值為 $30,000，但預期在煤礦開採完畢後，該廠房無法移作他用，因此廠房的折舊，可依煤礦的生產量提列折舊。

因為煤礦估計的蘊藏量為 900,000 噸，因此，每生產 1 噸的煤，廠房的單位折舊費為：

> **廠房單位折舊費＝($120,000-$30,000)÷900,000＝$0.1/噸**
> **第 1 年折舊費用＝$0.1/噸×100,000 噸＝$10,000**

加入廠房第 1 年的折舊費用後，第 1 年生產總成本及單位生產成本各應修正為 $570,000 及 $5.70/噸。則：

> **銷貨成本＝$5.70/噸×80,000 噸＝$456,000**
> **存貨成本＝$5.70/噸×20,000 噸＝$114,000**

應記相關分錄如下：

銷售煤產 80,000 噸，每噸 $10.0		
應收帳款	800,000	
銷貨收入		800,000
銷貨成本	456,000	
存貨		456,000
提列第 1 年廠房折舊費用		
折舊費用	10,000	
累計折舊		10,000

在資產負債表上，相關科目表示如下：

流動資產		
應收帳款		$800,000
存貨		114,000
固定資產		
土地		150,000
廠房	$120,000	
累計折舊	(10,000)	110,000
天然資源		
煤礦	$1,620,000	
減：累計折耗	(180,000)	$1,440,000

Unit 8-4
礦藏估計蘊藏量變動的處理

圖解會計學

遞耗資產於開採多年後，可能發現原先估計的蘊藏量與新估計的蘊藏量有差異。若新估計的蘊藏量小於原先估計的蘊藏量，須調整以後年度之單位折耗，廠房設備之折舊若採產量法計算者，亦須調整嗣後之單位折舊費用，因屬會計估計變動的一種，故以前年度已提列的折舊及折耗均不再變動。舉例說明如下：

1. 新估總蘊藏量不大於原估總蘊藏量的處理方法

以新估總蘊藏量與遞延資產帳面淨值計算新的單位折耗率，與固定資產殘值計算新的單位折舊率；並以新的單位折耗率計算以後各期折耗，以新的單位折舊率計算以後各期固定資產的折舊。已知財盛公司取得的煤礦帳列成本為 $1,770,000，原始估計蘊藏量為 900,000 噸，開採完畢後，土地之估計殘值為 $150,000。開採 300,000 噸後，發現僅餘 200,000 噸之蘊藏量。新折耗率計算如下：

> 原估單位折耗率＝($1,770,000－$150,000)÷900,000 噸＝$1.80/噸
> 已攤提折耗＝$1.80/噸×300,000 噸＝$540,000
> 未折耗成本＝$1,770,000－$540,000＝$1,230,000
> 新估單位折耗率＝($1,230,000－$150,000)÷200,000 噸＝$5.40/噸

廠房因採生產量法提列折舊，則新折舊率計算如下：

> 原估單位折舊率＝($120,000－$30,000)÷900,000 噸＝$0.1/噸
> 已攤提折舊＝$0.1/噸×300,000 噸＝$30,000
> 未折舊成本＝$120,000－$30,000＝$90,000
> 新估單位折舊率＝($90,000－$30,000)÷200,000 噸＝$0.30/噸

此後就以新的單位折耗率 $5.40/噸及單位折舊率 $0.30/噸，計算每期折耗、折舊金額，以前年度已提列的折耗不再更動。新估總蘊藏量的減少，使單位折耗率與單位折舊率均提高。

2. 新估總蘊藏量大於原估總蘊藏量的處理方法有二：

(1) 不認列新增蘊藏量的發現價值

以所餘遞耗資產的帳面價值與新的蘊藏量，計算新的單位折耗率及新的單位折舊率，推算後續各期的折耗與折舊，以前年度已提列的折耗與折舊就不再更動。

若財盛公司經開採 300,000 噸後，發現多出 400,000 噸之蘊藏量，設每噸煤之淨變現價值為 $1.5，共值 $600,000。因此新的總蘊藏量為：

> 900,000 噸－300,000 噸＋400,000 噸＝1,000,000噸

若不承認新的發現價值，則：

> 已攤提折耗＝$1.80/噸×300,000 噸＝$540,000
> 尚未折耗之原始成本為 $1,770,000−$540,000＝$1,230,000
> 新的單位折耗率＝($1,230,000−$150,000)÷1,000,000
> 　　　　　　　＝$1.08/噸
> 已提廠房折舊＝$0.1/噸×300,000 噸＝$30,000
> 尚未折舊的廠房成本＝$120,000−$30,000＝$90,000
> 新的單位折舊率＝($90,000−$30,000)÷1,000,000＝$0.06/噸

(2) 認列新增蘊藏量的發現價值

將多出的蘊藏量計算其售價，減去估計的開發成本及銷售費用後之金額，認列為礦藏之發現價值，將未折耗成本與發現價值之和，減去估計殘值，由新估計之剩餘蘊藏量分攤。

多出 400,000 噸之蘊藏量，設每噸煤之淨變現價值為 $1.5，共值 $600,000，若承認新發現價值，則應作如下之分錄：

煤礦－發現價值	600,000	
資本公積－未實現資產增值		600,000

嗣後每噸煤礦之單位折耗率為：

> 單位折耗率＝(原始成本＋新發現價值－累計折耗－估計殘值)/
> 　　　　　　新估計剩餘蘊藏量
> 　　　　　　($1,770,000＋$600,000−$540,000−$150,000)/
> 　　　　　　1,000,000＝$1.68/噸
> 已提廠房折舊＝$0.1/噸×300,000 噸＝$30,000
> 尚未折舊的廠房成本＝$120,000−$30,000＝$90,000
> 新的單位折舊率＝($90,000−$30,000)÷1,000,000＝$0.06/噸

設本年開採 100,000 噸，應提列折耗 $168,000，其分錄如下：

折耗－煤礦	168,000	
累計折耗－煤礦		168,000

至於「未實現資產增值」應按開採量轉列為「已實現資產增值」，並於年終結轉本期損益，列在損益表上。「未實現資產增值」之餘額，則列入股東權益。本例已開採 100,000 噸占新蘊藏量 1,000,000 噸之 1/10，應作分錄如下：

資本公積－未實現資產增值	60,000	
已實現資產增值		60,000

Unit **8-5**
無形資產（一）

1. 無形資產的定義

面對現今知識爆炸的時代，高度勞力密集已非企業的絕對優勢，專業知識及技術的發展更是企業願意投注財力去取得、維護或強化的目標。此類無形資產可能包括科學或技術知識、新程序或系統之設計與操作、許可權、智慧財產權、市場知識及商標。常見的項目有電腦軟體、專利權、著作權、電影動畫、客戶名單。這些無形項目，必須符合下列三項特性，始得認定為無形資產：

(1) **可辨認性**：凡可與企業分離並個別或隨相關合約、資產或負債出售、移轉、授權、租賃或交換的無形資產，如商業祕方、特殊製程等。

(2) **可控制性**：企業有能力從此無形資產獲取經濟利益，並排除他人使用該資產，這種排他性原自法律的保護，如專利權、著作權、商標權或商業合約。但如市場知識、管理能力或客戶關係等，無法透過法律的保護而無法歸列無形資產。

(3) **具有未來經濟效益**：該資產可使企業透過商品或勞務的出售增加收入、成本的節省而增加未來經濟效益。

無形資產雖然無形，但是並非所有無形的資產都列為無形資產。如應收帳款、預付費用也都是無形的資產，但卻歸類為流動資產而非無形資產。因此具貨幣性之無形資產，亦非本節討論之範圍。

2. 無形資產的成本衡量

無形資產的原始成本衡量，因取得方式而異，彙整如下表：

無形資產之取得方式	無形資產之成本衡量
單獨取得	取得無形資產所支付的成本
企業合併時取得	該無形資產之公平價值
政府捐助所取得	該無形資產之公平價值
資產交換所取得	原則上依公平價值衡量
內部產生	符合無形資產條件之日起，所支付之成本

企業內部研究發展支出所以列為費用，主要原因之一在於研究發展結果具有高度不確定性。研究發展能否成功、是否具有商業價值、未來能夠產生多少經濟效益，都為未定之數。基於穩健的作法，現行會計原則主張將其以費用列支。

3. 無形資產的攤銷及減損

IAS38 規定，企業應評估無形資產之耐用年限，係屬有限或非確定。有

些無形資產如獨門秘方並非導因於合約、法律或經濟效益而得；另有一些無形資產雖有合約年限或法律年限，但可容易申請延長者，則屬非確定年限 (並非無限期)，凡不符合前述特性者，則屬有限年限。

有限耐用年限的無形資產，應依其未來經濟效益之預期消耗型態，採用直線法、餘額遞減法或生產數量法攤銷之。其耐用年限則取法律賦予的保護年限與使用的經濟效益年限較短者。攤銷時，借記「攤銷費用」，貸記「無形資產」；攤銷費用認列為損益。企業至少應於每一財務年度結束日，檢視該類無形資產之攤銷期間、攤銷方法及是否有資產減損跡象。若資產的預期耐用年限與先前之估計不同，攤銷期間應隨之改變。若對資產所含之未來經濟效益之預期消耗型態已有變動，應改變攤銷方法以反映變動後之型態。如有減損跡象，應作減損測試。

非確定年限無形資產，則因耐用年限不確定而不得攤銷，但應於每年財務報導結束日，評估非確定性的存在與否，並做資產減損測試。若無形資產由非確定耐用年限改變為確定年限，則應逐期攤銷之。該些變動，應按會計變動準則處理之。

無形資產攤銷與減損，彙整如下：

無形資產	可個別辨認	有限耐用年限	如專利權…	依估計殘值與年限攤銷	有減損跡象作減損測試
		非確定耐用年限	如特許權…	不得攤銷	每年定期作減損測試
	無法個別辨認	非確定耐用年限	如商譽		

4. 特許權

特許權是由政府或企業授與其他企業，特許經營某種行業、使用某種方法、技術、名稱、或在特定地區經營事業等。如在機場或高速公路休息站，經營商店經銷商品，屬於經政府許可，在特定地區經營某種業務或銷售某種產品之特殊權利。特許權常有一定的期限；但若期滿時，以少許費用或甚少障礙即可取得展延，亦可視同非確定年限無形資產。但我國所得稅法第 60 條及營利事業所得稅查核準則第 96 條，均明定特許權可依其取得後，法定享有之年數攤銷之。

特許權如因承受而得，所支付的承受價格即為其成本。特許權在取得時之價值可能遠超過成本，但帳載金額仍以成本為限。有的特許權除於取得時支付成本外，受許人亦需於存續期間內，定期支付使用費給特許者，此項續後支出不具未來效益，故應列為當期費用，不得資本化列為「特許權」資產。

取得特許權時應借記「特許權」，貸記「現金」或其他科目；有確定年限之特許權攤銷成本時借記「攤銷費用」，貸記「特許權」。至於平時依約支付給特許人的使用費，應以「權利金」或「技術報酬金」列帳。另視該特許權是否有確定年限，應定期或有減損跡象時，作減損測試。

Unit **8-6**
無形資產 (二)

5. 著作權

　　著作權是政府授予著作人就其所創作或翻譯之文學、藝術、學術、音樂、電影等，享有出版、銷售、表演、或演唱之權利。著作權分為著作人格權與著作財產權。著作人格權的內涵包括了公開發表權、姓名表示權及禁止他人以扭曲、變更方式，利用著作損害著作人名譽的權利；著作財產權是無形的財產權，是基於人類知識所產生的權利，故屬知識產權之一種，包括重製權、公開口述權、公開播送權、公開上映權、公開演出權、公開傳輸權、公開展示權、改作權、散布權、出租權等等。

　　自行創作而取得的著作權，其成本僅包含申請註冊之相關費用；購買他人著作權，其購價即為著作權之成本。著作權受侵害而提起訴訟，勝訴所支付之費用，亦得列為著作權成本。

　　雖然我國著作權法給予著作人終身享有著作權，但由於學術進步，著作物甚少能維持長久的價值，因此著作權成本亦應該在估計的經濟年限內攤銷(所得稅法第 60 條及營利事業所得稅查核準則第96條均明定著作權以 15 年為計算攤銷之標準)。著作權成本分攤可採直線法，也可以採用類似生產數量法的折舊，按預計銷售量分攤。

　　買進著作權時應借記「著作權」，貸記「現金」或其他科目；攤銷成本時，借記「攤銷費用」，貸記「著作權」。如有減損跡象，應作減損測試。

6. 專利權

　　專利權是政府授予發明人在一定期間內生產、銷售或以其他方式使用其發明並排除他人模仿的權利，使發明人得以獨享該項發明之權利，以獲取較高利潤。取得專利權之個人或企業，得自己產、銷該項專利品，或將其權利讓售或租借他人。專利權是一種無形財產，雖有獨占性，但也有地域性及時間性的限制；專利權係由政府所授予，因此其效用僅及該政府法律管轄範圍內，外國對其專利權不承擔保護的義務，如果有人在其他國家和地區生產，使用或銷售該發明創造，則不屬於侵權行為。所謂時間性，指專利權人對其發明創造所擁有的專有權，只在法律規定的時間內有效，期限屆滿後，專利權人對其發明創造就不再享有製造、使用、銷售和進口的專有權，如此，原來受法律保護的發明創造，就成了社會的公共財富，任何單位或個人都可以無償地使用。

　　向外購買之專利權，應按取得成本入帳，以支付之價款作為其成本；由企業內部自行研究發明而取得之專利權，只有申請註冊之相關費用，如規費、代理人費用等可列為成本，至於進行研究或從事實驗而支出的各項人工、材料等成本，皆應列為當期費用。購買競爭性專利權，以維持既得競爭優勢的支出，也應列入成本。

有時專利權受侵害而提起訴訟；如果敗訴，意即專利權實質上已不再受到政府保護，也無法防制他人生產、銷售同樣的商品，則原有之專利權已無價值存在，應將剩餘之帳面價值及訴訟費用，一併轉列費用或損失；如果勝訴，則因訴訟費用有助於專利權價值之確保，訴訟費用應該資本化，作為專利權成本的增加，如勝訴且獲得賠償，則扣除訴訟費用的賠償收入，才能資本化列為專利權的成本。

　　使用他人之專利權而支付權利金時，應視其性質，逐年作為製造費用，列入產品成本中；授權他人使用專利權而收取權利金時，應分年認列收益。

　　專利權的成本應該在預期的經濟年限或法定年限內 (以較短者為準) 攤銷。所得稅法第 60 條及營利事業所得稅查核準則第 96 條均明定專利權可依其取得後法定享有之年數攤銷之。若專利權之經濟年限係以產量而非以年數表示之，則其成本應以生產數量法攤銷之。如有減損跡象，應作減損測試。

　　設某公司於 X1 年初購入一項專利權，成本 $1,800,000，其剩餘法定年限為 8 年，估計經濟年限為 6 年，採直線法攤銷。X3 年初專利權受侵害而提起訴訟，於年底經法院判決勝訴，共支付訴訟費 $120,000。X3 年初公司也經市場調查，因競爭新產品相繼應市，決定縮短攤銷年限至 X4 年底止。其示意圖及有關分錄如下：

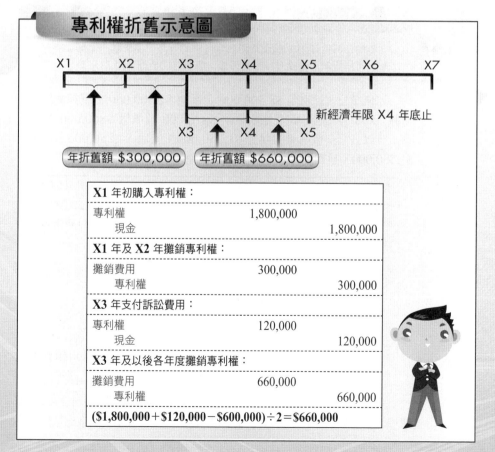

Unit **8-7**
無形資產（三）

7. 商譽

(1) 商譽的成本

　　商譽係在有形資產及可個別辨認無形資產之外，能夠為企業賺取利益之無形資產。商譽主要是由企業的優良管理技巧，先進的技術及良好的顧客關係所產生的，是依存於企業的一個不可明確辨認的無形資產，因此脫離企業就無法存在了。商譽具有「不易衡量」、「不可分離」、及「不確定性大」三種特性。例如，麥當勞的店面佈置、食材的選用、食品處理程序、食品衛生規範、員工穿著與服務規範等深受消費者喜愛，而形成與企業不可分離的商譽。

　　投資相等的資金於商譽好的企業，應該比投資於商譽普通的企業，可以獲得較多的利潤，因此只有當有人願意高價收購企業時，才能明確計算這個不可明確辨認的無形資產－商譽。

商譽值多少？

商譽應該等於購買一個企業所願意付出的金額，減除該企業所有有形資產、可辨識無形資產及所有負債後，所多餘的金額。

　　如漢顏公司以現金 $8,500,000 及承擔 $2,500,000 的抵押負債收購博義公司；若博義公司有應收帳款 $870,000 及價值 $860,000 的專利權，及以公平市價衡量的存貨 $1,750,000、土地 $4,250,000、建築物 $1,580,000、設備 $850,000；則購得商譽計算如下：

現金		$ 8,500,000
抵押負債		2,500,000
收購價格		$11,000,000
減：所有固定及可辨識無形資產		
應收帳款	$ 870,000	
存貨	1,750,000	
土地	4,250,000	
建築物	1,580,000	
設備	850,000	
專利權	860,000	10,160,000
商譽		$ 840,000

　　$840,000 就是漢顏公司購入博義公司後，會計記錄上應該出現的商譽價值；這個價值就是博義公司經營所獲得的公司聲譽、顧客忠誠度、商

品品牌價值，及各項優良規範的總價值。漢顏公司應以下列分錄來記錄這
項交易：

應收帳款	870,000	
存貨	1,750,000	
土地	4,250,000	
建築物	1,580,000	
設備	850,000	
專利權	860,000	
商譽	840,000	
現金		8,500,000
抵押負債		2,500,000

(2) 商譽的攤銷與減損

　　商譽為無形資產之一，因此應該在估計存續期限內攤銷為費用。商譽
並無法定存續期限，也甚難準確估計，應屬非確定年限無形資產而不得攤
銷已入帳之商譽。假如前述漢顏公司購入博義公司後，大肆變更原有的經
營風格，則購買時的商譽可能很快消逝，當然也可能更好。依我國營利事
業所得稅查核準則第 96 條規定，商譽最低為 5 年攤銷之；又依我國企業併
購法第 35 條所述，公司進行併購產生商譽，得於 15 年內平均攤銷。因此
商譽可在 5 年至 15 年攤銷之；攤銷商譽時，通常係以直線法直接攤銷，
借記「攤銷費用」，貸記「商譽」。商譽應每年作減損測試：若有減損發
生，應沖減其金額(貸記商譽)，且已認列之減損，不得認列迴轉利益。

8. 商標權 (Trademarks)

　　商標是用以識別自己商品、服務或與其個人或企業的顯著標記、圖樣或
文字。商標若由自行設計，其成本可略而不計，但若委託專業公司設計，因金
額較大而應列入資產。

商標權

商標權是商標專用權的簡稱，需經註冊而取得。商標註冊人依法取得商標
權後享有的商標專用權利；亦即有排他使用權、收益權、處分權、續展權
和禁止他人侵害的權利。因此，商標權是一種無形資產，具有經濟價值。

　　依我國商標法規定，商標權期間為 10 年。商標權人於註冊期滿前 6 個月內
得申請延展註冊，每次延展期間以 10 年為限，理論上並無時效的限制，然而按
照我國所得稅法第 60 條及營利事業所得稅查核準則第 96 條，均明定商標權可
依其取得後法定享有之年數攤銷之。取得商標權時應借記「商標權」，貸記「現
金」或其他可能科目；攤銷成本時，借記「攤銷費用」，貸記「商標權」。

　　假設某公司購買某一項商標，其未來產生之現金流入，將只有 3 年的期
限，過了 3 年之後將無市場競爭優勢，公司將會停止該商標之產品，故該商標
耐用年限為 3 年，需分 3 年攤銷，並於資產負債表日評估，是否有減損跡象。

第 9 章

流動負債

●●●●●●●●●●●●●●●●●●●●●●●●●● 章節體系架構 ▼

Unit 9-1
負債之意義、評價及分類

圖解會計學

負債是指過去發生的交易或事項所產生的經濟義務，能以貨幣衡量，而須於將來移轉資產或提供勞務的方式償還，因而犧牲未來經濟效益者。在現代經濟信用制度下，企業為彌補自身資金之不足，常透過業務活動融通資金或舉借債務，以擴大營業範圍。

負債在資產負債表上分為流動 (短期) 負債與長期負債。**流動 (短期) 負債**指預期應於資產負債表編製日起一年，或一個營業週期 (較長者為準) 內償之負債，以現有流動資產償付，或以增加其他流動負債的方式償還之；**不符合流動負債的負債**，則歸屬於長期負債。長期借款將於一年內到期的部分，也應轉列為流動負債。

若依清償標的物的不同，也可分為 (1) **貨幣性負債**：指債務於將來到期時，由債務人對債權人支付一定的貨幣金額以為清償之債務。例如，應付帳款，應付票據、應付債券及應付抵押借款屬之；(2) **非貨幣性負債**：指債務於將來到期或清償時，由債務人交付商品或提供勞務以為清償之債務。例如，預收勞務收入、預收貨款等。

以資金的觀點，流動負債也可分為營業性的融資、自發性的融資兩類。**營業性的融資**屬於營運上自然產生的企業付款義務，大多數情況企業針對這類融資是不需額外支付利息，其中應付票據與應付帳款為供應商的融通，而應付費用如應付薪資，應付租金，應付利息，則是企業對於取得資產或享受服務而產生的未來支付義務；而**自發性的融資**則屬企業為籌措資金而主動取得，其特性為支應短期的資金需求，這類融資是需要支付資金成本 (利息)，如銀行借款，應付商業本票均是。

流動負債尚可依負債是否確定發生，而分為確定負債及或有負債。

確定負債乃指負債的事實已確實發生，企業確定已有經濟義務。而確定負債可再細分成金額已確定者，例如：應付帳款、應付票據、應付股利等；或金額的大小係決定於營業結果者，如應付所得稅 (與企業淨利的大小有關)、應付員工獎金 (與企業的盈餘大小有關)。

或有負債係指負債的事實於結算日是否已經存在，尚未能確定，須視未來某些事項之發生或不發生而確定者。例如，擔任其他企業向銀行借款的保證人，就目前而言，因為銀行借款尚未到期，被保證的企業也無周轉不靈、宣告破產之情事，因此是否須負賠償之責，尚在未定之數，須待借款到期才能知曉。借款到期時若被保證人如期償還借款，表示當初所做的保證並無負債情事；反之，若借款到期時被保證企業無法如期如數清償，則本企業必將擔負償還責任，當初的保證承諾在此就成為確定負債。

或有負債為不確定的經濟義務，可能會造成企業的損失，也可能不會有影響，對於此類或有負債的會計處理方法依現行會計原則規定，應視或有負債發生的可能性及金額能否合理估計而定。若發生的可能性極大且負債金額可以合理估計，則應入帳；否則，即不適合估計入帳，僅需揭露說明即可。通常應入帳之或有負債包括產品售後服務保證、贈品、兌換券、點券等。負債的分類標準、種類、說明及實例歸納如右上圖；或有負債的入帳原則，亦如右下圖。

負債分類與實例

分類標準	種類	說明	實例
清償標的	貨幣性負債	以貨幣為清償標的	短期借款,應付帳款,應付票據等
	非貨幣性負債	交付商品或提供勞務為清償標的	預收貨款,預收收入
到期日長短	流動負債	一年或一個營業週期內 (以較長為準),以流動資產或舉借流動負債償還者	銀行透支,短期借款,應付帳款,應付票據,應付票據折價,預收收入,應付費用
	長期負債	一年或一個營業週期以上 (以較長為準) 才需償還的負債	長期借款,抵押借款,應付公司債,公司債折 (溢) 價,長期應付票據
是否發生	確定負債	確定發生且金額確定	應付票據,應付帳款
		確定發生但金額不確定－估計負債	應付贈品費用,應付保修費,累積積欠特別股股利
	或有負債	負債是否發生尚不能確定	債務背書保證、應收票據貼現,訴訟賠償款

或有負債入帳原則

或有負債發生之可能性	金額之確定程序	
	確定或能合理估計者	不能合理估計者
很有可能	應預計入帳	不預計入帳,應附註揭露其性質,並說明金額無法估計
有可能	不預計入帳,但應附註揭露其性質及金額 (或合理的金額範圍)	同上
極少可能	不預計入帳,揭露與否均可	同左

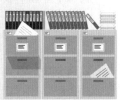

Unit **9-2**
確定負債的會計處理（一）

圖解會計學

確定負債多係由於契約或法律之規定所產生，其到期日及金額均能合理確定，茲就常見之確定負債說明如下：

1. 銀行透支

一般支票存款戶，其能簽發支票之限額，當以所存入之存款金額為限，但對於信用績優之企業，銀行可與存戶事先訂約，在一定額度以內，允許企業在存款餘額不足時，亦可簽發支票提款，此種在銀行允許的額度內，超出存款額，所簽發支票付款的金額，即為銀行透支。銀行透支為短期融通的資金，是公司帳上「銀行存款」科目的貸方餘額，故為公司之負債，必須在契約約定的期限內，將現金存入銀行而結清之。

若在同一家銀行開設兩個支票存款戶，一個發生透支，一個則有餘額，因為債權人與債務人是同一人時，依法債權、債務可以互抵，資產負債表上，可將透支與存款餘額抵銷，僅列淨額；若在不同銀行的透支，則不能與存款餘額相抵銷，應另以銀行透支科目列示，列入流動負債。

2. 短期借款

短期借款係指企業向股東、員工、銀行、金融機構或其他個體借入，供短期營業周轉使用之款項，其到期日多在一年以內，到期時也都必須以現金或其他流動資產清償，故將之列為流動負債。短期借款及其利息相關分錄設例說明如下：

設某公司於 X1 年 12 月 10 日向銀行借入 $7,000,000，年利率 5.4%，按月計息，期間 3 個月，有關分錄如下：

借款時			
X1/12/10	銀行存款	7,000,000	
	短期借款		7,000,000
年底利息調整 (X1 年分攤 20 天的利息)			
12/31	利息費用	21,000	
	應付利息		21,000
應付利息＝$7,000,000×5.4%/12×(20/30)＝$21,000			
X2 年 1 月 10 日第一次付息			
X2/01/10	應付利息	21,000	
	利息費用	10,500	
	銀行存款		31,500
X2 年 2/10、3/10 付息的分錄			
X2/2/10	利息費用	31,500	
	銀行存款		31,500

3. 應付帳款

應付帳款係指因賒購商品、原物料、或勞務等主要營業交易活動而產生的負債。因其清償期限，通常係在營業循環週期或一年之內，故屬於流動負債。

應付帳款主要的會計處理要點在於入帳時點及金額決定。應付帳款之入帳時間，原則上應依進貨條件而定。如為起運點交貨 (FOB 起運點) 之進貨條件之買賣，則當貨物運出供應商倉庫交付於運送人，其所有權已移轉至買方，買方即須承認該項應付帳款。若為目的地交貨 (FOB 目的地) 之進貨，則買方於收到貨品後才承認此負債。

應付帳款的金額和帳務處理之方式息息相關；例如，進貨付款條件附有現金折扣時，其會計處理有總額法與淨額法兩種。總額法係指進貨之成本及應付帳款，以不減除進貨折扣之金額入帳；若俟後取得折扣，再行認列進貨折扣。淨額法則於進貨時按減除折扣後之金額先行入帳，俟後若未能取得折扣，則以折扣損失科目列記。茲舉例說明如下：

某公司賒購商品 $50,000，付款條件 2/10，n/30，該公司於 10 天的折扣期限內償還半數貨款，餘款在到期時付清。10 天內償還 $50,000 可享 2% 的折扣，償還半數貨款可享進貨折扣 $50,000/2×2%＝$500。相關分錄如下：

	總額法		淨額法	
賒購商品時				
進貨 (或存貨)	50,000		49,000	
應付帳款		50,000		49,000
償還半數貨款				
應付帳款	25,000		24,500	
現金 (或銀行存款)		24,500		24,500
進貨折扣		500		
支付餘款				
應付帳款	25,000		24,500	
折扣損失			500	
現金 (或銀行存款)		25,000		25,000

淨額法在進貨時、以享受折扣後的貨款淨價為負債金額，亦即若企業能在折扣期限內支付貨款，其現金支出為 $49,000，實為取得資產之現金支出，為資產之成本，因此，淨額法在負債評價上較合理；至於因逾折扣期限而溢付之價款 (折扣)，乃賣方加計之利息，並非進貨 (資產) 之成本。兩種方法記錄的現金支出與進貨成本都是 $49,500。

實務上因為帳務處理較為簡單，企業採總額法較為普通。採用淨額法入帳時，若付款超過折扣期間，必須再查對原進貨總額計算折扣損失；年終尚須查對已逾折扣期間、已發生的折扣損失加以調整，所以帳務處理亦較麻煩。

Unit 9-3
確定負債的會計處理 (二)

4. 應付票據

　　係指企業允諾在某一特定時日或特定期間，無條件支付一定金額給他人之書面承諾。應付票據通常因為進貨或借款原因而產生。企業本身所簽發之票據中，即期支票則可以銀行存款科目處理，而不列記應付票據；至於遠期支票依規定在票載到期日前不得為付款之提示，故在票載到期日前之支票，仍宜作為應付票據科目處理。

　　因進貨而產生的應付票據因為期間很短，通常不附息而直接以面額 (即到期值) 借記進貨，貸記應付票據。即使附息也因利息金額不大，也可不必計算現值。

　　因借款而簽發的應付票據，不論期間長短，均應按現值入帳。依其票面是否附有利息，可分為附息與不附息兩種票據。

(1) **附息票據**：到期值包含了票據面額的本金及依票面利率計算出的利息。

　　某公司於某年 4 月 15 日發行 $50,000，90 天，年利率 3.65% 之票據，向銀行融資。其借款與償還之分錄如下：4 月 15 日至 7 月 14 日 (首尾僅計 1 日) 共 90 天。

借入款項時		
4/15　銀行存款 (或現金)	50,000	
應付票據		50,000
償還時		
7/14　應付票據	50,000	
利息費用*	450	
現　金		50,450
*利息費用＝$50,000×0.0365×90/365＝$450		

(2) **不附息票據**：其票面值即為到期值。票據雖未明載利率，但並非表示發票人可無息借款，貸款人已將利息隱含於票據面額中。其隱含利息應以應付票據折價記錄之。

　　如甲公司 X1 年 9 月 1 日開具本票乙紙，面額 $103,000，不附息，向乙公司調借現金 6 個月，如市場利率為 6%，其本金為 103,000÷(1＋6%×6/12)＝$100,000，利息為：$103,000－$100,000＝$3,000；換言之，甲公司的應付票據折價 $3,000，而僅借得現金 $100,000。其分錄如下：

開具本票調借現金時 (6 個月利息＝$3,000)			
X1/9/1	現 金	100,000	
	應付票據折價	3,000	
	應付票據		103,000
X1 年底調整分錄 (4 個月的利息＝$3,000×4/6＝$2,000)			
X1/12/31	利息費用	2,000	
	應付票據折價		2,000
X1/3/1 以 $103,000 償還應付票據			
X2/3/1	應付票據	103,000	
	利息費用	1,000	
	應付票據折價		1,000
	現金		103,000

　　在資產負債表上，「應付票據折價」之餘額應列為「應付票據」之減項，表示截至當日為止，應付票據之現值。上例，如於 X1 年 12 月 31 日編製資產負債表，其表達方式如下：

應付票據	$103,000
減：應付票據折價	(1,000)
應付票據	$102,000

5. 應付現金股利

　　公司經營有盈餘時，董事會得依照公司章程的規定，提請股東會決議，將當期純益或保留盈餘提撥發放給股東之報酬稱為股息及紅利，合稱為股利。股利在股東會決議分配前，因公司並無支付資產之義務，並非公司之負債，故會計上無須任何分錄處理；而在股東會決議分配後，公司就有分配的義務，通常以應付股利表示，列為公司對股東的負債。若股東會決議發放 $10,000,000 現金股利，其分錄為：

股東會通過發放現金股利：		
未分配盈餘	10,000,000	
應付股利		10,000,000
正式發放現金股利：		
應付股利	10,000,000	
現 金		10,000,000

6. 預收收入

　　顧客在貨品交付或勞務提供前，可能因企業之要求而預先支付部分或全部貨款。銷售時應借記現金 (或應收帳款)，貸記預收收入；俟交貨或勞務提供時則應借記預收收入，貸記銷貨收入。

7. 長期負債一年內到期部分

　　企業的抵押借款、長期應付票據及長期公司債等，在舉借當年屬於長期負債。若長期負債採用一次還本者，則於到期前一年度內或營業週期內，將本金轉列為流動負債；若是採用分期付款之方式償還本金者，則將下一年度內或下一營業週期內應償還本金也要歸入流動負債。

Unit **9-4**
其他流動負債的會計處理 (一)

圖解會計學

流動負債除了確定負債外，尚有估計負債與或有負債。

估計負債係指企業於資產負債表日可以確定以後會發生，雖金額尚無法確定但可合理估計的負債，如應付所得稅、估計應付保修費及估計應付贈品費用等。估計負債應於期末估計可能發生的金額，承認費用也承認負債；日後實際發生支出再與承認的負債沖銷。

或有負債係指企業於資產負債表日尚無法確定是否存在的負債；此種負債種因或存在於資產負債表日或以前，但其是否確有負債則有賴於未來事項的發生與否加以證實。例如，為他人作債務保證是在資產負債表日或以前就存在的事實，日後如被保證人未能履行債務償還，則使或有負債變成確定負債；如被保證人能履行債務償還，則使或有負債消失。同理，應收票據貼現或票據之背書，可能因票據發票人能否在到期日時兌現，而使或有負債變成確定負債或消失；又如尚未判決之訴訟事項，可能因判決結果而使賠償的或有負債變成確定負債或消失。

1. 應付所得稅

企業依法應繳納如貨物稅、營業稅、關稅，地價稅、房屋稅，牌照稅等多種稅捐，年終結算若有盈餘，尚需繳納營利事業所得稅。我國稅法規定，不論獨資、合夥或公司企業，於有盈餘年度，除依法免稅者外，均應繳納所得稅，而且年度中應依法預估營利事業所得稅並暫繳半數。由於繳納時間與實際發生稅負時間有時並不一致，故年終應作調整。

設某公司於 X2 年 9 月 30 日，依法預估暫繳營利事業所得稅 $800,000；於 X2 年 12 月 31 日結算時，依法計算應繳納稅捐總額為 $1,750,000。則整個完稅過程分錄如下：

預估營利事業所得稅並暫繳半數		
X2/9/30　預付所得稅	800,000	
現金		800,000
X2/12/31 結算應繳營利事業所得稅		
X2/12/31　所得稅費用	1,750,000	
預付所得稅		800,000
應付所得稅		950,000
實際完稅		
X3/5/31　應付所得稅	950,000	
現金		950,000

2. 產品售後服務保證

許多公司銷售商品如汽車、機車、家電……等，均附有售後服務保固期限，在保固期限內產品若有瑕疵或發生故障，由出售公司或製造公司免費修理或換置零件。此項服務成本理應於收益認列期間估列，因為在貨品銷售時業已承諾修護的義務，即已有負債存在；同時，修護成本係因應銷貨而發生，故應與銷貨收入同期認列費用，以符合配合原則之要求。

產品瑕疵在所難免，顧客操作不當，也會造成損壞，因此這種修理費用就全體銷貨而言，發生的可能性相當確定，僅金額無法確定而已。故就總體銷貨而言，此種負債實屬負債已確定，金額須估計的估計負債；然就個別銷貨而言，是否發生修理費則不確定，所以是或有負債。

公司應於銷貨時依據保固期限，估計可能發生的修理服務成本，或於每年底就銷售產品之剩餘保固期限，估計修理服務成本。茲設例說明其相關會計處理如下：

設某公司從 X1 年起銷售汽車，銷售時有 2 年保固，第 1 年提銷售額的 1%，第 2 年提銷售額的 4% 當做保固成本。X1 年及 X2 年的銷售額、應提保固成本及實際保固支出為：

	X1 年	X2 年
銷售額	$38,000,000	$45,000,000
實際保固支出	850,000	1,200,000
應提保固成本	1,900,000	2,250,000

X1 年
銷售額 $38,000,000
應提保固成本＝$38,000,000×(1%＋4%)＝$1,900,000

X2 年
銷售額 $45,000,000
應提保固成本＝$45,000,000×(1%＋4%)＝$2,250,000

則 X1 年及 X2 年底，有關分錄如下：

	X1 年		X2 年	
銷售時				
保固費用	1,900,000		2,250,000	
估計保固負債		1,900,000		2,250,000
實際支出時				
估計保固負債	850,000		1,200,000	
現金		850,000		1,200,000

Unit 9-5
其他流動負債的會計處理（二）

3. 贈品負債

企業為促銷產品而舉辦各種贈獎活動，如以蒐集一定量的拉環、空盒或點券等送回，即可受贈禮品的方式來促銷自己產品。由於贈獎活動實係推銷的手段，因此贈品之成本應列為銷貨之推銷費用，於貨品出售當期認列，以與銷貨收入配合，而不應待實際兌獎時才轉為費用。通常顧客不會百分之百將空盒或點券寄回兌獎，因此在銷貨或年終時，應估計可能兌獎之百分比，計算並認列贈品費用及估計贈品負債。

贈品費用視同當期推銷費用，估計贈品負債則留供日後消費者兌獎時沖銷之。

設某公司出售一種產品，並舉辦贈獎活動，顧客若寄回其產品之瓶蓋十個，可以換取一個精美贈品。該公司購進贈品的單價為 $400。根據過去之經驗，銷售之產品大概有 80% 會寄回瓶蓋兌換贈品。

有關銷售及兌獎之資料如下：

	X1 年	X2 年
購進單價 $400 的贈品個數	2,800	3,400
產品銷售數量 (瓶)	30,000	42,000
寄回瓶蓋數量 (個)	23,000	33,000

根據上表，可以計算各年的贈品存量、贈品費用及兌獎金額等如下表：

		X1 年	X2 年
贈品存量	購進贈品金額	$400×2,800＝$1,120,000	$400×3,400＝$1,360,000
贈品費用	估計寄回瓶蓋	30,000×80%＝24,000 個	42,000×80%＝33,600 個
	兌換贈品個數	24,000÷10＝2,400 個	33,600÷10＝3,360 個
	估計贈品費用	$400×2,400＝$960,000	$400×3,360＝$1,344,000
兌獎金額	寄回瓶蓋數量	23,000÷10＝2,300 個	33,000÷10＝3,300 個
	兌獎金額	$400×2,300＝$920,000	$400×3,300＝$1,320,000

得各年度相關分錄如下，關係圖如右圖。

	X1 年	**X2 年**
購入贈品		
贈品存貨	1,120,000	1,360,000
現金	1,120,000	1,360,000
年底估計認列贈品費用及估計贈品負債		
贈品費用	960,000	1,344,000
估計贈品負債	960,000	1,344,000
贈品兌換時沖銷贈品存貨及估計贈品負債		
估計贈品負債	920,000	1,320,000
贈品存貨	920,000	1,320,000

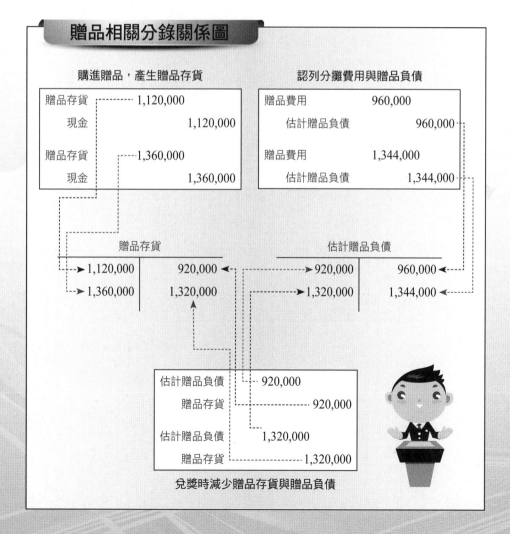

贈品相關分錄關係圖

購進贈品，產生贈品存貨

贈品存貨	1,120,000	
現金		1,120,000
贈品存貨	1,360,000	
現金		1,360,000

認列分攤費用與贈品負債

贈品費用	960,000	
估計贈品負債		960,000
贈品費用	1,344,000	
估計贈品負債		1,344,000

贈品存貨

1,120,000	920,000
1,360,000	1,320,000

估計贈品負債

920,000	960,000
1,320,000	1,344,000

估計贈品負債	920,000	
贈品存貨		920,000
估計贈品負債	1,320,000	
贈品存貨		1,320,000

兌獎時減少贈品存貨與贈品負債

第10章

合夥會計

 章節體系架構 ▼

Unit **10-1**
合夥企業的特徵與利弊

　　我國民法規定：「稱合夥者：謂二人以上互約出資以經營共同事業之契約。前項出資得以金錢或他物，或以勞務代之」。合夥經營的問題，目前僅民法有相關規定，尚無專法規範之。獨資的業主只有一人，獨享企業經營的權利及盈餘，但也必須獨自承擔一切的經營損失。合夥則由兩個以上之個人，以口頭之約定或訂立書面契約，以財產或勞務出資，合作經營事業，依約分享經營利益，但也必須共同分擔一切的經營損失之企業；參與合夥之人稱為合夥人。

　　合夥契約的內容，通常包括合夥企業的名稱、業務性質、各合夥人的出資、損益分配方法、合夥人與合夥企業間往來事項、及新合夥人入夥、舊合夥人退夥之各項規定等。合夥企業的會計事務處理，除業主權益有所不同外，其他如資產、負債、收入及費用科目之處理，均與獨資或公司相同。

1. **合夥企業具有如下多項特徵：**

   (1) **非法律個體，但係會計個體**

   　　合夥企業因需要獨立的會計作業及會計記錄，是為獨立的會計個體；然雖須向主管機關辦理營業登記，但不具法人資格，並非法律個體。因此，合夥人與合夥企業間的權利、義務必須依契約作明確的規範。

   (2) **合夥人互為代理**

   　　合夥企業之事務，由全體合夥人共同執行之。任一合夥人對合夥事業之作為，其效力及於其他合夥人，故合夥人互為代理。

   (3) **負連帶無限責任**

   　　除法令或契約另有規定者外，任何一個合夥人對外所作與合夥企業有關的承諾事項，其他合夥人都必須遵守所作的承諾，並負連帶無限責任。

   (4) **合夥之財產共有**

   　　合夥企業之財產，為全體合夥人所共有；合夥企業之債務亦由各合夥人負連帶無限清償責任。合夥人不論以資產、或勞務技術投資於合夥企業，投入的資產就變成所有合夥人公同共有。

   　　合夥人退夥時，除非經其他合夥人同意，無權要求將當初投資的特定資產收回，只能依約退回現金。合夥企業之財產如不足以清償合夥債務時，各合夥人均有以其私人財產抵償債務的責任。

   (5) **以合夥契約分配損益**

   　　合夥企業每屆年度決算，應依約定之損益分配比率分攤損益。損益分配比率應依出資額之多寡，各合夥人對合夥企業投注之心力及承擔企業破產風險之大小等因素酌情定之。

   (6) **夥權轉讓受限制**

   　　合夥企業的合夥人，不得任意處分或變更其個別之權益，必先徵得其

他合夥人一致同意始得為之，故合夥人僅具有限的權利處分其權益。

2. 合夥的優點
   (1) 容易組成及解散：只要有二人或二人以上共同出資，訂立契約即可組成合夥企業。合夥企業若合夥人之一退夥或死亡，或新合夥人加入時，舊合夥企業即宣告解散，故合夥企業之組成及解散，均十分容易。
   (2) 經營較具彈性：合夥企業所經營的業務，可經全體合夥人的同意，隨時變更，以因應環境的變遷，業務經營比較彈性。
   (3) 易於發揮合夥人特長：合夥的組成，係志趣相同、專長互補的合夥人為主體，各合夥人較易於發揮個人之特長與專技。

3. 合夥之缺點
   (1) 難以籌集大額資金：合夥資本的來源雖較獨資多元，但因不得發行股份，投資權益無法分割出售，且處分投資權益受到限制，因此無法如公司組織向社會大眾廣為募集，或尋覓更多合夥人投入資金。
   (2) 缺乏持續性：合夥組織之合夥人之異動，即影響原有企業之存續與發展；不如公司組織，其存續不受股東的任何異動。
   (3) 合夥人對合夥之債務負連帶無限責任：不論新舊合夥人，對合夥之債務均負有連帶無限清償責任，因此投資人的投資意願不高。
   (4) 缺乏組織靈活性：除合夥人死亡外，原合夥人的退夥或新合夥人的入夥，都需全體合夥人的同意，組織靈活度不足。

合夥企業的特徵與優缺點

合夥企業是由兩個以上之個人，以口頭之約定或訂立書面契約，以財產或勞務出資，合作經營事業，依約分享權益，但也必須共同分擔一切的經營損失之企業；參與合夥之人稱為合夥人。

合夥企業特徵	合夥企業優點	合夥企業缺點
★會計個體非法律個體 ★合夥人互為代理 ★負連帶無限責任 ★合夥之財產共有 ★以合夥契約分配損益	★容易組成及解散 ★經營較具彈性 ★易於發揮合夥人特長	★難以籌集大額資金 ★缺乏持續性 ★合夥人對債務負連帶無限責任 ★缺乏組織靈活性

Unit 10-2
合夥企業的會計處理 (一)

圖解會計學

合夥企業較獨資企業所需之會計記錄為多，如合夥人之權益變動，合夥人之提存 (往來) 及損、益分配等事項，均為獨資企業所無，因而合夥企業需要較多且完備之會計記錄。

1. 我國合夥企業的會計特徵

合夥企業須為每一合夥人設立「合夥人資本」帳戶及「合夥人往來」帳戶。以合夥人資本帳戶記錄各合夥人原始投資、續後增資、續後減資及盈 (虧) 分配 (攤) 等事項。以合夥人往來帳戶記錄合夥人與合夥企業間之往來事項，諸如合夥人代墊合夥企業之費用與各種款項，合夥人自合夥企業提取現金、商品或其他資產等，均須記入合夥人往來帳戶。

我國因為企業資本採用登記制，如果每年的往來帳及損益分配都轉入資本帳戶，則每一年都要辦理資本的變更登記而不勝其煩，因此我國的合夥企業成立後之續後增 (減) 資，則借 (貸) 記合夥人往來帳戶，損益分配也結轉往來帳並不結轉資本帳，在資產負債表上兩個科目並列。

216

2. 合夥人資本

(1) 合夥人以現金出資成立合夥企業

假設王一與李二合意於 X1 年 1 月 1 日各出資 $3,000,000，$2,000,000 經營合夥企業，則應記分錄如下：

X1/1/1	現金	5,000,000	
	王一合夥人資本		3,000,000
	李二合夥人資本		2,000,000

(2) 兩家獨資企業改組成立合夥企業

假設張三及李四各為獨資商店之業主，X1 年 1 月 1 日兩家商店擬合併為合夥組織之合旺商店。合併前，兩家獨資商店之資產及負債資料如下：

張三商店之資產及負債			李四商店之資產及負債		
會計科目	借	貸	會計科目	借	貸
現金	80,700		現金	72,000	
應收帳款	25,200		存貨	11,400	
存貨	17,000		土地	100,000	
機器設備	25,000		建築物	55,000	
應付帳款		7,800	應付帳款		25,800
業主權益		140,100	業主權益		212,600

獨資商店在改組或合併為合夥商店時，若僅以帳面價值記載合夥人之投資，則對原業主可能有抑減實際投資價值之情事。

李四商店擁有的土地，雖然帳列成本僅 $100,000，目前市價為 $250,000，若僅同意以 $100,000 作為李四之投資額，則李四可將土地先行出售，得款$250,000，再以現金出資，其資本額將增加 $150,000。

因此在合夥企業合併前，合夥人應就各方擁有的資產，按當時公平市價重新估價，並經所有合夥人認同後，調整資產及資本帳戶。合併後如果發現資產估價有誤或負債漏列等，也應即時調整各有關合夥人之資本帳戶。

假設經張三與李四同意，張三商店之存貨按市價重估為 $20,000，應收帳款 $25,200 中，有 $3,200 可能無法回收；李四商店之土地按市價重估為 $250,000，此時調整張三資本及李四資本如下：

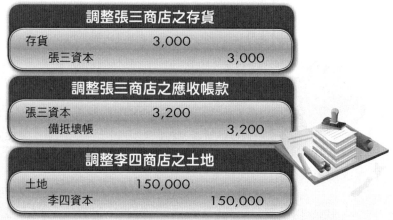

調整張三商店之存貨	
存貨 3,000	
張三資本	3,000

調整張三商店之應收帳款	
張三資本 3,200	
備抵壞帳	3,200

調整李四商店之土地	
土地 150,000	
李四資本	150,000

由於會計個體變更，應將獨資舊帳予以結束，並開立合夥新帳。茲將張三商店、李四商店舊帳之結轉，及合旺商店新帳之設立情形，分述如下：

張三獨資商店帳項之結轉		
張三資本	139,900	
應付帳款	7,800	
備抵壞帳	3,200	
現金		80,700
應收帳款		25,200
存貨		20,000
機器設備		25,000
李四獨資商店帳項之結轉		
李四資本	362,600	
應付帳款	25,800	
現金		72,000
存貨		11,400
土地		250,000
建築物		55,000

Unit **10-3**
合夥企業的會計處理（二）

張三原業主權益為 $140,100，存貨重估增值 $3,000，應收帳款中有 $3,200 可能無法回收，使張三資本減為 $139,900；李四原業主權益為 $212,600，土地重估增值 $150,000，使李四資本增為 $362,600。

張三商店、李四商店舊帳經上述之結轉後，則可由下列分錄開立合旺商店的新帳如下：

開立合旺合夥商店新帳之分錄		
現金	152,700	
應收帳款	25,200	
存貨	31,400	
土地	250,000	
建築物	55,000	
機器設備	25,000	
應付帳款		33,600
備抵壞帳		3,200
合夥人資本－張三		139,900
合夥人資本－李四		362,600

3. 合夥人往來

合夥企業須為每一合夥人設立往來帳戶，以記錄合夥人與合夥企業間之往來事項。鑑於我國企業資本採用登記制，非經變更資本額登記，資本帳戶不得變動，因此合夥人的增資、減資或損益分配只能登載於往來帳戶，以免資本變動時 (至少每一年一次) 都要辦理資本的變更登記而不勝其煩。因往來帳戶也登載資本變動情形，故期末對於合夥人往來帳戶不可結清。合夥人提取商品支用時，則應以售價借記「合夥人往來」帳戶，貸記「銷貨收入」帳戶，以售價與成本之差額，借記「銷貨折扣」。

設 X1 年 7 月 15 日因合夥商店之資金不足，張三與李四分別再投資 $20,900 及 $43,400，其增資分錄如下：

現金	64,300	
合夥人往來－張三		20,900
合夥人往來－李四		43,400

若合旺商店與合夥人在會計期間內有如下的往來事項：(1) 張三向合夥商店提取現金 $2,500；(2) 李四收取帳款 $3,000 留作私用；(3) 張三代付應付帳款 $5,500；(4) 李四提用商品，成本 $500，售價 $650；則相關分錄如下：

張三向合夥商店提取現金 **$2,500**		
合夥人往來－張三	2,500	
現金		2,500
李四收取帳款 $3,000 留作私用		
合夥人往來－李四	3,000	
應收帳款		3,000
張三代付應付帳款 $5,500		
應付帳款	5,500	
合夥人往來－張三		5,500
李四提用商品，成本 $500，售價 $650		
合夥人往來－李四	500	
銷貨折扣	150	
銷貨收入		650

4. 期末結算

合夥企業仍應於期末辦理結算工作，以計算本期盈虧，再做盈餘之分配或損失之分攤。設合旺商店本年度獲利 $9,000，按合夥契約之規定，平均分給張三及李四兩合夥人，其分錄如下：

本期損益	9,000	
合夥人往來－張三		4,500
合夥人往來－李四		4,500

就我國而言，在資產負債表上，資本帳戶與往來帳戶並列。茲沿用前例，張三及李四之往來帳戶情形如下：

合夥人往來－張三				合夥人往來－李四			
2,500			20,900	3,000			43,400
			5,500	500	12/31		4,500
	12/31		4,500				

張三之往來帳戶有貸餘 $28,400，李四之往來帳戶亦有貸餘 $44,400，在資產負債表上應列為資本帳戶之加項，其表達方式如下：

合夥人權益：		
張三資本	$139,900	
加：張三往來	28,400	$168,300
李四資本	362,600	
加：李四往來	44,400	407,000
合夥人權益合計		$575,300

Unit **10-4**
合夥損益的分配（一）

圖解會計學

合夥企業分配損益給各合夥人的比率，稱為損益分配比率。合理的損益分配率，應考慮各合夥人投資額之大小、承擔風險之多寡、及對業務經營貢獻之大小等因素，載明於合夥契約中，若契約無事前約定者，在我國係按各合夥人出資額比例分配。常見的損益分配方法，有下列數種：

① 盈虧平均分配

② 盈虧依約定比例分配

③ 盈虧依期初資本額比例分配

④ 盈虧依期末資本額比例分配

⑤ 盈虧依平均資本額比例分配

⑥ 資本計息，餘額依約定比例分配

⑦ 勞務計酬，餘額依約定比例分配

⑧ 利息酬金分配後，餘額依約定比例分配

220

茲舉例說明上述各損益分配方法如下：

承翰商店成立於 X1 年 1 月 1 日，由合夥人陳五及顏六各投資 $30,000 及 $50,000 所組成。於 X1 年 7 月 1 日陳五與顏六各增資 $13,000 及 $20,000，11月 1 日陳五與顏六各再增資 $3,000 及 $18,000。承翰商店於 X1 年度之盈餘為 $56,000。期間，合夥人陳五於 X1 年 9 月 15 日提取現金 $6,000，顏六於 X1 年 6 月 1 日提取現金 $28,000。茲按各種方法，說明損益之分配如下：

1. **盈虧平均分配**：將年度盈虧不問資本額而平均分配之，因此陳五及顏六各分得 $28,000。
2. **盈虧依約定比例分配**：設陳五及顏六約定損益分配比例為 4：6，則陳五可分得 $22,400(＝$56,000×4/10)，顏六可分得 $33,600(＝$56,000×6/10)。
3. **盈虧依期初資本額比例分配**：所謂期初資本額不含當期會計期間內的增減資及合夥人往來帳，因此按期初資本額比例分配如下：

	期初資本	分配比例	損益分配額
陳五	$30,000	3/8	$21,000
顏六	50,000	5/8	35,000
合計	$80,000		$56,000

故陳五可分得盈餘 $21,000，而顏六則分得 $35,000。

4. **盈虧依期末資本額比例分配**：所謂期末資本額包含當期會計期間內的增減資及合夥人往來帳，因此必須先計算期末資本額，再按期末資本額比例分配如下：

合夥人資本－陳五	
	1/1　　30,000

合夥人資本－顏六	
	1/1　　50,000

合夥人往來－陳五	
9/15　6,000	7/1　　13,000
	11/1　　3,000

合夥人往來－顏六	
6/1　28,000	7/1　　20,000
	11/1　　18,000

陳五的期末資本額＝$30,000＋$13,000＋$3,000－$6,000＝$40,000
顏六的期末資本額＝$50,000＋$20,000＋$18,000－$28,000＝$60,000

	期末資本	分配比例	損益分配額
陳五	$ 40,000	4/10	$22,400
顏六	60,000	6/10	33,600
合計	$100,000		$56,000

5. **盈虧依平均資本額比例分配**：依期初資本額比例分配損益，未能顧及續後投資之事實，為其缺點；依期末資本額比例分配損益，也未能顧及續後投資時間價值之問題，也是考慮不周。為兼顧投資之大小及投資時間之長短，因而有平均資本額比例分配損益之方法。所謂平均資本額，係以各合夥人會計期間內資本額以該資本額延續時間為權數的加權平均資本額，計算方法如下表。

計得各合夥人平均資本額後，盈虧即可按平均資本額比例分配之。

陳五資本		餘　額 (1)	未變動月數 (2)	餘額月數乘積 (1)×(2)
日　　期	貸 (借)			
1 月 1 日	$30,000	$30,000	6	$180,000
7 月 1 日	13,000	43,000	4	172,000
11 月 1 日	3,000	46,000	2	92,000
	$46,000		12	$444,000

平均資本＝$444,000÷12＝$37,000

資本額權數推算

資本額 $30,000 持續 6 個月，故權數是 6

7 月 1 日增資 $13,000 ⟶ 資本額 $43,000 持續 4 個月，故權數是 4

資本額 $46,000 持續 2 個月，故權數是2

11 月 1 日增資 $3,000，資本額 $46,000 到年底不變

Unit **10-5**
合夥損益的分配（二）

顏六資本		餘　額 (1)	未變動月數 (2)	餘額月數乘積 (1)×(2)
日　期	貸(借)			
1 月 1 日	$50,000	$50,000	6	$300,000
7 月 1 日	20,000	70,000	4	280,000
11 月 1 日	18,000	88,000	2	176,000
	$88,000		12	$756,000
平均資本＝$756,000÷12＝$63,000				

因此，X1 年度盈餘 $56,000 之分配情形如下：

	平均資本	分配比例	損益分配額
陳五	$ 37,000	37/100	$20,720
顏六	63,000	63/100	35,280
合計	$100,000		$56,000

6. **資本計息，餘額依約定比例分配**：考量任何資金在資本市場均可孳生利息，因此合夥企業盈虧之分配，可先依合夥人的資本額支付利息，然後再將餘額依約定比例分配之。計息的資本額可按平均資本額或期初資本額計算利息；分配比例亦可依約定比例或各種資本額比例，這些均依各合夥人的合意約定。

設承翰商店合夥人協議，先以平均資本額按年利率 6% 計算利息，其餘平均分配。此時各合夥人所分配之損益如下：

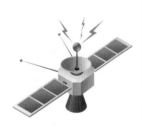

分配項目	陳 五	顏 六	合 計
資本利息 (6%)	$ 2,220	$ 3,780	$ 6,000
餘額平分	25,000	25,000	50,000
合　計	$27,220	$28,780	$56,000
陳五應得利息＝$37,000×6%＝$2,220 顏六應得利息＝$63,000×6%＝$3,780			

7. **勞務計酬，餘額依約定比例分配**：合夥企業可依各合夥人參與業務經營之時間或工作服務能力之優、劣，而先行給予薪資，餘額再按約定之方法分配盈虧。月薪應當營業費用處理。設承翰商店合夥人協議給予陳五年薪 $14,000，顏六年薪 $10,000，餘額按期初資本比例分配。此時各合夥人分配之損益如下：

分配項目	陳五	顏六	合計
年薪資	$14,000	$10,000	$24,000
餘額按期初資本比例分配	12,000	20,000	32,000
合計	$26,000	$30,000	$56,000
期初資本比例＝$30,000：$50,000＝3：5 (陳五：顏六)，餘額之分配 陳五分得 $32,000×(3/8)＝$12,000　顏六分得 $32,000×(5/8)＝$20,000			

8. **利息酬金分配後，餘額依約定比例分配**：合夥企業可先支付各合夥人資本額利息及年薪資後，餘額再按約定之方法分配盈虧。設承翰商店合夥人協議先按平均資本額 6% 計算利息，並分別支付陳五年薪 $12,000，顏六年薪 $10,000，餘額平均分配。此時各合夥人分配之損益如下：

分配項目	陳 五	顏 六	合 計
資本利息 (6%)	$ 2,220	$ 3,780	$ 6,000
年薪資	12,000	10,000	22,000
餘額平分	14,000	14,000	28,000
合計	$28,220	$27,780	$56,000

如果某一年度之利潤較少，不足以分配利息及年薪資時，仍應按預定之分配方法分配損益，不足之數視同虧損，按預定之比例分擔之。如前例，假設承翰商店 X1 年度的盈餘僅有 $20,000，不足以分配利息 $6,000 及年薪資 $22,000，而有 $8,000 之虧損，若平均分攤則分攤情形如下：

分配項目	陳五	顏六	合計
資本利息(6%)	$ 2,220	$3,780	$6,000
薪資	12,000	10,000	22,000
餘額 (不足額)	(4,000)	(4,000)	(8,000)
合計	$10,220	$9,780	$20,000

若合夥企業當年度發生虧損，則仍應按預定之損益分配方法，由各合夥人分擔損失；如有年薪資及利息之分配，自應先行計算，使當年度應分擔之損失增加，再按約定之分配方法處理損失之分擔。設承翰商店本年度發生虧損 $3,000，合夥人協議每年支付陳五年薪 $12,000，顏六年薪 $10,000，使虧損增加至 $25,000，此時之分配情形如下：

分配項目	陳五	顏六	合計
年 薪 資	$12,000	$10,000	$22,000
餘額 (不足額)	(12,500)	(12,500)	(25,000)
合 計	($ 500)	($ 2,500)	($ 3,000)

損益分配決定後，應作如下之分錄：

合夥人往來－陳五	500	
合夥人往來－顏六	2,500	
本期損益		3,000

Unit 10-6
新合夥人入夥 (一)

就法律之觀點而言，合夥企業之合夥人有所變動，則舊合夥企業視為解散，另行成立新合夥組織。然就會計觀點而言，會計個體繼續存在，並無另立帳冊，重新記錄之必要。新合夥人欲加入合夥企業，需經全體合夥人同意，且對於入夥前後債務，均須負責，其途徑有兩種可循，一為轉讓入夥 (購買舊合夥人之權益)，另一為投資入夥，流程如右圖。

1. 轉讓入夥

轉讓入夥即新合夥人購買舊合夥人之權益入夥。轉讓入夥也須先徵得合夥企業所有合夥人的同意。同意後，原合夥人即轉帳部分權益給新合夥人。就合夥企業本身而言，資產及負債均未變動，僅須將原合夥人的部分資本移轉給新合夥人即可。轉讓夥權時，須言明轉讓之比例，且新合夥人對於入夥前後債務均須負連帶責任。至於新合夥人支付給舊合夥人的現金或其他財物之多寡，與合夥企業無關，企業本身對此項交易，無須作任何之說明或記載。

設敬恆商店合夥人張三及李四之資本額分別為 $15,000 及 $20,000，今有王五欲加入合夥之經營，徵得所有合夥人之同意，以 $12,000 向李四購買一半之夥權，加入合夥，則其分錄為：

合夥人資本－李四	10,000	
合夥人資本－王五		10,000

李四之資本原為 $20,000，移轉半數給王五，故李四之資本減少 $10,000，而王五之資本增加 $10,000 (與支付給李四的價金無關)。

2. 投資入夥

新合夥人若以投資於舊合夥企業之方式而入夥時，應先就其投資金額、可享夥權比例及損益比例與原合夥人取得合意協商。新合夥人投資入夥的會計問題如下：

(1) 將原合夥資產重新評價，調整至公平市價，並將重估損益分配給原合夥人。

(2) 依新的資本額及新合夥人夥權比例計算新合夥人的資本額 (夥權)；如果：

> 新合夥人投入資金＝取得的夥權 (資本額)，則雙方均無紅利；
> 新合夥人投入資金>取得的夥權 (資本額)，則其差額 (紅利) 分配給原合夥人；
> 新合夥人投入資金<取得的夥權 (資本額)，則其差額 (紅利) 分攤給新合夥人。

設張三出資 $400,000，李四出資 $500,000，經營合夥商店，約定損益按資本額比例分配。五年後同意趙五投資 $360,000 取得三分之一夥權。趙五入夥時該店有如下的調整：存貨應增值 $12,000，土地應增值 $50,000，辦公房舍補提折舊 $8,000，則相關資產重估及入夥分錄，說明如下：

新合夥人入夥程序

新合夥人入夥

條件：需經全體合夥人同意
責任：對入夥前的債務負連帶責任
方式：1. 轉讓入夥
　　　2. 投資入夥

轉讓入夥

投資入夥

入夥步驟

1. 重估企業資產、負債
2. 按原合夥人損益比例分配，重估損益
3. 依據重估後資本額及協議的新合夥人夥權，計算新合夥人的取得資本額

紅利計算

新合夥人投入資金與取得資本額的差數，就是紅利

紅利分配

新舊合夥人均未獲紅利

投入資金：取得資本額

由新合夥人取得的紅利。原合夥人按損益比例，釋出紅利給新合夥人

原合夥人按損益比例獲配紅利，入各合夥人資本帳

新合夥人承讓原合夥人的夥權，除了增設新合夥人資本帳戶及往來帳戶以外，對於合夥企業的資產與負債均無變動。新合夥人與原合夥人間的金錢往來則不予記錄

Unit 10-7
新合夥人入夥 (二)

圖解會計學

合夥商店資產重估分錄		
存貨	12,000	
土地	50,000	
累計折舊－房舍		8,000
估價損益		54,000
估價損益依資本額比例，分配給原合夥人分錄		
估價損益	54,000	
合夥人往來－張三*		24,000
合夥人往來－李四**		30,000
*張三分得 $54,000×(4/9)=$24,000		
**李四分得 $54,000×(5/9)=$30,000		

資產重估後的總資本＝$400,000＋$500,000＋$54,000＝$954,000

趙五投入資金後的總資本＝$954,000＋$360,000＝$1,314,000

(1) 投入資金小於取得資本額

趙五取得的夥權＝$1,314,000×(1/3)＝$438,000

因趙五投入的資金 ($360,000) 小於趙五取得的夥權 ($438,000)，其差額 ($78,000) 為趙五入夥取得的紅利；這些紅利則由張三與李四的資本按資本額比例釋出；其入夥分錄如下：

趙五入夥分錄 (應補辦資本額登記)		
現金	360,000	
合夥人資本－張三*	34,667	
合夥人資本－李四**	43,333	
合夥人資本－趙五		438,000
*張三釋出資本額 $78,000×(4/9)=$34,667 當紅利		
**李四釋出資本額 $78,000×(5/9)=$43,333 當紅利		

趙五入夥後，張三、李四的資本額如下的合夥人資本帳戶：

合夥人資本－張三		合夥人資本－李四	
34,667	$400,000	43,333	$500,000
	24,000		30,000
張三資本額$389,333		李四資本額$486,667	

(2) 投入資金大於取得資本額

　　　如果趙五入夥時協議取得四分之一夥權，則：

　　　趙五取得的夥權＝$1,314,000×(1/4)＝$328,500

　　　因趙五投入的資金 ($360,000) 大於趙五取得的夥權 ($328,500)，其差額 ($31,500) 為張三與李四因趙五入夥而取得的紅利；這些紅利則由張三與李四的資本按資本額比例分得以資本額入帳；其入夥分錄如下：

趙五入夥分錄 (應補辦資本額登記)	
現金	360,000
合夥人資本－張三	14,000
合夥人資本－李四	17,500
合夥人資本－趙五	328,500
張三配得紅利 $31,500×(4/9)＝$14,000 當資本額	
李四配得紅利 $31,500×(5/9)＝$17,500 當資本額	

　　　趙五入夥後，張三、李四的資本額如下的合夥人資本帳戶：

合夥人資本--張三		合夥人資本--李四	
	$400,000		$500,000
	24,000		30,000
	14,000		17,500
張三資本額 $438,000		李四資本額 $547,500	

(3) 投入資金等於取得資本額

　　　如果趙五投資 $238,500 入夥並協議取得五分之一夥權，則：

　　　趙五投入資金後的總資本＝$954,000＋$238,500＝$1,192,500

　　　趙五取得的夥權＝$1,192,500×(1/5)＝$238,500

　　　因趙五投入的資金 ($238,500) 等於趙五取得的夥權 ($238,500)，則入夥分錄為：

趙五入夥分錄 (應補辦資本額登記)	
現金	238,500
合夥人資本－趙五	238,500

　　　趙五入夥後，張三、李四的資本額如下的合夥人資本帳戶：

合夥人資本－張三		合夥人資本－李四	
	$400,000		$500,000
	24,000		30,000
張三資本額 $424,000		李四資本額 $530,000	

Unit 10-8
舊合夥人退夥

228

舊合夥人退夥，係指原合夥人退出合夥事業之經營。民法規定，合夥人退夥後對其退夥前所負的債務，仍應負責，退夥前事業應辦理資產負債重估。因此，合夥人退夥時，首應計算該合夥人截至退夥日為止之權益，包括按公平市價調整資產、更正錯誤事項等，並須計算至退夥日為止當年度損益應分配數。

經上述調整後，將調整後之損益按損益分配比例計算各人應分配之損益，再記入各合夥人往來 (資本) 帳戶中，即可算出各合夥人在退夥日之權益或資本淨額。合夥事業可能退還與退夥人資本淨額相等或較低或較高之數額，茲舉例說明如下：

設甲、乙、丙三人成立合夥商店多年，甲、乙、丙三人之損益分配比例為 5：3：2。丙合夥人於某年底擬退出合夥企業，退夥日之資產負債表如下：

資產負債表			
資　　產		**負　　債**	
現金	$ 890,000	應付帳款	$ 200,000
應收帳款	120,000	合夥人資本－甲	700,000
商品存貨	450,000	合夥人資本－乙	420,000
房屋設備 $185,000		合夥人資本－丙	280,000
減：累計折舊 (45,000)	140,000		
資產總額	$1,600,000	權益總額	$1,600,000

合夥企業之資產經重估後，存貨價值應為 $500,000，房屋設備之重置成本應為 $200,000，有關之累計折舊應為 $50,000。故應先作調整分錄如下：

商品存貨	50,000	
合夥人資本－甲		25,000
合夥人資本－乙		15,000
合夥人資本－丙		10,000
房屋設備	15,000	
累計折舊－房屋設備		5,000
合夥人資本－甲		5,000
合夥人資本－乙		3,000
合夥人資本－丙		2,000

上述分錄分別過帳後，各合夥人資本帳戶如下：

合夥人資本－甲		合夥人資本－乙		合夥人資本－丙	
	$700,000		$420,000		$280,000
	25,000		15,000		10,000
	5,000		3,000		2,000
甲資本淨額 $730,000		乙資本淨額 $438,000		丙資本淨額 $292,000	

1. 退還資金等於資本淨額：

丙合夥人若同意按上述調整後資本餘額收現退夥，則應作如下分錄：

合夥人資本－丙	292,000	
現金		292,000

2. 退還資金大於資本淨額：

合夥企業可能因退夥人的特殊貢獻，而退還比退夥人資本淨額高的退還金額。設甲、乙兩合夥人合意給予丙合夥人退夥金 $340,000 時，超出之部分視為丙合夥人的紅利 ($48,000)，由甲、乙兩人按損益分配比例 (5：3) 由資本額釋出。應作如下分錄：

合夥人資本－甲	30,000	
合夥人資本－乙	18,000	
合夥人資本－丙	292,000	
現金		340,000

3. 退還資金小於資本淨額：

合夥人可能因為急欲退夥，或企業之資產估價過高，而願意犧牲部分權益，收取較少之資金而退夥。所退還資金與帳列資本淨額之差額，應按損益分配比例分別貸記其他合夥人之資本帳戶。設本例丙合夥人願意收取現金 $260,000 退夥，減少的金額 $32,000 按甲、乙損益分配比例 (5：3) 貸記其資本帳，則應作如下分錄：

合夥人資本－丙	292,000	
現金		260,000
合夥人資本－甲		20,000
合夥人資本－乙		12,000
甲增加 $32,000×(5/8)＝$20,000，乙增加 $12,000		

退夥之會計處理

退夥狀況	可能之原因	會計處理		
退還金額＝資本淨額	帳上權益已公正表達，無需補償或抽紅	合夥人 (退) 資本 　現金	××× 	 ×××
退還金額>資本淨額	退夥人對合夥企業經營有特殊貢獻或企業資產估價過低	合夥人 (退) 資本 合夥人 (留) 資本 　現金	××× ××× 	 ×××
退還金額<資本淨額	退合夥人急欲退夥或企業資產估價過高	合夥人 (退) 資本 　現金 　合夥人 (留) 資本	××× 	 ××× ×××

Unit **10-9**
合夥的解散清算（一）

　　合夥的解散係指合夥企業約定存續期間已屆滿，合夥成立的目的已完成或無法完成、合夥人全體均無意繼續經營等理由而停止營業。而清算則是處理解散的程序，包括變賣資產、收回債權、清償債務、核算各合夥人資本淨額及分配剩餘財產給合夥人之程序。

　　合夥決定解散後，首先應先設立「清算損益」科目，以彙集各項清算作業的損益；然後將帳目調整並予結算，再將最後之經營損益及清算損益，按損益分配比率，分配轉入各合夥人往來帳戶。原則上，資產、債權及債務處理完畢後的現金，應依各合夥人的資本淨額比例 (非損益分配比例)，一次返還各合夥人；如果資產、債權及債務等無法一次處理完畢或有合夥人的資本帳戶與往來帳戶合計出現借餘時，也可能分一次以上返還現金，如右圖。

　　變賣資產所得之現金，必須先用以清償債務，不足以清償債務時，則未獲清償之債權人，可向任一合夥人索賠，而無須慮及該合夥人資本帳戶為借餘或貸餘。

　　變賣資產可能無法一次完成而需分批變賣。即使資產部分變賣所得現金已足可清償所有債務，剩餘現金也因有待售資產變賣的或有損失或部分合夥人資本帳有借餘的負擔，而不宜將現金全數分配給各合夥人。若逕以當時之資本額比例分配現金，可能有部分合夥人無法承擔將來資產出售損失，形成超額支付，對其他合夥人有失公允。

　　通常若欲於部分待售資產變賣前，分配現金或財產給合夥人，應先將全部待售資產列為或有負債按損益分配比例分攤給各合夥人後，方能分配現金。部分合夥人資本帳戶出現借餘時，也應視同或有負債，按損益比例分攤給各合夥人，再按新的資本淨額分配現金。換言之，清算合夥企業如有部份資產無法出售或部分合夥人資本帳有借餘時，均應全部視同或有負債，按損益比例分攤給各合夥人，再按分攤後的各合夥人資本淨額，分配現金。

1. 一次發還資本實例
　　設甲、乙合夥商店，甲、乙二人之損益分配比例為 4：3，甲、乙二人均無意繼續經營而擬結束營業，當時財務狀況如下：

資　　產			負　　債	
現金		$486,800	應付帳款	$ 90,900
應收帳款	$126,000		應付票據	69,900
減：備抵壞帳	3,000	123,000	質押借款	120,000
商品存貨		182,000	合夥人資本－甲	316,000
運輸設備	$60,000		合夥人資本－乙	237,000
減：累計折舊	18,000	42,000		
合計		$833,800		$833,800

清算時，商品存貨與運輸設備共售得 $180,000，應收帳款僅收回 $90,000，所有負債全部清償完畢，則相關處理分錄如下：

變賣商品存貨及運輸設備等資產		
現金	180,000	
累計折舊	18,000	
清算損益	44,000	
商品存貨		182,000
運輸設備		60,000
收回債權		
現金	90,000	
備抵壞帳	3,000	
清算損益	33,000	
應收帳款		126,000
清償債務		
應付票據	90,900	
應付帳款	69,900	
質押借款	120,000	
現金		280,800

合夥企業解散清算程序

結束營業時合夥人資本餘額	變賣資產清算損益	收回債權清算損益	清償債務清算損益

清算損益分配後的各合夥人資本淨額

清算後是否有
(1) 留待後續變賣的資產？或
(2) 合夥人資本淨額有借餘的情形？

沒有 → 將清算後所剩現金，按合夥人資本淨額比例，分配返還

有

(1) 將待售資產全額視同或有負債，由各合夥人分攤
(2) 合夥人資本淨額有借餘者，先由有貸餘的合夥人負擔
(3) 重新計算合夥人資本淨額
(4) 將所有現金，依合夥人資本淨額比例，分配返還之

Unit 10-10
合夥的解散清算（二）

經以上分錄後，現金帳戶及清算損益帳戶如下：

現金	
486,800	280,800
180,000	
90,000	
借餘 $476,000	

清算損益	
44,000	
33,000	
借餘 $77,000	

清算損失 $77,000，應依甲、乙的損益比例 (4：3) 分攤之，分錄如下：

合夥人資本－甲	44,000*	
合夥人資本－乙	33,000**	
清算損益		77,000
*合夥人甲分攤 $77,000×(4/7)＝$44,000		
**合夥人乙分攤 $77,000×(3/7)＝$33,000		

清算損益分配後，甲、乙的資本帳戶餘額如下：

合夥人資本－甲	
44,000	316,000
貸餘 $272,000	

合夥人資本－乙	
33,000	237,000
貸餘 $204,000	

　　清算後，並無未變賣資產或合夥人有借餘資本淨額，因此現金帳戶的借餘 $476,000 可按各合夥人的資本淨額比例 (非損益比例)，一次分配返還如下：

　　甲、乙資本淨額比例＝$272,000：$204,000＝4：3，故：
　　甲合夥人可分得 $476,000×(4/7)＝$272,000
　　乙合夥人可分得 $476,000×(3/7)＝$204,000

2. 分次發還資本實例

　　設甲、乙合夥經營商店，其損益分配比例為 5：3。經營多年後擬結束營業，經收回債權後，其資產負債如下：

資　　產		負　　債	
現金	$ 12,000	應付帳款	$ 35,000
資產 A	58,000	合夥人資本－甲	85,000
資產 B	80,000	合夥人資本－乙	30,000
合計	$150,000		$150,000

資產 A 售得 $50,000 並清償債務，3 個月後資產 B 售得 $96,000，則該合夥企業於每次出售資產時，各合夥人所能分得的資本，計算如下：

(1) 出售資產 A 時

以帳面價值 $58,000 的資產 A 售得 $50,000，而有 $8,000 的清算損失；帳面價值 $80,000 的資產 B 在出售前視同或有負債；這些損失或負債應按損益比例分攤給甲、乙合夥人如下表：

	合夥人資本－甲	合夥人資本－乙	說　　　明
資本餘額	85,000	30,000	結束營業時的資本餘額
清算損失	(5,000)	(3,000)	資產 A 出售的損失按 5：3 分攤
或有負債	(50,000)	(30,000)	資產 B 當或有負債按 5：3 分攤
資本淨額	30,000	(3,000)	損失負債分攤後的資本淨額
借餘由貸餘負擔	(3,000)	3,000	乙合夥人的資本借餘先由甲負擔
返還資本	27,000	0	資產 A 出售後，僅甲分得 $27,000

合夥企業出售資產 A 後的現金＝$12,000＋$50,000－$35,000＝$27,000，全部支付給甲合夥人。

(2) 出售資產 B 時

以帳面價值 $80,000 的資產 B 售得 $96,000，而有 $16,000 的清算利益，按損益比例分攤給甲、乙合夥人，如下表：

	合夥人資本－甲	合夥人資本－乙	說　　　明
資本餘額	85,000	30,000	結束營業時的資本餘額
清算損失	(5,000)	(3,000)	資產 A 出售的損失按 5：3 分攤
清算利得	10,000	6,000	資產 B 出售利得按 5：3 分攤
資本淨額	90,000	33,000	損失利得分攤後的資本淨額

資產 B 出售後，甲乙資本淨額比例為 $90,000：$33,000＝30：11，因此出售資產 B 的所得 $96,000 按 30：11 分配給甲、乙合夥人各得：

甲合夥人得 $96,000(30/41)＝$70,244
乙合夥人得 $96,000(11/41)＝$25,756

(3) 現金核算

出售資產並清償債務的總現金＝$12,000＋$50,000－$35,000＋$96,000＝$123,000

甲、乙合夥人合計分得＝$27,000＋$70,244＋$25,756＝$123,000

第 11 章

公司會計一投入資本

●●●●●●●●●●●●●●●●●●●● 章節體系架構 ▼

Unit **11-1** 公司與股東

1. 公司的意義

　　我國公司法第 1 條規定：「本法所稱公司，謂以營利為目的，依照本法組織，登記、成立之社團法人」。換言之，凡以營利為目的之工、商、農、林、漁、牧、礦、冶等事業，不論公營、私營抑或公私合營，凡依公司法組織登記成立者，均稱之為公司。故就我國的法律規定而言，非以營利為目的之團體或組織，不得稱為公司。公司也具社團法人的資格，除了不能如自然人參與政治或從事公職外，也如自然人必須守法、納稅、對外簽約、融資借款、從事商業行為、甚至控告他人或被人控告等。因此公司組織是所有企業組織型態中有專法管理的組織型態。

　　公司組織除業主權益外，其他如資產、負債、收益、費用的會計處理與獨資、合夥企業無異。公司組織的業主權益特稱為股東權益。由於公司係在法律上具有人格的法人組織，故其股東權益之會計處理，受法令規章之約束，較獨資、合夥企業為多。

2. 公司的種類

　　依照我國公司法第 2 條的規定，公司之基本型態有如下四種：

(1) 無限公司：指二人以上之股東所組織，對公司債務負連帶無限清償責任之公司。即當公司資產不足以清償債務時，應由股東負連帶無限清償責任。

(2) 有限公司：由一人以上之股東所組織，就其出資額為限，對公司負其責任之公司。

(3) 兩合公司：指一人以上之無限責任股東，與一人以上之有限責任股東所組織，其無限責任股東對公司債務負連帶無限清償責任；有限責任股東就其出資額對公司負其責任之公司。

(4) 股份有限公司：指二人以上股東或政府、法人股東一人所組織，全部資本分為股份，股東就其所認股份，對公司的債務負責任之公司。

　　公司名稱，應標明公司之名稱及種類，外國公司另加標國籍。以上所述各類型公司中無限公司與合夥企業性質類似；有限公司近似股份有限公司。

　　股份有限公司向主管機關登記之資本總額，即為股本總額。股份有限公司之股本總額，依法應劃分為若干單位，每一單位稱為一個股份，擁有股份的人就是股東；股份有限公司為表述股東的權益，依法發行股票交付股東，以維權益，所以股票也是一種有價證券。公司法允許以股票存摺替代實體股票。

3. 公司股東的權益

(1) 分配股息紅利：公司經營所獲盈餘經股東會決議，得按照持有股份的比例，分配股息及紅利。

(2) 參與經營決策：股東僅能於出席股東大會時，得依持有股份的多寡擁有同比例的投票權，按章程的規定，對於重要議案及人事案享有投票的間接決策權；也有被推選為公司的董事、監察人或獲聘為經理人，以達到直接參與公司管理的目的。

(3) 優先認購新股：股東的優先認股權，係指當公司現金增資發行新股時，舊股東得按其持有股份之比例，優先認購新股。優先認股權之設計，在於保障公司舊股東的持股比例，以免權益因新股之發行而受損。例如，某股東持有公司股票的十分之一，如果公司增資發行 10,000 股新股，則該股東有權可以認購 1,000 股以維持其持股比例，當然也可以不認購新股。蓋因為如果公司經營得當獲利頗豐，原股東若無權優先認股，則新股東一旦進入公司，將與舊股東共享前期利益，對舊股東而言並不公平。再者，新股東一旦進入公司，舊股東的持股比例相對降低，可能導致對公司的控制權或經營權轉移。

(4) 剩餘財產分配權：公司解散，經拍賣財產、收回債權、清償債務等清算後，剩餘的財產應按各股東持有股份的比例，分別返還股東；惟若清算後公司仍有債務待償，則因股東的責任有限，股東也不必再提供個人的財產加以清償。

4. 股東的責任

股東之責任因公司之種類而不同。歸納言之，可分為下列兩種：

(1) 有限責任：除無限公司外，有限責任股東僅就其所認股份或其出資額為限，對公司之債務負責。

(2) 無限責任：無限公司或兩合公司中的無限責任股東，對公司之債務，應負連帶無限清償責任。

5. 公司組織與管理

公司組織與管理採取分層授權管理，由股東會選舉組成最高權力與責任的董事會，再由董事會遴聘各層經理來執行董事會的經營策略與目標，並對董事會負責，如下圖：

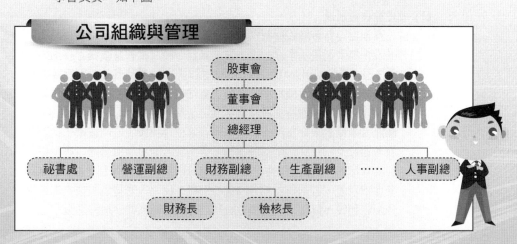

Unit **11-2**
股東權益與股票分類

1. 股東權益

公司的股東權益相當獨資企業的業主權益或合夥企業的合夥人資本帳戶及合夥人往來帳戶，專司登載股東的權益，也是股東對公司資產之求償權。股東權益可分為：(1) 股東投資與 (2) 保留盈餘兩大部分。股東投資係指公司成立及後續增資由股東所投入的資本，包括股本及超過股票面額的資本公積；而保留盈餘專指公司經營獲利而保留未分配的盈餘。股東投入的資金，應按不同股份性質分類，資本公積則按不同來源分設明細帳。每屆會計年度終了時，公司應將本期經營損益結轉保留盈餘，經股東會決議當年度分配之股利，亦應由保留盈餘轉出。保留盈餘為企業經營盈虧之彙總，股本交易之任何利益，不得貸記本科目。保留盈餘在資產負債表中應單獨列示，與投入資本合計，稱為股東權益。

若公司經營虧損，致使保留盈餘產生借餘，則稱累積虧損。累積虧損在資產負債表中，應作為投入資本的減項。資產負債表上股東權益部分之表達方式如下：

投入資本：		
普通股股本	$5,000,000	
資本公積－股本溢價	150,000	$5,150,000
保留盈餘：		
未分配盈餘		570,000
股東權益總額		$5,720,000

2. 股票的分類

公司的股票可按股票權益、有否面值或記名等不同標準，而有：

(1) 普通股與特別股

依股票權益而有普通股與特別股；當公司只發行一種股票時，該股票即為普通股，為公司最基本之股份，股東具有一般之權利及義務；特別股也稱為優先股，是公司另外發行具有不同權益的股票。特別股的特別權益如下：

①優先分配股利：此種特別股在公司支付普通股股利之前，享有優先分配股利之權利。此種特別股又依年度之盈餘不足以分配特別股利時，其差額能否累積至後期支付而有累積與非累積特別股。公司按定率或定額發放普通股及特別股之全部股利後，特別股若能再參與普通股享受額外股利之分配的，稱為參加特別股；若再分配額外股利無上限者，稱為完全參加特別股，否則稱為部分參加特別股；反之，若特別股按定率或定額分配股利後，無權再參與額外股利之分配者稱為非參加特別股。

②優先分配剩餘財產：當公司解散經變賣資產、收回債權及清償債務等清算作業後，若有剩餘財產，特別股享有優先分配權利。

③可轉換特別股：特別股可依約得於一定年限內，以一定之票面比例，轉換為普通股之權利。

④可贖回特別股：即公司與股東約定可隨時贖回的特別股。公司創業初期，急須募集鉅額資本，多發行此種股份，以廣招徠，嗣後獲利能力加強，資金逐漸充裕時，再將其贖回。

(2) **面值股與無面值股**

面值股指股票之票面，不僅印有股數，並載明每股金額。我國規定公司公開發行的股票每股為 $10。公開發行的股票可在市面上自由流通，其市價與股票之面值並無直接關係。有面值股票若發行價格大於面值，稱為溢價發行，股票溢價應列為資本公積；若發行價格小於面值，稱為折價發行，股票折價應列為資本公積的減項。

無面值股即股票之票面僅載明股數而未表明每股金額。無面值股的發行，就無股票溢價或股票折價的情形。我國現行公司法並不允許發行無面值股票，也規定除公開發行公司經證期會核准者外，不允許股票折價發行。國外允許發行的無面值股票，又依是否董事會指定一定的價值代替面值，而分為設定價值股票與無設定價值股票兩種。

(3) **記名股與無記名股**

記名股票即在股票及股東名簿，載明股東的姓名的股票。記名股票轉讓時，應向公司辦理過戶手續，並變更股東名冊上的股東姓名。無記名股即在股票及股東名簿，均無股東姓名之記載；股票之持有者，即為股票之權利人。

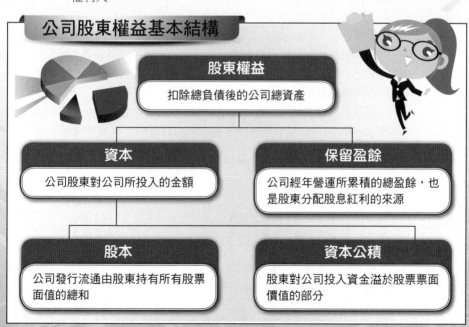

Unit 11-3
股票之發行（一）

　　股份有限公司應有二人以上為發起人，股份總數得分次發行。發起人如果能夠認足第一次應發行的股數，即可設立公司，這種公司設立方式稱為發起設立，通常規模較小者多採此種方式。如果公司預定經營的業務龐大，需要大量的資金，非少數人所能或所願投注，因此，公開招募有興趣的投資者共同投資的方式稱為募集設立，但發起人必須認足第一次應發行股票的四分之一。凡有意投資的人需先填認股書，送交發起人，俟核准後再繳納股款。

　　公司法已修改，公開發行公司得以低於面值發行。股東繳納股款原則上應該以現金繳付，但經董事會同意者，得以現金以外的財產抵繳。

　　設必妥公司成立於 X1 年 1 月 1 日，經核准發行特別股 100,000 股，每股面值 $10，普通股 1,500,000 股，每股面值 $10。

1. 現金發行

(1) 按面值發行

　　　公司設立初期，股份多按面值發行，隨後之增資，則可依公司經營狀況按面值或高於面值發行。茲設必妥公司按面值發行特別股 50,000 股及普通股 900,000 股，如數收到現金，則其分錄如下：

現金	9,500,000	
特別股股本		500,000
普通股股本		9,000,000

(2) 溢價發行

　　　公司發行的股份以高於面值或設定價值發行時，其超過面值或設定價值的部分，稱為股份溢價。股本應僅記載股票的面值乘以股數的總值，股份溢價則應貸記於不同股別的資本公積帳戶。

　　　假設必妥公司每股面額（或設定價值）$10 之特別股，每股以 $11.4 發行 30,000 股，普通股以 $10.5 發行 400,000 股，則其分錄如下：

現金	4,542,000	
特別股股本		300,000
普通股股本		4,000,000
資本公積－特別股溢價		42,000
資本公積－普通股溢價		200,000

　　　股份溢價應貸記「資本公積」，並按不同股份及不同原因，分設明細帳記載之。亦即資本公積為統制帳戶，應按不同來源設置明細帳。

(3) 折價發行

　　公司發行的股份以低於面值或設定價值發行時，其未達面值或設定價值的部分，稱為股份折價。依前例，假設必妥公司特別股以每股 $9.50 折價發行 10,000 股，普通股以每股 $9 折價發行 100,000 股，則其分錄如下：

現金	995,000	
資本公積－特別股折價	5,000	
資本公積－普通股折價	100,000	
特別股股本		100,000
普通股股本		1,000,000

　　股份折價在資產負債表上，應列為各該類股本之減項。我國公司法規定股份也得折價發行已如前述。美國部分州政府允許折價發行，股份若是折價發行，將來公司解散時，若資產不足以清償負債，原投資的股東須補繳當初的折價金額。換言之，折價投資公司首次發行股票的股東，對公司的負債有或有責任。

　　股票並無到期日，除公司解散清算外，也無返還股本給股東的義務，因此，股份溢、折價不需攤銷。在資產負債表上，前者列為股本之加項，後者列為股本減項，以示股東實際投入的股本數額。

(4) 無面值股發行

　　我國公司法規定，公司章程應載明股份總額及每股金額，且每股金額應歸一律。換言之，我國公司不得發行無面值之股份。外國或有發行無面值股份，無面值股票有「有設定價值」及「無設定價值」兩種，有設定價值股票之帳務處理，類似面值股；無設定價值股票，就不會發生溢價或折價的問題。茲說明如下：

①無設定價值：無面值股發行時，若董事會未設定其最低價值，則發行所收受的現金或資產的公平市價，全部貸記「股本」科目。例如公司發行無面值股 200,000 股，共收取現金 $1,960,000，其分錄如下：

現金	1,960,000	
普通股股本		1,960,000

②有設定價值：公司發行有設定價值的無面值股時，其會計處理比照面值股，以設定價值為面值，實際發行價格超過設定價值的部分，作為股票發行溢價。設發行 10,000 股，每股設定價值 $10，但按 $10.5 發行，分錄如下：

現金	105,000	
普通股股本		100,000
資本公積－普通股溢價		5,000

Unit **11-4**
股票之發行（二）

圖解會計學

2. 以財產抵繳股款

投資人以現金以外的資產如土地、房屋及設備等抵繳股款時，係屬於非現金交易，應按取得資產的公平價值或股份的公平價值兩者當中，比較客觀明確者入帳。設公司以面值 $10 普通股 100,000 股，交換房屋及土地。公司經營得體，前景樂觀，股票市價已經達到每股 $11.5，房屋、土地公平價值分別為 $300,000、$910,000，雖然房地公平市價高於股票市價，但屋主願意換抵股票，故其分錄如下：

房屋	300,000	
土地	910,000	
普通股股本		1,000,000
資本公積－普通股溢價		210,000

3. 以勞務抵充股款

公司發起初期邀聘技術顧問，全程索價 $100,000，技術顧問也願意以其顧問費用換取面值 $10 股份 12,000 股，由於公司設立初期，尚無明顯的公開市價，公司也高度倚賴這項技術，只好允諾技術顧問的條件，其分錄如下：

顧問費用	100,000	
資本公積－普通股折價	20,000	
普通股股本		120,000

4. 公開招募股份

公司發行股份若直接向投資者公開招募，投資者須先填認股書，承諾按約定的條件繳付股款。公司收到認股書時，應按認購價格借記「應收股款」，貸記「已認股本」科目，若有股本溢價，應同時貸記「資本公積」。待股款收齊後發給股票時，再借記「已認股本」，貸記「股本」，假設公司收到認股書認購面值 $10 普通股 40,000 股，認購價格 $12，則相關分錄如下：

收到認股書時：		
應收普通股股款	480,000	
已認普通股股本		400,000
資本公積－普通股溢價		80,000
股款全部收齊時：		
現金	480,000	
應收普通股股款		480,000
發給普通股股票 40,000 股：		
已認普通股股本	400,000	
普通股股本		400,000

242

股款如果可以分期繳納，則每次收取股款時，應借記「現金」，貸記「應收股款」，股款收齊後，再發給股票。

　　「已認股本」係股本的過渡科目，公司必須等待股款收齊，向主管機關辦理公司登記核准後，才能將股票交付給股東，並將本科目轉列「股本」科目，因此在資產負債表上，「已認股本」應作為股本的加項。

　　「應收股款」僅是投資人的認購意願，公司尚無強制投資人必須繳付的權力，因此不具備資產的要件，而僅能將「應收股款」作為股東權益的減項。

　　股本發行的溢 (折) 價在資產負債表股東權益部分，可列為股本的加 (減) 項或資本公積的借 (貸) 項二種方式，如下所示：

股東權益－溢 (折) 價列資本公積的借 (貸) 項		
投入資本：		
特別股，6% 累積，面值 $10		
核定及發行 100,000 股	$1,000,000	
普通股，面值 $10，核定 1,500,000 股，發行 1,200,000 股	12,000,000	$13,000,000
資本公積：		
特別股溢價	$450,000	
普通股溢價	640,000	1,090,000
投入資本總額		$14,090,000
保留盈餘：		
未分配盈餘		1,850,000
股東權益總額		$15,940,000

股東權益－溢 (折) 價列股本的加 (減) 項		
投入資本：		
特別股，6% 累積，面值 $10		
核定及發行 100,000 股	$1,000,000	
特別股溢價	450,000	$1,450,000
普通股，面值 $10，核定 1,500,000 股，發行 1,200,000 股	$12,000,000	
普通股溢價	640,000	12,640,000
投入資本總額		$14,090,000
保留盈餘：		
未分配盈餘		1,850,000
股東權益總額		$15,940,000

Unit **11-5**
庫藏股票（一）

1. 庫藏股票的本質

　　庫藏股票係指公司已發行在外，經買回而尚未註銷的股票。換言之，庫藏股票是本公司已發行股票的收回，若是購買非本公司的股票，則屬股票投資，並非庫藏股票；公司股票若已註銷，形同公司減資，因此庫藏股票必須是尚未註銷的股票；購入庫藏股，形同返還投資的資本給股東，是實收股本額而非資產的減少。庫藏股票本質上與未發行股票類似，其對公司投票權、優先認股權、盈餘分配權及公司清算剩餘財產分配權等均受限制。公司買回股份之數量比例及收買股份之總金額也受相關法規之限制。公司解散時，庫藏股票更無變現價值，因此，在資產負債表上，庫藏股票應作為股本或股東權益的減項，不得列記為資產。

2. 庫藏股票產生的原因

　　公司可能基於以下理由，而購買流通在外的本公司股票變成庫藏股票：

(1) 員工購股之需要：公司為激勵士氣增加員工認同感，開放符合條件的員工，得按既定價格購買既定數量的股份作為投資。為此需要而公司又無意增資時，公司可自股票市場購入本公司的股票，再售與員工。

(2) 維持或提高股票市價：若公司股票的市價因為遭逢非經濟因素而大幅降低，為維持合理的股票價位，公司董事會可以自股票市場收購部分股票，俾誘使股票市場價格合理化。

(3) 以股票抵償債務：公司的股東破產，若有積欠本公司債務，本公司得收回股東所持有本公司的股票，優先抵償積欠本公司的債務。

(4) 收購異議股東之股票：對於股東會中如與其他公司合併、出售或出租重要資產等重大議案之決議持反對之股東，得請公司按市價承購其股票。

(5) 股東捐贈：公司受贈股，如公司財務狀況欠佳時，欲向外借款或發行股份都有困難，乃由股東捐贈部分股份與公司，再由公司出售，以增加現金。

(6) 避免被併購風險：減少流通在外的股數，可降低被其他公司併購的風險。

3. 庫藏股票的會計處理

　　公司可能以出價取得或受贈取得兩種方式，獲得庫藏股票。其會計處理方式，設例分別說明之。

(1) 受贈取得

　　公司若是無償取得庫藏股票，應按取得時公平市價記錄之，假設立祥公司的股東捐贈面值 $10 之股票 500,000 股給公司，當時每股市價 $11.40，嗣後再以 $12.50 出售，分錄如下：

按受贈時的公平市價，記錄庫藏股票 **500,000** 股，每股市價 **$11.40**		
庫藏股票	5,700,000	
資本公積－捐贈		5,700,000
庫藏股票 500,000 股，以每股市價 $12.50 出售		
現金	6,250,000	
庫藏股票		5,700,000
資本公積－捐贈		550,000
得資本公積－捐贈貸餘＝$6,250,000－$5,700,000＝$550,000		
若庫藏股票 500,000 股，以每股市價 $10.50 出售		
現金	5,250,000	
資本公積－捐贈	450,000	
庫藏股票		5,700,000
得資本公積－捐贈借餘＝$5,250,000－$5,700,000＝－$450,000		

　　處分接受捐贈的庫藏股票，若再出售的售價與取得時的市價不相等，則應調整資本公積－捐贈，如上述列舉分錄。

　　出售或取得庫藏股票，如果必須繳付稅捐 (如證券交易稅) 及費用 (如佣金及手續費)，則繳付之數，應借記「資本公積－捐贈」，貸記「現金」。

　　設立祥公司出售庫藏股票時，應繳納稅捐 $2,500，則分錄如下：

資本公積－捐贈	2,500	
現金		2,500

245

(2) **出價取得**

　　購入庫藏股票時，應以全部購價借記「庫藏股票」，貸記「現金」。以後再出售時，若售價大於原購入成本，其差額應貸記「資本公積－庫藏股票交易」；反之，若售價較原成本為低，則其差額應借記庫藏股票交易所產生之「資本公積－庫藏股票交易」，不足之數，再借記「未分配盈餘」，說明如下：

　　假設米奇公司 X1 年 4 月 1 日之股東權益如下：

普通股，面值 $10，核定及發行 80,000 股	$800,000
資本公積－普通股溢價	180,000
未分配盈餘	460,000
	$1,440,000

　　設米奇公司於 X1 年 6 月 1 日購入庫藏股票 3,000 股，每股成本 $13.5，7 月 12 日出售 1,000 股，每股售價 $16，8 月 25 日再出售 600 股，每股售價 $13，10 月 20 日再出售 1,000 股，每股售價 $11，至年終尚有庫藏股票 400 股。有關分錄如下頁：

Unit **11-6**
庫藏股票（二）

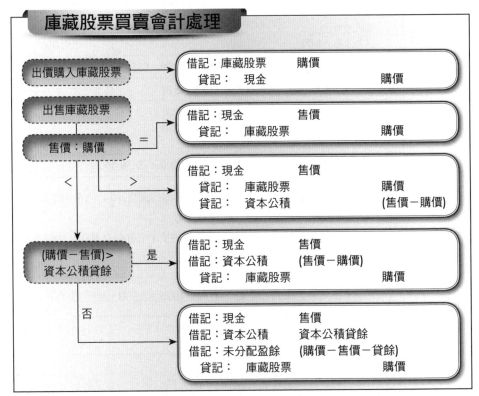

庫藏股票買賣會計處理

出價購入庫藏股票 → 借記：庫藏股票　　購價
　　　　　　　　　　貸記：　現金　　　　　　　　購價

出售庫藏股票
售價：購價 = → 借記：現金　　　　售價
　　　　　　　　　貸記：　庫藏股票　　　　　　購價

< > → 借記：現金　　　　售價
　　　　貸記：　庫藏股票　　　　　　購價
　　　　貸記：　資本公積　　　　(售價－購價)

(購價－售價)>
資本公積貸餘 是 → 借記：現金　　　　售價
　　　　　　借記：資本公積　(售價－購價)
　　　　　　貸記：　庫藏股票　　　　　購價

否 → 借記：現金　　　　售價
　　　借記：資本公積　　　資本公積貸餘
　　　借記：未分配盈餘　(購價－售價－貸餘)
　　　貸記：　庫藏股票　　　　　　購價

6/1	購入庫藏股票 3,000 股，每股成本 $13.5		
	庫藏股票	40,500	
	現金		40,500
7/12	出售 1,000 股，每股售價 $16		
	現金	16,000	
	庫藏股票		13,500
	資本公積－庫藏股票交易		2,500
8/25	再出售 600 股，每股售價 $13		
	現金	7,800	
	資本公積－庫藏股票交易	300	
	庫藏股票		8,100
10/20	再出售 1,000 股，每股售價 $11		
	現金	11,000	
	資本公積－庫藏股票交易	2,200	
	未分配盈餘	300	
	庫藏股票		13,500

7 月 12 日以每股 $16 出售庫藏股票 1,000 股，售價超過購入購價 $2,500，應貸記「資本公積－庫藏股票交易」，不得貸記收益科目。8 月 25 日再以每股 $13 出售 600 股，售價比購價低 $300，應該借記「資本公積－庫藏股票交易」。10 月 20 日再以每股 $11 出售 1,000 股，售價比購價低 $2,500，此時「資本公積－庫藏股票交易」僅有貸餘 $2,200，不足之數 $300，則借記「未分配盈餘」。

米奇公司期末剩餘尚未出售的庫藏股票 400 股，應作為股東權益之減項，同時並應限制保留盈餘之分派。設 X1 年度該公司獲利 $200,000，支付股利 $150,000，則其股東權益如下：

股 東 權 益		
投入資本：		
普通股，面值 $10，核定及發行 80,000 股， 其中 400 股為庫藏股票	$800,000	
資本公積－普通股溢價	180,000	
投入資本總額：		$980,000
保留盈餘		
未分配盈餘*		509,700
		$1,489,700
減：庫藏股票成本 (400 股)@$13.5**		(5,400)
股東權益總數		$1,484,300
*$460,000＋$200,000－$150,000－$300＝$509,700 **保留盈餘中，有相當於庫藏股票的成本 $5,400 受限制，不得分配股利		

為維持資本的完整，保障債權人的權益，購入庫藏股票，必須限制盈餘分派。

4. 股份的註銷

股份註銷係指公司將收回之股份，經由正式辦理減資的手續，減少股東權益。如果米奇公司欲將尚餘庫藏股票 400 股註銷，其程序為：

取得庫藏股票之成本為每股 $13.5，尚餘 400 股，予以註銷，則原始發行的股票面額、股份溢價應一併沖銷。原始發行價格若大於庫藏股票取得成本，其差額應貸記「資本公積－普通股溢價」。反之，若小於庫藏股票取得成本，其差額應借記「資本公積－普通股溢價」補足，不足之數再以借記「未分配盈餘」補足。本例原始發行價格為每股 $12.25，溢價 $1.25 售出，則註銷分錄如下：

普通股股本	4,000	
資本公積－普通股溢價	500	
未分配盈餘	900	
庫藏股票*		5,400
*庫藏股票 400 股購價 (@13.5)＝$1.35×400＝$5,400		

Unit 11-7
每股帳面價值

　　每股帳面價值或稱每股權益，係指就資產負債表所列之股東權益數額為準，所計算出每一股應有之權益。

　　公司若僅有一種股票，則普通股每股權益的計算，可將股東權益總額除以流通在外之股份數 (即已發行股數減除庫藏股票)；若公司發行兩種以上的股份，則計算每股權益時，應先將股東權益總額分配予各該類股份。分配權益給各該類股份時，應顧及特別股在清算時的權利，例如：清算價格及累積未發放的股利等。公式如下：

僅發行普通股時

每股帳面價值＝股東權益／流通在外股數

發行特別股及普通股時

特別股股東權益＝特別股之累積積欠股利＋特別股流通在外股數每股贖回價格 (或清算價格或面額)

特別股每股帳面價值＝特別股股東權益／特別股流通在外股數

普通股每股帳面價值＝(股東權益總額－特別股股東權益)／普通股流通在外股數

　　茲設例說明如下：

　　設洋溢公司 X1 年 12 月 31 日之股東權益如下：

股　東　權　益	
特別股，7% 累積，面值 $10，流通在外 5,000 股	$50,000
資本公積－特別股溢價	5,000
普通股，面值 $10，流通在外 40,000 股	400,000
資本公積－普通股溢價	20,000
保留盈餘	130,000
合計	$605,000
減：庫藏股 (普通股 4,800 股，每股 $14 買進)	(67,200)
股東權益總額	$537,800

特別股每股贖回價格為 $11.50。則於不同特別股股利積欠假設，特別股與普通股之每股帳面價值，計算如下：

未積欠特別股股利時：		
股東權益總額		$537,800
減：特別股權益－贖回價格 ($11.50×5,000 股)		(57,500)
普通股權益		$480,300
每股權益：		
特別股：$57,500÷5,000＝$11.50/股		
普通股：$480,300÷(40,000－4,800)＝$13.65/股		
積欠 **3** 年特別股股利		
股東權益總額		$537,800
減：特別股權益：		
贖回價格	$57,500	
累積股利*	10,500	(68,000)
普通股權益		$469,800
每股權益：		
特別股：$68,000÷5,000＝$13.60/股		
普通股：$469,800÷(40,000－4,800)＝$13.35/股		
*$50,000×7%×3＝$10,500		

249

每股權益是依公司章程之規定分配各類股份應有之權益，而非依原始投入之資本來計算的。普通股是公司的基本股份，也是剩餘權益之所有者，因此，總權益應優先分配予特別股，剩餘之權益才屬於普通股股東所有。股票之每股市價與每股權益並無直接關係。

知識補充站

每股權益是企業經營的歷史累積價值，受歷史成本的限制與影響，而每股市價則受投資人對公司未來的經營績效、財務狀況、產業風險、資金供需等影響，兩者截然不同。

第 12 章
現金流量表

●●●●●●●●●●●●●●●●●●●● 章節體系架構 ▼

Unit **12-1**
現金流量表的意義與內容

圖解會計學

1. 現金流量表的意義

過去的企業經營都強調資產負債表、損益表與業主權益變動表等三種報表；資產負債表僅表述企業在特定日期的財務狀況，損益表則顯示企業在特定期間的經營成果，而業主權益變動表則是表述業主權益增減變動原因的報表，三種報表各有其目的及功用。

隨著企業經營的擴展與複雜化，上述財務報表均無法顯示特定期間內，企業經營所需要的資金來源與運用情形，導致有些企業經營的中斷，肇因於資金的周轉問題。

現金流量表乃彙總表述企業在特定期間內，因為營業活動、投資活動及融資活動而產生的現金流入與流出狀況的財務報表。企業經營者可以由現金流量表得知過去營運、投資及融資的重大決策，在現金運用的影響，也可研判短期內資金是否有短缺現象而預為籌謀。投資者、債權人，亦可經現金流量表，研判企業：

(1) 未來產生淨現金流入的能力。

(2) 償還負債及支付股利的能力，以及向外融資的需要。

(3) 本期損益與營業活動現金收支之差異原因。

(4) 本期現金與非現金之投資及融資活動，對財務狀況之影響。

本章就現金流量表的意義、目的及其編製方法予以說明。

2. 現金流量表的內容

現金流量表就：(1) 營業活動、(2) 投資活動、(3) 融資活動等，所產生的現金流量加以分類表述，IFRS規定不影響現金流量或同時影響現金與非現金項目之投資及融資活動均應列表揭露，茲分述如下：

(1) 營業活動的現金流量

營業活動泛指投資與融資活動以外之交易及其他事項，如產、銷商品或提供勞務等。營業活動的現金流量，指列入損益表計算之交易及其他事項所產生的現金流入與流出，營業活動通常會涉及流動資產與流動負債的變動。

現銷商品或勞務，應收帳款或票據的收現，利息或股利的收入，訴訟受償款都是明顯的現金流入；現購商品及原料，償還供應商帳款及票據，支付各種營業成本及費用，支付利息，訴訟賠償款等也是明顯的現金流出；其中訴訟受償款及訴訟賠償款，因非屬投資活動或融資活動所產生的，故歸類為營業活動的現金流量。

　　另外,在特定期間流動資產,如應收帳款或應收票據的減少,則間接地表示現金的流入;流動負債如應付帳款或應付票據的增加,則間接地表示現金流出的減少等。

(2) 投資活動的現金流量

　　投資活動指非流動性資產的取得或處分等,與營業損益無關之資產增減變動交易,例如:取得與處分非營業活動所產生的債權憑證、權益證券、固定資產、天然資源、無形資產及其他投資等。

(3) 融資活動的現金流量

　　融資活動常涉及非流動性負債與股東權益的變動等,與營業損益無關之負債增減變動交易,包括非流動性負債的舉借及償還,以及現金增資發行新股、發放股利、購買庫藏股票等股東權益變動等。但借貸發生的利息費用,因為已列入損益表計算,所以在分類時,屬於營業活動。這些活動影響企業財務狀況,但與營業損益無關。

(4) 不影響現金流量的重大投資及融資活動

　　公司如有以發行股票交換土地或以公司股票償還公司債等,重大的投資及融資活動,這些活動雖然影響企業財務狀況,但不直接影響現金流量,也應於現金流量表中,作補充揭露。

現金流量表的內容

現金流量表彙總表述企業在特定期間內,經營、投資、融資等活動所產生的現金流入與流出狀況的報表。

營業活動現金流量	投資活動現金流量	融資活動現金流量
泛指投資與融資活動以外之交易及其他事項,如產、銷商品或提供勞務等所產生的現金流入與流出;流動資產與流動負債的變動,也間接影響現金流量	指非流動性資產的取得或處分等,與營業損益無關之資產增減變動交易所產生的現金流入與流出	指非流動性負債與股東權益的變動等,與營業損益無關之負債增減變動交易所產生的現金流入與流出
如現銷商品或勞務,應收帳款或票據的收現;現購商品及原料,償還供應商帳款及票據等	如取得與處分非營業活動所產生的債權憑證、權益證券、固定資產、天然資源、無形資產及其他投資等	如負債的舉借及償還,現金增資發行新股,發放股利,購買庫藏股票等

Unit **12-2**
現金流量表的編製

1. 現金流量表的編製基礎

國際財務報導準則 (IFRS) 規定，編製現金流量表時，宜以「現金及約當現金」為基礎。所謂約當現金或稱現金等值，係指同時具備下列條件之短期且高度流動性之資產：

(1) 隨時可以轉換成定額現金者。
(2) 即將到期，利率變動對其價值的影響甚少者。

常見的約當現金，通常包括自投資日起三個月內到期或清償的公債、國庫券、公司債、可轉讓定期存款單、商業本票及銀行承兌匯票等債務證券。股票投資因沒有到期日，也無法兌換固定金額的現金，故不能視同約當現金內。

2. 現金流量表之編製

資產負債表上的現金科目餘額，僅表示在資產負債表日掌握的金額，損益表上的銷貨收入，也僅是在某一期間包括現銷與賒銷的銷貨總額，其中賒銷部分進入應收帳款或應收票據，而僅有現銷部分是現金的流入；因此，損益表上的本期損益並不代表本期的現金淨進出量，這是因為會計上採取「應計基礎」制的關係，如採「現金基礎」制，則本期損益可代表本期的現金淨進出量。現金流量表的編製，就是依據應計基礎制的財務報表，推算成現金基礎制的現金流量的方法。

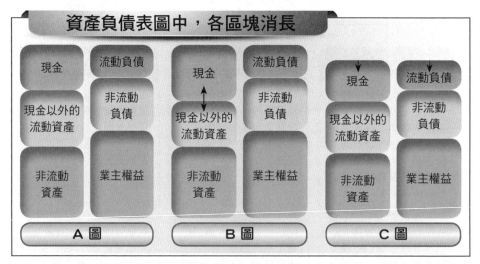

資產負債表圖中，各區塊消長

現金	流動負債
現金以外的流動資產	非流動負債
非流動資產	業主權益

A 圖

現金	流動負債
現金以外的流動資產	非流動負債
非流動資產	業主權益

B 圖

現金	流動負債
現金以外的流動資產	非流動負債
非流動資產	業主權益

C 圖

上面諸圖是由會計恆等式「資產＝負債＋業主權益」中項目細分的圖示：圖之左側代表資產細分為現金、現金以外流動資產及非流動資產；右側代表負債+業主權益，負債部分又分為流動負債與非流動負債，因此左右兩側的

區塊高度相等。由 A 圖變化到 B 圖的現金增加 (區塊增高)，而現金以外的流動資產 (如應收帳款或應收票據) 減少 (區塊縮短)，表示應收帳款或應收票據的收現，而使這兩個區塊高度相互消長。同理，由 A 圖變化到 C 圖的現金減少 (區塊縮短)，而業主權益 (如保留盈餘) 也減少 (區塊縮短)，可能表示發放股息才使現金及保留盈餘均同步減少，也使總資產與總負債的區塊均縮短。由以上的例述可得：

(1) 資產的增加使現金減少或流出，資產的減少使現金增加或流入。
(2) 負債或股東權益的增加使現金增加或流入；反之，則產生現金的減少或流出。

前述所謂的增加或減少，係指編製現金流量表期間的變化；編製年度現金流量表時，則應收帳款的增加或減少，是指年度開始與結束間的變化，年度結束的應收帳款，當然出現在本年度的資產負債表；而年度開始的應收帳款，即出現在上一年度的資產負債表。另外營業收入與營業支出，也是現金流入與流出的重要部分，因此編製年度現金流量表，必須依據當年度的損益表，上一年度及本年度的資產負債表。

255

編製現金流量表主要的方法，是依據三個財務報表找出本期與上期期末現金餘額的增減變動原因，並且將原因分成前述的三大項 (營業活動、投資活動及融資活動) 而編製之。

一般而言，資產負債表左下方，流動資產以外科目發生增減時，因而引起現金的減 (流出) 增 (流入)，即是投資活動現金流量；不過流動資產的短期投資、貸放的款項也屬於投資活動的範圍。資產負債表右上方，流動負債以外的科目發生增減時，因而引起現金的增 (流入) 減 (流出)，包括長期負債、其他負債的增減、業主權益 (除本期損益轉入) 的增減，即屬融資活動現金流量，不過流動負債中如借入的款項、發行商業本票借款等也屬於融資活動。至於流動資產及流動負債科目，多數是用來調整本期損益，以便計算營業活動現金流量的項目。

茲將營業活動、投資活動及融資活動的範圍與財務報表的關係，彙總如下圖：

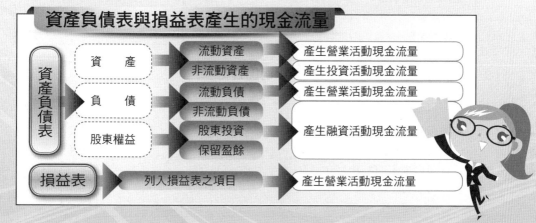

Unit 12-3
直接法推算現金流量 (一)

營業活動現金流量主要資料來自損益表。由於現行會計原則對於損益認列係採「應計基礎」,致使損益表上的純益與現金流量並不相等,因此必須調整成「現金基礎」的損益,才可以算出營業活動的現金流量。至於調整方法則有:(1) 直接法,及 (2) 間接法兩種。直接法是將按應計基礎所編之損益表中,與營業活動有關的每個項目,直接轉成現金基礎;而間接法則是以應計基礎下的「本期損益」為基準,依據資產負債表上的流動資產 (現金以外) 及流動負債增減調整本期損益,另外如折舊、折耗、應付公司債溢、折價攤銷等,雖不動用現金及不產生現金的損益項目,也應將之轉換為現金基礎的現金收支。直接法與間接法雖然推算順序不同,但所推得的現金流量則是相同,但國際會計準則公報 (IAS) 則鼓勵採用直接法。茲以如下的明揚公司 X1 年與 X2 年資產負債比較表及 X2 年損益表為例,說明現金流量表的編製。

明揚公司比較資產負債表 12 月 31 日				
	X2 年	X1 年	增加	減少
資　　　產				
現金	$27,000	$13,000	14,000	
應收帳款	39,000	26,000	13,000	
存貨	34,000	39,000		5,000
廠房設備	90,000	65,000	25,000	
累計折舊	(13,000)	(6,000)		7,000
資產總計	$177,000	$137,000	$40,000	
負債與股東權益				
應付帳款	$12,000	$19,000		7,000
應付費用	3,000	0	3,000	
股本-普通股 $10	115,000	78,000	37,000	
保留盈餘	47,000	40,000	7,000	
負債與股東權益總計	$177,000	$137,000	$40,000	

明揚公司 X2 年簡明損益表		
銷貨收入		$182,000
銷貨成本		130,000
銷貨毛利		$52,000
營業費用 (折舊除外)	$33,000	
折舊費用	7,000	40,000
本期損益		$12,000

補充資料

(1) X2 年以現金 $25,000 增購廠房設備
(2) 普通股以 $10 發行 3,700 股
(3) X2 年宣布並發放現金股利 $5,000
(4) X2 年以每股市價 $15 之普通股 10,000 股換入 $150,000 之土地

　　直接法就是直接將損益表中所有應計基礎的收入與費用項目，逐一轉換成現金基礎的收入與費用，基本上可分成：(1) 銷貨收現，(2) 進貨付現，(3) 其他收入收現，(4)其他費用付現。應計基礎與現金基礎之轉換關係，列示如下：

1. 銷貨收現的推算

　　銷貨收現係指本期因銷貨而收入的現金。按現金基礎，年底尚未收現的銷貨收入，即不屬於本期的收入。反之，上期的銷貨收入本期收現，應作為本期的收入。再者，本期預收的貨款，在應計基礎下不作為收入，但在現金基礎下卻應列為本期的收入。反之，上期預收貨款因為本期並未收取現金，則不應列為本期的收入。因此本期銷貨收現數，可由本期銷貨收入依前、後期的「應收帳款」及「預收貨款」的變動數調整之。其計算公式為：

	+應收帳款減少數	+預收貨款增加數	
銷貨收入	或	或	=本期銷貨收現
	－應收帳款增加數	－預收貨款減少數	

2. 進貨付現的推算

　　進貨付現係指本期因進貨而支付的現金。損益表所列的 [銷貨成本＝期初存貨＋本期進貨－期末存貨]；移項後得 [本期進貨＝銷貨成本＋(期末存貨－期初存貨)] 或 [本期進貨＝銷貨成本＋本期存貨增加數]。如再考慮應付帳款的增減數，則得現金基礎的進貨付現，計算公式為：

	+本期存貨增加數	+應付帳款減少數	
銷貨成本	或	或	=本期進貨付現
	－本期存貨減少數	－應付帳款增加數	

3. 其他收入收現的推算

　　其他收益如租金、利息及佣金收入等，在應計基礎下，有些收入可能已實現而未收取現金 (屬應收收益)，有些收入則可能已收現而尚未實現 (屬預收收益)。若按現金基礎，前者不屬於本期收入，後者則作為本期收入。其轉換的公式如下：

	+應收收益減少數	+預收收益增加數	
其他收入	或	或	=本期其他收入收現
	－應收收益增加數	－預收收益減少數	

Unit 12-4
直接法推算現金流量 (二)

4. 其他費用付現

其他費用如薪資費用、保險費、利息費用等，在應計基礎下，有些費用可能已實現而未支付現金 (屬應付費用)，有些費用則可能已支付現金而尚未實現 (屬預付費用)。按現金基礎，前者不列為本期費用，後者則作為本期費用。其轉換公式如下：

	+應付費用減少數	+預付費用增加數	
其他費用	或	或	＝本期其他費用付現
	−應付費用增加數	−預付費用減少數	

綜合前述轉換公式，彙整如下表：

營業活動現金流量應計基礎與現金基礎之轉換關係

應計基礎		現金基礎	
銷貨收入	+應收帳款之減少數	＝銷貨收現	
	−應收帳款之增加數		
	+預收貨款增加數		
	−預收貨款減少數		
銷貨成本	+存貨增加數	＝進貨付現	
	−存貨減少數		
	+應付帳款減少數		
	−應付帳款增加數		
其他收入	+應收收益減少數	＝其他收入收現	
	−應收收益增加數		
	+預收收益增加數		
	−預收收益減少數		
其他費用	+應付費用減少數	＝其他費用付現	
	−應付費用增加數		
	+預付費用增加數		
	−預付費用減少數		

以明揚公司的比較資產負債表及損益表，各項收現與付現說明如下：

(1) 銷貨收現：由比較資產負債表得知，應收帳款由 X1 年的 $26,000 增為 X2 年的 $39,000，故應收帳款增加數為 $13,000；依據前述關係得

銷貨收現＝銷貨收入−應收帳款增加數

＝$182,000−$13,000＝$169,000

(2) 進貨付現：由比較資產負債表得知，應付帳款由 X1 年的 $19,000 減為 X2 年的 $12,000，故應付帳款減少數為 $7,000；存貨由 X1 年的 $39,000 減為 X2 年的 $34,000，故存貨減少數為 $5,000；依據前述關係得：

進貨付現＝銷貨成本＋應付帳款減少數－存貨減少數
＝130,000＋$7,000－$5,000＝$132,000

(3) 其他費用付現：由損益表得知，折舊除外的營業費用為 $33,000，由比較資產負債表得知應付費用由 X1 年的 $0 增為 X2 年的 $3,000，故應付費用增加數為 $3,000；依據前述關係得：

其他費用＝營業費用－應付費用增加數
＝$33,000－$3,000＝$30,000

(4) 與現金收付無關的費用：由損益表得知，X2 年的折舊費用雖為 $7,000，但並無實際支付，故不影響現金流量。

以直接法推得的營業活動現金流量如下表：

	應計基礎		加	減		現金基礎
銷貨收入		$182,000		$13,000		$169,000
銷貨成本	$130,000		$7,000	5,000	$132,000	
營業費用(折舊除外)	33,000			3,000	30,000	
折舊費用	7,000			7,000	0	
成本費用合計		170,000				162,000
本期損益		$12,000				$7,000

5. 投資活動現金流量的計算

檢視比較資產負債表中，非流動資產的變化推算投資活動所產生的現金流量；如固定、無形、遞耗資產的出售，固定資產的保險理賠，長、短期投資的出售，放款收回或存出保證金的領回等，非流動資產的變化，都產生現金的流入；反之，則產生現金的流出。

明揚公司於 X2 年以現金 $25,000 增購廠房設備，故有投資活動的現金流出 $25,000。 相對於兩年的比較資產負債表，廠房設備也有 $25,000 的增加。

6. 融資活動現金流量的計算

檢視比較資產負債表中，非流動負債的變化，推算融資活動所產生的現金流量；如債務舉借 (償還)，股票發行 (回收庫藏股)，公司債的出售 (還本)，現金股利發放，存入保證金收取 (返還) 等，非流動負債的變動，都產生現金的流入 (出)。明揚公司於 X2 年以每股 $10 發行普通股 3,700 股及發放現金股利 $5,000，故得：

融資活動的現金流量＝$10×3,700－$5,000＝$32,000 (流入)

Unit **12-5**
間接法推算現金流量 (一)

間接法推算營業活動所產生的現金流量，係以本期損益表中應計基礎的「本期損益」為基準，再依：(1) 比較兩期資產負債表中現金以外流動資產及流動負債的變動數、(2) 未動用現金的損失 (利得) 或費用 (收入) 及 (3) 非營業交易之收益及損失調整之，而得現金基礎的本期損益。

1. 現金以外的流動資產及流動負債的變動數

因為應計基礎的本期損益並不代表實際增加的現金數，而這些差異也會反映在應收、應付、預收、預付及存貨等科目的變動中。欲從應計基礎下的本期損益調整為營業活動所產生的現金流量時，各科目的變動調整列表如下：

	應計基礎下的本期損益	
流動資產	＋本期比上期的減少數	－本期比上期的增加數
流動負債	＋本期比上期的增加數	－本期比上期的減少數
得　　現金基礎的「本期損益」		

(1) **應收帳款變動數**：賒銷商品的分錄是借記「應收帳款」、貸記「銷貨收入」；在應計基礎下，銷貨收入已經計入本期損益，但尚有部分應收帳款未收現而必須調整，才能推得現金基礎的本期損益。應收帳款變動數係指期初與期末應收帳款總數的增加量或減少量；如果應收帳款總數沒有增減，表示本期的銷貨收入都是現銷；如果應收帳款總數的增加，表示本期銷貨收現比銷貨收入少，因此應從本期損益中「減除」；如果應收帳款總數的減少，表示有向顧客收到現金而產生現金的流入，故本期銷貨收現比銷貨收入多，銷貨收入多，而應「增加」到本期損益。

(2) **存貨變動數**：存貨與本期損益的基本關係，如以下二式：

> 銷貨成本＝期初存貨＋本期進貨－期末存貨
> 本期損益＝銷貨收入－銷管費用－銷貨成本

因此，期末存貨比期初存貨增加，將直接地使銷貨成本減少，而間接地使本期損益增加；反之，則使本期損益減少。存貨的變動數係指期末存貨減除期初存貨的量；如果存貨的變動數為正 (增加)，則本期損益勢必增加；如果存貨的變動數為負 (減少)，則本期損益勢必減少。存貨的增加或減少並沒有產生現金的流入或流出，因此，將本期損益轉換成營業活動的現金流量時，存貨的增加 (減少) 反而減少 (增加) 本期損益的現金流量。

(3) **預付費用變動數**：預付費用是現金的流出，預付費用變動數係指期末預付費用減除期初預付費用的量。如果預付費用的變動數為正 (增加)，則本期

損益現金流量勢必減少；如果預付費用的變動數為正 (減少)，則本期損益現金流量勢必增加。

(4) **應付帳款變動數**：應付帳款是應付的現金而尚未付出，應付帳款變動數也是期末應付帳款減除期初應付帳款的量。如果應付帳款的變動數為正 (增加)，則本期損益現金流量勢必增加；反之，則本期損益現金流量勢必減少。

(5) **應付費用變動數**：應付費用變動數的調整與應付帳款變動數的調整方法相似。

2. 未動用現金的費用及損失

有些費用如壞帳費用、固定資產折舊費用、無形資產攤銷費用、應付公司債折 (溢) 價攤銷等雖然使得本期純益減少 (增加)，但是並沒有影響到現金，要計算由營業活動所產生的現金流量時，應將這些費用加回本期純益中。

3. 非營業交易之收益及損失

如有某儀器帳面價值為 $200,000，累計折舊為 $130,000，若售得 $60,000，則有以下分錄：

現金	60,000	
累計折舊	130,000	
出售資產損失	10,000	
儀器		200,000

在損益表上出售資產損失 $10,000 已從本期損益中扣除，但因非屬營業活動產生之損失，因此必須加回到本期損益。同理，若該儀器以 $80,000 出售，則其分錄為：

現金	80,000	
累計折舊	130,000	
出售資產利益		10,000
儀器		200,000

在損益表上出售資產利益 $10,000 已加入本期損益，但因非屬營業活動產生之利益，因此必須從本期損益減除之。

綜合以上說明，可得間接法推算營業活動現金流量的方法如下：

應計基礎的「本期損益」	
＋流動資產減少量	－流動資產增加量
＋流動負債增加量	－流動負債減少量
＋未動用現金的費用及損失	－未增加現金的收入及利益
＋資產處分及債務清償之損失	－資產處分及債務清償之利益
＋非常損失 (如固定資產災害損失)	－非常利益 (如中獎收入)
得　現金基礎的「本期損益」	

Unit **12-6**
間接法推算現金流量 (二)

圖解會計學

依明揚公司的比較資產負債表及損益表，得應計基礎的本期損益為 $12,000，又依比較資產負債表中，流動資產應收帳款變動量增加 $13,000；存貨變動量減少 $5,000；應付帳款變動量減少 $7,000；應付費用變動量增加 $3,000；折舊費用 $7,000；整理得間接法的營業活動現金流量為：

間接法營業活動現金流量		
本期損益		$12,000
調節項目		
應收帳款	$(13,000)	
存貨	5,000	
應付帳款	(7,000)	
應付費用	3,000	
折舊費用	7,000	(5,000)
營業活動的淨現金流入		$ 7,000

262

投資及融資活動的現金流量，不因營業活動現金流量採用直接法或間接法而異，明揚公司 X2 年的直接法與間接法現金流量表如下：

現金流量表－直接法		
營業活動的現金流量		
現銷收現	$169,000	
進貨付現	(132,000)	
營業費用付現	(30,000)	
營業活動淨現金流入		$7,000
投資活動的現金流量		
現購廠房設備	(25,000)	
投資活動淨現金流出		($25,000)
融資活動的現金流量		
股本－普通股	$37,000	
支付股利	(5,000)	
融資活動淨現金流入		$32,000
本期現金增加		$14,000
期初現金		$13,000
期末現金		$27,000
不影響現金流量的重大投資及融資活動		
發行普通股購入土地		$150,000

> 直接法推算營業活動現金流量表述方式與間接法不同，但結果相同

> 投資及融資活動現金流量，不因直接法或間接法而異

現金流量表－間接法		
營業活動的現金流量		
本期損益		$12,000
調節項目：		
應收帳款	$(13,000)	
存貨	5,000	
應付帳款	(7,000)	
應計應付帳款	3,000	
折舊費用	7,000	$(5,000)
營業活動淨現金流入		$7,000
投資活動的現金流量		
現購廠房設備	(25,000)	
投資活動淨現金流出		$(25,000)
融資活動的現金流量		
股本－普通股	37,000	
支付股利	(5,000)	
融資活動淨現金流入		$32,000
本期現金增加		$14,000
期初現金		$13,000
期末現金		$27,000
不影響現金流量的重大投資及融資活動		
發行普通股購入土地		$150,000

間接法推算營業活動現金流量表述方式與直接法不同，但結果相同

投資及融資活動現金流量，不因直接法或間接法而異

知識補充站

現金是企業運轉的動能，現金之於企業，猶如血液之於身體；現金貫注在企業所有營運活動的每個環節，現金流量的時程與大小，影響企業營運能量的大小。一旦現金管理出問題，無法如期如數支援營運所需，企業的所有活動必然中止，目標無從達成。

Unit 12-7
現金流量表分析 (一)

現金流量表、資產負債表與綜合損益表是企業經營的三大報表，但是因為採用應計基礎的會計原則，資產負債表與綜合損益表的會計項目餘額含有應收未收的債權 (收入) 與應付未付的債務 (費用)，故綜合損益表中的本期損益並不代表本期掌握的現金總值。現金是任何個人或企業存活的必備資源，即使有再多的債權，若無法及時轉換成現金，個人或企業是無法存活的。現金流量表是記錄企業在一定期間內的現金流入和流出情況。它反映了企業的現金收支狀況，是評估企業經營績效的重要指標之一。

現金流量表分析係藉由掌握營業活動、投資活動、籌資活動等所產生淨現金流入或淨現金流出的意義，以及其間的關係與財務比率，來洞悉企業產生的淨現金、支付股利和未來償還負債等潛能，以供投資者和債權人評估企業的償債能力和經營風險、管理階層了解企業的現金收支情況，制定合理的資金運用計劃和經營策略、甚至稅務機關監控企業的稅務申報情況，防止企業逃稅行為。

營業活動現金流量係表達企業透過本業營運實際淨流入或淨流出的現金。它能衡量企業藉由本業的營運所產生的現金流量是否正常，進而判斷企業是否有足夠的淨現金流入來維持發展，否則可能需要考慮外部融資或股東增資等方式來支應企業。較高的營業活動現金淨流入代表本業經營獲利，能夠產生足夠的現金流入，這對於企業的經營穩定性和成長潛力等方面是積極指標。過低的營業活動現金淨流入或甚至有現金淨流出時，代表企業可能有應收帳款收款期間過長，或是太多沒有售出的存貨等因素，而造成資金週轉的風險，需要依賴其他資金來源或調整營運策略。判斷企業經營的良窳應觀察其營業現金流量的歷年 (歷期) 變化、每期現金及約當現金累積值，如果該累積值能持續維持適當金額，表示企業經營蒸蒸日上並對資金使用狀況掌握得宜，反之則可能經營成效不穩定，甚或江河日下。

投資活動現金流量係顯示企業對投資活動的現金流入和流出，這些活動包括如汰換或購置不動產、廠房及設備 (資本支出)、企業併購、金融資產投資等等。有淨流入 (正值) 的投資現金流量代表企業當期可能進行資產處分或收取被投資公司股利等，因此有現金流入；有淨流出 (負值) 的投資現金流量代表企業可能購入不動產、廠房及設備、併購其他企業或投資金融資產等，因此有現金流出。投資現金流量的正值或負值未必是壞事或好事，可能汰換舊設備 (流入)，更新新設備提升產能 (流出)，來提升企業營運潛能，也可能有意圖併購適合的企業做策略聯盟 (流出)，可以降低生產成本或提高市場占有率，來增加營運收入 (營業活動現金流量流入)，均屬正面行為。惟其投資效益多半需要一段時間醞釀，才能較具體的反應於企業的獲利，需要後續觀察其他財務指標或數據之分析，才能判斷該項投資之成敗。一個企業是否需要大額的資本支出，要視其所處產業特性或是否為成長期階段而有所不同，無法單就投資活動現金流量的多少來斷定。這些投資活動的現金流入或流出大多是一次性的，而非常態性的收入或支出。投資活動現金流量的支出，最好是由營業活動現金流量的收入

來支應，若有不足需進行外部融資，則要考量融資所帶來的利息成本是否為企業所能承受，不能危及企業的正常營運。

籌資活動現金流量係表示企業為了籌措現金以維持或發展其業務的手段，包含發行債券或股東增資、銀行貸款等方式籌資。籌資活動都會產生相關的成本，發行債券需定期給付債券利息予債務人，股東增資則需要將營利所得一定比率發放股利予股東，以回應股東的期待，維持股價，銀行貸款亦須支付一定的利息成本。

籌資活動現金流量的淨流入 (正值) 表示本期經由籌資活動而流入公司的資金多於流出的資金，此時必須在分析是何項籌資活動造成淨流入的現象，相關籌資成本是否過高，影響當期獲利表現。短期融資若有完善的還款計畫並帶來預期的效益，對企業不失為一種靈活的資金調度策略，但是如果公司經常舉債來獲得現金，且營業活動的現金流量一直呈現淨流出，將可能導致有過多的債務使資金周轉出現問題，造成投資人的疑慮。如果是籌資活動現金流量為淨流出 (負值)，意味著公司可能正在償還債務或進行股息支付、股票回購，這是投資人比較樂見的現象。一個優良的企業是靠本業獲利來驅動成長，而不宜過度依賴融資手段。不同產業在不同階段，有不同的資金需求，借錢籌資並非一定壞事，因此仍須搭配本業獲利、負債等資訊一起觀察。

營業、投資、融資活動現金流的意義及淨流入與淨流出的涵義整理如下表：

項　目	意　義	淨　流　入	淨　流　出
營業活動現金流	企業營運的成果	本業有賺錢	本業沒賺錢
投資活動現金流	投資營運資產	處分資產現金流入	看好前景持續投資
籌資活動現金流	增加籌資或償還債務	貸款、募資與發行債券	減資、分紅、還債

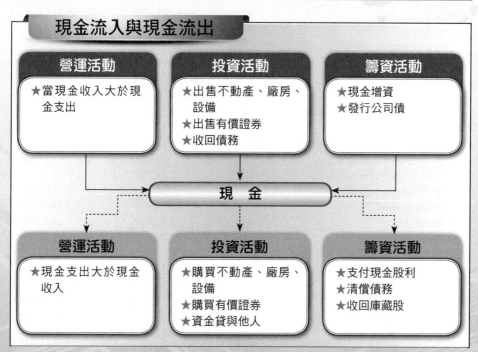

Unit 12-8
現金流量表分析 (二) 台積電實例

　　從後面所附之台灣積體電路製造股份有限公司 110 年度比較現金流量表為例，該公司為台灣極具代表性之上市公司，所處之半導體產業同業競爭十分激烈。隨著全球科技創新趨勢，持續帶動各產業的變革與成長，而受惠於 AI 人工智慧、5G 通訊、雲端運算及電動車等新興科技興起，半導體產業都扮演重要的核心產業。因應市場需求快速變化，不難想像該產業對資本支出的需求極高。

　　以該公司 110 年度及 109 年度之比較現金流量表來看，營業活動現金流量皆因營運績效穩定，應收帳款及存貨流動率控制甚佳，兩年度均呈現營業活動淨現金流入，也因為這麼穩定的經營獲利，在後續的投資活動現金流量中有極高的資本支出金額 (表中有@符號處)，亦或籌資活動現金流量支付較高的現金股利予股東 (表中有@符號處)，都能在最後三項活動之合計數「當期現金及約當現金淨流入」呈現正數。

台灣積體電路製造股份有限公司
個體現金流量表
民國 110 年及 109 年 1 月 1 日至 12 月 31 日

單位：新台幣仟元

	110 年度	109 年度
營業活動之現金流量：		
稅前淨利	$ 660,502,191	$582,618,942
調整項目：		
收益費損項目		
折舊費用	402,931,257	313,379,686
攤銷費用	8,100,730	7,047,694
財務成本	2,534,721	1,766,297
採用權益認列之子公司及關聯企業損益份額	(26,837,174)	(34,902,194)
利息收入	(927,754)	(951,877)
處分及報廢不動產、廠房及設備淨損 (益)	222,387	(266,581)
處分及報廢無形資產淨益	(7,332)	(7,960)
不動產、廠房及設備減損損失	274,388	
透過損益按公允價值衡量之金融工具淨利益	-	(8,289)
外幣兌換淨益	(16,975,706)	(7,747,615)
股利收入	(178,979)	(186,854)
其他項目	(370,086)	13,808
與營業活動相關之資產／負債淨變動數		
透過損益按公允價值衡量之金融工具	2,482,448	(2,973,199)
應收票據及帳款淨額	(11,289,182)	13,002,568
應收關係人款項	(36,571,200)	(19,586,673)
其他應收關係人款項	(3,503,728)	(684,360)
存　貨	(54,861,812)	(54,034,185)

其他金融資產	(2,371,699)	(1,091,188)
其他流動資產	(2,445,945)	(1,174,789)
應付帳款	4,965,785	400,931
應付關係人款項	(746,871)	1,300,988
應付薪資及獎金	3,336,396	3,262,877
應付員工酬勞及董事酬勞	826,049	11,736,788
應付費用及其他流動負債	82,992,551	19,228,140
其他非流動負債	154,036,474	-
淨確定福利負債	(635,116)	(785,171)
營運產生之現金	1,165,482,793	829,357,784
支付所得稅	(81,550,608)	(49,747,636)
營業活動之淨現金流入	1,083,932,185	779,610,148
投資活動之現金流量:		
透過其他綜合損益按公允價值衡量之權益工具投資成本收回	$6,257	$ 285
除列避險之金融工具	-	19,786
收取之利息	902,872	958,590
收取其他股利	178,979	186,854
收取採用權益法投資之股利	2,560,790	2,752,043
取得子公司之現金流出	(157,243)	(937,679)
取得不動產、廠房及設備價款	@(793,327,208)	(494,310,468)
取得無形資產	(8,998,084)	(9,482,909)
處分不動產、廠房及設備價款	462,138	1,070,855
預付租賃款增加	(1,200,000)	(4,687,970)
存出保證金增加	(225,347)	(667,219)
存出保證金減少	605,714	1,427,743
投資活動之淨現金流出	(799,191,132)	(503,670,089)
籌資活動之現金流量:		
短期借款增加 (減少)	(50,538,933)	31,944,333
應付短期票券增加	-	7,485,303
應付短期票券減少	-	(7,500,000)
發行公司債	142,318,000	149,085,000
償還公司債	(2,600,000)	(31,800,000)
支付公司債發行成本	(146,157)	(155,818)
租賃本金償還	(1,466,130)	(2,168,114)
支付利息	(1,997,383)	(1,729,192)
收取存入保證金	467,964	144,364
存入保證金退還	(7,234)	(13,695)
支付現金股利	@(265,786,399)	(259,303,805)
處分子公司股權 (未喪失控制力)	9,451,798	-
取得子公司部分權益價款	(21,318,931)	(20,480)
因受領贈與產生者	10,876	7,064
籌資活動之淨現金流出	(191,612,529)	(114,225,040)
現金及約當現金淨增加數	93,128,524	161,715,019
年初現金及約當現金餘額	303,165,717	141,450,698
年底現金及約當現金餘額	$ 396,294,241	$303,165,717

（110 年度台灣積體電路製造股份有限公司 現金流量表 資料來源：公開資訊觀測站）

Unit **12-9**
現金流量表分析 (三) 福懋公司實例

後附另一家福懋油脂股份有限公司 110 年度之比較現金流量表則有不同的現象。該公司是從事食品業，提供食用油、麵粉及飼料等民生產品，市場十分穩定變動不大，是處於穩定期之企業。以該公司 110 年度及 109 年度之比較現金流量表來看，營業活動現金流量之稅前純益兩年度差異不大，但 110 年的應收帳款及存貨項目出現了較高的現金流出數 (表中有@符號處)，以致雖有約當的稅前純益為基礎，但 110 年度卻呈現營業活動淨現金流出，也因為營業活動的現金支應不足，在後續的投資活動現金流量中有資本支出需求 (表中有@符號處)，亦或籌資活動現金流量需發放現金股利及清償到期長期借款時 (表中有@符號處)，產生資金缺口而需要增加高額的短期借款來支應 (表中有@符號處)，這樣的現金流量表數字可能提醒投資人，可以了解一下該公司 110 年度在應收帳款跟存貨周轉率上是否產生問題？

福懋油脂股份有限公司
個體現金流量表
民國 110 年及 109 年 1 月 1 日至 12 月 31 日

單位：新台幣仟元

	110 年度	109 年度
營業活動之現金流量：		
稅前淨利	$ 538,897	$ 441,171
收益費損項目		
折舊費用	29,357	33,555
攤銷費用	999	999
預期信用減損失 (迴轉利益)	60	(801)
利息費用	10,947	13,023
利息收入	(314)	(213)
採用權益法之子公司及關係企業利益	(116,079)	(80,167)
處分不動產、廠房及設備利益	(217)	(452)
處分使用權資產利益	-	(50)
存貨跌價損失	672	-
與子公司及關聯企業之未實現銷貨利益	71	310
營業資產及負債之淨變動數		
應收票據	(83,953)	(23,571)
應收票據－關係人	280	340
應收帳款	@(163,055)	1,441
應收帳款－關係人	(197,316)	6,387
其他應收款	9,814	2,236
其他應收款－關係人	337,590	(62)

存　貨	@（　599,153）	95,493
預付款項	（　32,115）	255
其他流動資產	34	2
應付票據	（　132）	（　58）
應付帳款	124,237	61,912
應付帳款－關係人	49,192	（　11,376）
其他應付款	12,923	19,946
其他應付款－關係人	-	（　21）
其他流動負債	3,722	（　127）
淨確定福利負債	（　308）	（　245）
營運產生之現金	（　73,847）	559,527
收取之利息	175	192
支付之利息	（　10,275）	（　14,895）
支付之所得稅	（　88,491）	（　51,901）
營業活動之淨現金流入(出)	**172,438**	**492,923**
投資活動之現金流量：		
取得按攤銷後成本衡量之金融資產	$（　96,705）	$ -
處分按攤銷後成本衡量之金融資產	-	154,763
取得不動產、廠房及設備	@（　228,072）	（　386,398）
處分不動產、廠房及設備價款	-	1,525
存出保證金增加	（　2,543）	（　363）
其他非流動資產減少 (增加)	（　1,113）	3
收取之利息	130	20
取得子公司及關聯企業股利	95,521	104,639
投資活動之淨現金流出	**（　232,782）**	**（　125,811）**
籌資活動之現金流量：		
短期借款增加 (減少)	@ 1,031,482	（　96,086）
應付短期票券增加	60,000	170,000
舉借長期借款	405,000	97,500
償還長期借款	@（　660,000）	（　232,500）
存入保證金增加	1,769	21
租賃負債本金償還	（　6,441）	（　8,432）
發放現金股利	@（　306,184）	（　284,314）
股東逾期未領取之股利	690	-
籌資活動之淨現金流入 (出)	**526,316**	**（　353,811）**
匯率變動之影響	78	3,202
現金淨增加	121,174	16,503
年初現金餘額	535,117	518,614
年底現金餘額	$ 656,291	$ 535,117

（110 年度 福懋油脂股份有限公司 現金流量表　資料來源：公開資訊觀測站）

Unit **12-10**
現金流量表分析 (四)

依據企業的現金流量表可再擷取其中相關資訊，進行如下相關分析：

1. 淨現金流量 (Net Cash Flow, NCF)

淨現金流量是營業活動現金流量、投資活動現金流量和籌資活動現金流量的總和。

> 淨現金流量＝營業活動現金流量±投資活動現金流量
> ±籌資活動現金流量

　　淨現金流量代表企業當年度整體營運活動產生之現金流量的總和，當然一般投資者是希望企業一整年的營運能有結餘的現金流入，供以後年度使用，但實際上也常常看到淨現金流量為淨流出 (負值) 的報表，這時就需要進一步分析淨現金流量的組成。探討淨現金流量的淨流出是何項活動所產生，是營業活動現金流量？投資活動現金流量？還是籌資活動現金流量？例如：正在快速發展的公司或同業競爭激烈的公司，都因為迅速擴建廠房或分店而有融資的需要，導致該期現金流量表出現鉅額的投資活動現金流出及籌資活動現金流入等現象，以致當期的淨現金流量出現淨流出 (負值) 的結果。但若前述公司的投資策略方向正確，短期內公司現金流量表的淨現金流量，會因為營業活動現金流量的持續增加及投資活動現金流量的減少而轉為正數。已進入穩定成長之公司，營業活動現金流量是最好的淨現金流量主要來源，代表公司的營運確實能帶回現金，且足以支付股利發放、償還負債及投資等資金需求。

　　一個企業持有的現金金額不宜超過日常業務交易的需求，和可能突發的現金需求額度。持有太多現金表示沒有好好活用資源；持有太少現金則可能無法滿足臨時急需。其拿捏就可以用「淨現金流量」的大小來衡量，但是並沒有絕對的比例或大小，通常是跟同業間互相比較，再考慮公司未來發展計畫。

2. 自由現金流量 (Free Cash Flow)

　　自由現金流量代表企業可「自由運用」之資金額度，為營業活動現金流量扣除資本支出後之現金量。資本支出包含購買土地、廠房及設備等固定資產，或是收購品牌、商標權和智慧財產權等無形資產。

> 自由現金流量＝營業活動現金流量－資本支出

　　自由現金流量為正數，代表企業進行必要的資本支出後，尚擁有充裕、可自由支配的現金；但若自由現金流量持續呈現負數，可能代表企業本業營業活動出現問題，或者是資本支出控管不當，是經理人與投資人需要注意的警訊！

3. 每股營業現金流量 (Operating Cash Flow Per Share)

　　每股營業現金流量係表達公司在沒有融資的情況下，完全由本業經營活動所產生的現金流量來償還負債、支應可能的資本支出及股利發放等資金需求的能力。簡單來說就是股東投資的每一股資金用於營運活動後能帶來的現金流量是多少。每股營業現金流量的計算公式是：

$$每股營業現金流量＝（營業活動現金流量－特別股股利）÷流通在外普通股股數$$

　　一般認為每股營業現金流量越大，代表公司在 持正常營運的情況下，還有從事額外投資或給股東較佳的現金股利金額的能力。

　　每股營業現金流量不能完全替代每股盈餘 EPS (Earning per Share)，而是一種補充資訊。如果企業有高額資本支出產生很大的折舊與攤銷，此時每股盈餘的數字就無法正確反映每股資金能帶入的現金流量貢獻，此時就可參考以現金基礎計算的每股營業現金流量。

4. 現金流量比率 (Cash Flow Ratio)

$$現金流量比率＝\frac{營業活動淨現金流量}{流動負債}，其中$$

營業活動淨現金流量：公司透過本業營運獲得的一年期營業現金流量
流動負債：一年內要償還的流動負債
現金流量比率＞100%，表示營業活動的現金淨流入足夠因應流動負債。

　　現金流量比率與流動比率、速動比率同屬評估企業短期償債能力的指標。高的流動比率代表企業越不容易遇到金流危機。速動比率可用來檢視企業存貨在短期內可變現償還流動負債的能力。由於還債需要支付現金，流動比率、速動比率無法反映企業確實產生的現金，所以現金流量比率以現金基礎計算的營業活動現金流量來檢視償還流動負債的能力，更是投資人最關注的比率。過低的現金流量比率可能淨現金流量不足以支應流動負債，造成短期資金運轉不靈的風險。

5. 現金流量允當比率 (Fund Flow Adequacy Ratio)

$$現金流量允當比率＝\frac{最近五年度營業活動淨現金流量}{最近五年（資本支出＋存貨成本增加額＋現金股利）}$$

　　現金流量允當比率評估最近五年，公司經常性營業活動所賺進的現金，是否能應付最近五年資本支出、存貨與要發放給股東的現金股利。若現金流量允

當比率大於 100%，表示公司最近五年所賺進的現金充沛，財務狀況良好，不需要再向外籌資；反之，若該比率小於 100%，則代表公司無法透過營業活動產生足夠的資金以維持所需之開支，導致公司須仰賴變賣資產、向外舉債或發行股票等方式籌措資金。

6. 現金再投資比率

$$現金再投資比率 = \frac{營業活動淨現金流量 - 現金股利}{不動產廠房及設備資產毛額 + 長期投資 + 其他資產 + 營運資金}$$

此財務比率係在評估企業由營業活動所創造的現金流量扣除支付現金股利後，還可保留多少比率的營業活動現金流量，再投資於營業所需之資產。此財務比率愈高，表示公司有多餘的營業活動現金流量可再運用於更新資產或擴充產能，此時意味著公司的成長潛力愈大。通常此比率以不低於 10% 為佳。

7. 現金儲備

「我們付出了高昂的代價來保持財政實力」——巴菲特 (Warren Buffett) 在經濟大衰退後於 2010 年的「給股東的信」中寫道。「我們通常會持有 200 多億美元現金的等值資產，目前收入微薄，但我們睡得很好。」股神巴菲特在十多年前提出了這個說法，說明了企業擁有一定現金或可快速變現的資產，對應付突然的經濟危機是重要的策略。可以用於公司經營，也適用於我們個人理財。

對於那些在經濟狀況起伏不定的市場仍保有資金的企業人來說，確保有足夠的應急儲備以應對突發事件，有助舒緩對未來不確定性的焦慮。根據巴菲特的說法，這種現金儲備應該存放在容易提取的帳戶，比如儲蓄帳戶、貨幣市場帳戶或定存單等，方便日後變現。「現金儲備」能讓你在經濟狀況波濤洶湧中保有一線生機。這些經營大師給我們的經驗談，讓我們開始思考我們經營企業是不是也需如此考量？

現金儲備指的是公司為滿足短期和緊急資金需求而保留的流動資產。當然，現金是最具流動性的，但像貨幣市場基金這樣不太可能貶值的短期穩定投資，也可以成為企業的現金儲備，因為它們都能讓企業快速獲得資金。

8. 計算現金儲備比率

現金儲備的計算是為了保持足夠的資金流動性，以支付三到六個月的營運支出。儲備現金太少可能會面臨現金不足的風險，而儲備太多現金可能對未來業務不利，或許這些資金可以用於其他更有利的用途。

現金流儲備比率公式：

$$（總收入 - 總支出）／ 會計期間的月數 = 每月現金燃燒率$$
$$每月現金燃燒率 × 所需覆蓋月分數 = 所需現金儲備$$

採用企業損益表中的總收入減去總支出，得出該段時間內用於企業支出的總金額。將這個總金額除以會計期間的月數，得出每月企業需要用到的現金量，稱之為現金燃燒率 (Burn Rate，指現金消耗的速度)，將該數字乘以希望現金儲備可以覆蓋的月分數，就可以得出企業所需現金儲備金額。現金儲備的計畫也是隨著企業的需要而隨時調整儲備水位的高低，並非一成不變。企業計算出所需的現金儲備後，可以從每月的現金收支中規劃一定比率的收入做現金儲備，也可隨時檢查投資工具是否具良好的流動性，存貨周轉率是否過低需要降低安全庫存並積極促銷等，來逐漸充實現金儲備。

有了現金儲備的計畫，若企業預期收入穩定上升，可以利用部分的現金儲備收購其他行業，在核心業務之外實現多元化經營，當然在景氣不佳或市場需求改變時，也能有資金支持營運並調整企業經營方向等。

第 ⑬ 章

財務報表分析

●●●●●●●●●●●●●●●●●●●●●●● 章節體系架構 ▼

Unit **13-1**
財務報表分析的意義與方法

1. 財務報表分析的意義

　　財務報表是指企業每年 (或定期) 公布的資產負債表、損益表及現金流量表等主要報表，以顯示企業在某一段營業期間的經營成果與某一時日的財務狀況。單從一個企業損益表上顯示有 $5,000,000 的銷貨收入，能夠表達的意義是有限的；這 $5,000,000 的銷貨收入是比前一年的銷貨收入增加或減少？比別一家性質雷同公司的銷貨收入又是如何？同樣有 $5,000,000 銷貨收入的兩家公司，平均應收帳款較少的一家公司，財務狀況應該比較穩健。

　　凡此將同一年度或與不同年度；相同公司或與其他公司的財務報表擷取兩個或以上的資料，加以分析、比較，進一步評估企業的獲利能力、償債能力及發展趨勢的行為，稱為財務報表分析。

　　若以年銷貨收入 $5,000,000 為 100%，則薪資費用 $575,000 相當 11.5%；換言之，每 $100 的銷貨收入，需要支付 $11.5 的薪資費用；若連續 5 年的薪資費用換算成占該年銷貨收入而得 11.7%、11.4%、12.4%、13.6%、15.8%，則應該檢討最後二年百分率激增的原因。類此公司內部的檢討與管理，均可由這些財務報表分析，獲得相關的資訊。

　　某企業與競爭對手或標竿企業的年銷售額分別為 $5,000,000、$6,400,000 及 $7,000,000，單從數字比較，似乎不如競爭對手與標竿企業；但是如果該企業與競爭對手或標竿企業的資產總額分別為 $20,450,000、$27,500,000、$26,500,000，則當換算成銷貨收入占資產總額的百分率，而得 24.45%、23.27%、26.42%；按此資訊可推得，該公司每 $100 的資產可獲得銷貨收入 $24.45，雖然比標竿企業的 $26.42 少，但卻高於競爭對手的 $23.27。因此，財務報表分析除可當作企業內部檢討改進的工具，也是企業間競爭評比的工具之一。

　　超級市場的存貨周轉率比珠寶商的存貨周轉率高，但是超級市場的獲利率未必比珠寶商高，因此財務報表分析推論，也很難一體適用於各種企業。財務分析技術僅能提供從財務報表擷取不同資訊，加以分析比較所隱含的重要意義與關係，再由各種企業，審酌本身研析重點，選用之。

2. 財務報表分析的方法

　　一般財務報表分析常用的方法，有縱向分析法與橫向分析法兩類。

(1) 縱向分析法 (或稱靜態分析法)：係就同一期間，財務報表各項目間的共同比較與比率分析；前述某企業與競爭對手、標竿企業每 $100 資產產生的銷貨收入，係屬多家企業縱向比率分析的比較。

(2) 橫向分析法 (或稱動態分析法)：係就不同期間，財務報表各項目間的增減比較與趨勢分析。前述某企業就 5 年來，其薪資費用占銷貨收入的百分率比較，則屬於橫向趨勢分析。

財務報表分析的意義

將同一年度或與不同年度;相同公司或與其他公司的財務報表擷取兩個或以上的資料加以分析、比較,進一步評估企業的獲利能力、償債能力及發展趨勢的行為,稱為財務報表分析。

財務報表分析的方法

縱向分析

擷取同一個會計年度財務報表的兩個或以上的資料加以比較、分析。如:

甲公司某年度損益表		乙公司某年度損益表	
銷貨收入	$500,000	銷貨收入	$550,000
銷貨成本	$300,000	銷貨成本	$340,000
銷貨毛利	$200,000	銷貨毛利	$210,000

金額比較	百分率比較	比率比較
甲公司的銷貨毛利 $200,000,比乙公司 $210,000 少 $10,000	甲公司的銷貨毛利占銷貨收入的 40%,比乙公司的 38.18% 高	甲公司的每銷貨 $100 有銷貨毛利 $40,比乙公司的 $38.18 多 $1.82

橫向分析

擷取不同會計年度財務報表的兩個或以上的資料加以比較、分析。如:

甲公司 X 年度損益表		甲公司 X+1 年度損益表	
銷貨收入	$500,000	銷貨收入	$550,000
本期損益	$170,000	本期損益	$175,000

金額比較	百分率比較	比率比較
X 年度銷貨收入 $500,000,本期損益 $170,000:均比 X+1 年度銷貨收入 $550,000,本期損益 $175,000 少	X 年度本期損益占銷貨收入的 34%,比 X+1 年度的 31.82% 高	X 年度每銷貨 $100 有本期損益 $34,比 X+1 年度的 $31.82 多 $2.18

Unit 13-2
共同比財務分析

　　共同比分析是將同期間報表中，選擇某一總額作為 100%，再計算報表中各項目的百分比以比較分析之。如選擇資產負債表的資產總額作為 100%，而計算各項資產占資產總額的百分比，以顯示總資產的構成內容；又以損益表的銷貨收入淨額作為 100%，而計算各項成本、利益、費用、損失占銷貨收入的百分比，用來顯示損益構成的內容。茲以志揚公司的兩年度的資產負債表共同比的百分比列示如下，以供參閱。

志揚公司共同比資產負債表分析				
	X2 年		X1 年	
	金額	百分比	金額	百分比
資　產				
流動資產	$1,326,000	55.6%	$1,228,000	59.2%
廠房設備	1,040,000	43.6%	822,300	39.7%
無形資產	19,000	0.8%	22,700	1.1%
資產總計	$2,385,000	100.0%	$2,073,000	100.0%
負　債				
流動負債	$　447,500	18.8%	$　393,000	19.0%
長期負債	633,700	26.5%	647,000	31.2%
負債合計	1,081,200	45.3%	1,040,000	50.2%
股東權益				
普通股股本	358,000	15.0%	351,000	16.9%
保留盈餘	945,800	39.7%	682,000	32.9%
股東權益合計	$1,303,800	54.7%	1,033,000	49.8%
負債與股東權益總額	$2,385,000	100.0%	$2,073,000	100.0%

　　觀察以上共同比資產負債表，廠房設備占資產總額由 39.7% 增加為 43.6%，長期負債反而由占負債與股東權益總額的 31.2% 減為 26.5%。又廠房設備的增加，流動資產的金額雖然增加，但其占資產總額卻由 59.2% 減為 55.6%，可推想廠房設備的資金應由流動資產所支付。

　　共同比分析也可就資產負債表或損益表的某一部分，針對某一特定項目的組成各因素間的比例關係。例如，志揚公司可就 X2 年負債部分，來做共同比分析如下表：

流動負債	$ 447,500	41.39%
長期負債	633,700	58.61%
負債合計	$1,081,200	100.00%

得流動負債占負債總額的 41.39%，而長期負債占負債總額的 58.61%。

茲再以志揚公司的兩年度的損益表，配合共同比的百分比列示如下，以供參閱。

志揚公司共同比損益表分析				
	X2 年		X1 年	
	金 額	百分比	金 額	百分比
銷貨收入	$2,550,000	106.7%	$2,860,000	104.6%
銷貨退回	(160,000)	6.7%)	(128,000)	(4.6%)
淨銷貨收入	2,390,000	100.0%	2,732,000	100.0%
銷貨成本	(1,482,000)	(62.0%)	(1,666,000)	(60.9%)
銷貨毛利	908,000	38.0%	1,066,000	39.1%
推銷費用	(275,500)	(11.5%)	(328,900)	(12.0%)
管理費用	(142,000)	(6.0%)	(136,000)	(5.0%)
銷管費用	(417,500)	(17.5%)	(464,900)	(17.0%)
營業收入	$490,500	20.5%	$ 601,100	22.1%
營業外收益				
利息與股利	14,300	0.6%	11,700	0.4%
營業外費用				
利息費用	(52,500)	(2.2%)	46,800	(1.7%)
稅前盈餘	452,300	18.9%	566,000	20.8%
所得稅費用	(180,700)	(7.6%)	218,660	(8.0%)
本期純益	$ 271,600	11.3%	$ 347,340	12.8%

　　觀察以上共同比損益表，銷貨收入雖由 104.6% 增加 2.1% 而達 106.7%，但銷貨退回也由 4.6% 增加 2.1% 而達 6.7%，應可檢討所銷售商品的品質，是否有問題而致銷貨退回增加；銷貨成本與管銷費用亦有增加趨勢，致使營業利益減少；整體而言，本期損益也由 12.8% 降為 11.3%。X2 年度的營業成果相對於 X1 年度而言，並沒有進步。

　　性質雷同的企業，可能因為營業規模或其他因素，甚難以金額來做比較，但是因為其財務報表所表述的項目應屬雷同，如果將所有金額化成共同比，則其可比較性提高了。共同比財務報表可以將百分比視同金額解釋之。例如，志揚公司 X2 年度的淨銷貨收入 100%，銷貨毛利 38.0% 則可解釋成每 $100 的淨銷貨收入，可以獲得 $38 的銷貨毛利。

Unit **13-3**
會計循環與財務報表

　　企業在獲得投資者投入資金資源後，必然從事經營活動，以期在穩健的財務狀況下獲利並維持企業的永續經營。會計雖然不能為企業帶來獲利的能力與健全的財務，但卻能提供經營資訊，協助企業記錄分析其獲利能力與財務狀況。會計也必須在永續經營的時間隧道中，提供階段性經營資訊，以供企業經理人研判決策品質的良窳與經營成果的優劣，適時修正經營方向與方法；投資者亦可據以了解企業經理人的經營績效，評估投資成效與修正投資方向；企業債權人藉此關心企業的償債能力以調整放款策略。

　　會計期間係指企業永續經營中的提供階段性經營資訊的階段長度，因為一般企業都是以一年為一個階段，因此會計期間也稱會計年度。每一會計期間的工作包括第二章的平時會計處理程序與第三章的期末會計處理程序所包含的各項工作。每一個會計期間所處理的資料雖有變化，但其程序則固定的，是週而復始的，因此每一會計期間的工作程序，構成一個會計循環。

　　右圖所示為企業活動與會計循環的關係圖。企業依據經營目標從事各種營業活動、投資活動與融資活動，因而產生許多交易事項。會計循環則依據這些交易事項來認定企業的某項活動，研判是否為會計應該記錄與處理的對象，再以貨幣為單位評價、記錄該項活動的經濟效果，例如：購買原物料或商品的成本是多少？產品的生產成本是多少？商品銷貨收入是若干？何時認列？等等。彙集某一期間的經營資訊進行企業的財務狀況與經營成果的評估，最後以財務報表與企業經理人、投資者與債權人，做有效的溝通。會計循環的重要工作略述如下：

1. **編撰會計分錄**：分析交易事項，如屬會計應該記錄與處理的對象 (如銷售商品、購進原物料、投資設備等)，則應編撰會計分錄記載之；如人員升遷調動或差旅事項雖與會計無關，但其所發生的費用或成本，則仍應予記錄之。
2. **過帳**：將平時記錄的分錄，過帳到總分類帳，以彙整每一會計科目在本期的增減情形。
3. **試算**：試算乃是以會計恆等式來檢視分錄過帳的正確性。整個會計期間在過帳及調整後均需試算，以確保整個帳務的正確性。
4. **調整**：每屆期末將應付、應收項目，預付、預收項目及估計項目等非交易事項，以調整分錄記錄，以符事實與完整。
5. **再過帳與試算**：將調整分錄過帳到總分類帳，然後再試算。
6. **編製財務報表**：將最後試算表中的收入與費用類科目移作損益表，推算本期損益；再將試算表中的資產、負債、業主權益及本期損益移作資產負債表。最後編製業主權益變動表及現金流量表，以表達企業在本會計期間內業主權益的變化情形與企業因經營活動、投資活動、融資活動而產生的現金流入與流出情形。
7. **結帳**：將收入與費用科目等虛帳戶結清，以繼續累計下一會計期間的收入與費用；將資產、負債、業主權益等實帳戶，結轉下一會計期間。將相關帳戶結清、結轉後，即可重啟另一個會計循環，如此循環不已，以達永續經營。

會計循環

企業朝經營目標進行各種營業活動、投資活動、融資活動而產生各項交易事實。

交易事項

編撰會計分錄

過濾交易事項並
編撰會計分錄

結帳

將虛帳戶結清，將實帳戶結轉，以備次一會計期間累計費用與收入及更新資產、負債與業主權益。

過帳

每隔一段時間或於期末，將期間內的會計分錄轉登分類帳戶，以彙整各會計科目

編製財務報表

依據試算表編製損益表、資產負債表、業主權益變動表及現金流量表

試算

以會計恆等式來檢視分錄過帳的正確性

再過帳與試算

將調整分錄過帳到總分類帳並再試算之

調整

依據應收應付項目、預收預付項目及估計項目，編撰調整分錄等非交易事項分錄

Unit 13-4
比較財務報表

比較財務報表是將兩期以上的財務報表併列，進而將相同項目增減的金額及百分比予以列示在同一張報表。兩期的財務報表比較時，多以前一期為基準而作比較分析，比較的方法有絕對金額比較、絕對金額變動比較 (如次例)、百分比變動比較及比值等。以下為志揚公司兩年度的簡要資產負債表，以 X1 年為基準，計算表中各項的金額變化與百分比數。

志揚公司比較簡明資產負債表				
	X2 年	X1 年	金額增 (減)	增 (減) 百分數
資　產				
流動資產	$1,326,000	$1,228,000	$98,000	8.0%
廠房設備	1,040,000	822,300	217,700	26.5%
無形資產	19,000	22,700	(3,700)	(16.3%)
資產總計	$2,385,000	$2,073,000	$312,000	15.1%
負　債				
流動負債	$　447,500	$　393,000	$　54,500	13.9%
長期負債	633,700	647,000	(13,300)	(2.1%)
負債合計	1,081,200	1,040,000	41,200	4.0%
股東權益				
普通股股本	358,000	351,000	7,000	2.0%
保留盈餘	945,800	682,000	263,800	38.7%
股東權益合計	1,303,800	1,033,000	270,800	26.2%
負債與股東權益總計	$2,385,000	$2,073,000	$312,000	15.1%

觀察以上比較資產負債表中，變化較大的項目有廠房設備增加 26.5%，流動負債增加 13.9%，但長期負債卻減少 2.1%，另保留盈餘增加達 38.7%，可推測擴充廠房設備並沒有動用長期負債，而應是由盈餘支應有餘。

以下為志揚公司兩年度的簡要損益表，以 X1 年為基準，計算表中各項的金額變化與百分比數。

志揚公司比較簡明損益表				
	X2 年	X1 年	增 (減) 金額	增 (減) 百分數
銷貨收入	$2,860,000	$2,550,000	$310,000	12.2%
銷貨退回	(128,000)	(160,000)	(32,000)	(20.0%)
淨銷貨收入	2,732,000	2,390,000	342,000	14.3%
銷貨成本	1,666,000	(1,482,000)	(184,000)	(12.4%)

銷貨毛利	1,066,000	908,000	158,000	17.4%
推銷費用	(328,900)	(275,500)	53,400	19.4%
管理費用	(136,000)	(142,000)	(6,000)	(4.2%)
銷管費用	(464,900)	(417,500)	(47,400)	11.4%
營業利益	601,100	490,500	110,600	22.5%
營業外收益				
利息與股利	11,700	14,300	(2,600)	(18.2%)
營業外費用				
利息費用	(46,800)	(52,500)	(5,700)	(10.9%)
稅前盈餘	566,000	452,300	113,700	25.1%
所得稅費用	(218,660)	(180,700)	(37,960)	21.0%
本期損益	$ 347,340	$ 271,600	$ 75,740	27.9%

　　觀察以上比較損益表中，變化較大的項目，有銷貨退回大量減少 20.0%，使淨銷貨收入增加 14.3%。營業利益增加 22.5%，即使營業外收益減少 18.2%，仍使本期損益增加 27.9%。整體而言，該公司的銷售策略使銷貨退回有大幅改善，其榮景可期。

　　至於多期財務報表作長期趨勢比較時，通常也是選定一個基期，基期中每一項目均訂為 100%，其餘各年報表上的項目，以基期為基礎，換算為相關的百分比，再作分析比較。基期的指定方式有：

(1) 固定基期：固定以某一期為基期，如下表 [B]。
(2) 變動基期：先以第一期為基期，其餘各期以其前一期為基期，如下表 [C]。
(3) 平均基期：以各期各項的平均金額為各期各項的基期金額，如下表 [D]。

　　茲以一順公司五年期的部分損益表，如下表 [A] 為例，推算其趨勢分析如下：

		X1 年	X2 年	X3 年	X4 年	X5 年
[A]	銷貨收入	$3,500	$4,700	$5,100	$5,500	$6,100
	銷貨成本	$2,600	$3,500	$4,600	$4,900	$5,700
	管銷費用	$130	$145	$186	$195	$204
[B]	銷貨收入	100.0%	134.3%	145.7%	157.1%	174.3%
	銷貨成本	100.0%	134.6%	176.9%	188.5%	219.2%
	管銷費用	100.0%	111.5%	143.1%	150.0%	156.9%
[C]	銷貨收入	100.0%	134.3%	108.5%	107.8%	110.9%
	銷貨成本	100.0%	134.6%	131.4%	106.5%	116.3%
	管銷費用	100.0%	111.5%	128.3%	104.8%	104.6%
[D]	銷貨收入	70.3%	94.4%	102.4%	110.4%	122.5%
	銷貨成本	61.0%	82.2%	108.0%	115.0%	133.8%
	管銷費用	75.6%	84.3%	108.1%	113.4%	118.6%

　　[D] 中五年期的平均銷貨收入為 $4,980、平均銷貨成本為 $4,260 與平均管銷費用為 $172。

Unit 13-5
短期償債能力比率分析 (一)

　　現代企業的經營甚難完全仰賴業主的投資而從事無負債經營，因此，舉債經營已成為企業經營的常態。企業債務有長短期之分，付息還本的能力也有長短期之別。支付長期債務利息與本金的能力，即為長期償債能力；支付短期債務利息與本金的能力，即為短期償債能力。

　　短期償債能力的衡量，著重在流動資產與流動負債的相對關係，以及營業活動產生之現金流量。流動資產係指現金或其他預期在一年或一營業週期內變現或耗用之資產。流動負債係指預期在一年或一營業週期內，動用流動資產或產生新的流動負債償還之負債。

　　若企業的短期償債能力不足，企業勢必要被迫出售非流動性資產，使企業與供應商、客戶的往來關係也會受到影響。繼而，企業的信用評等也會降低，籌措資金能力減弱，取得資金的成本和來源必較以往困難，資金成本攀升，這些都會對企業造成嚴重傷害。這種利空訊息也將反映在股價上，使得企業本身和投資人的風險，均隨之提高，而獲利力相對受損。

　　比率分析是就某一特定時日或期間，財務報表中的各個項目彼此間的相對性以百分率、比例或倍數表示之；構成比率的兩個項目間必須具有重大關係，否則即無意義。比率分析可使原本複雜的資訊趨於簡單化，使報表使用者獲得明確、清晰而簡單的訊息。

　　資產負債表僅表示某一時點的資料，如果比率分析中，分子或分母的資料，有一個取自損益表 (表示某一期間的資料)，一個取自資產負債表 (表示某一時點的資料)，則取自資產負債表的資料，應取本期與前一期的平均值；如果沒有前一期的資料，也只好使用本期資料。

分析企業短期償債能力的比率

1. 流動比率
2. 速動比率 (酸性測驗比率)
3. 現金比率
4. 現金流量比率
5. 應收帳款周轉率
6. 平均收帳期間
7. 存貨周轉率與存貨平均周轉天數
8. 存貨轉換期間

① 流動比率 (Current ratio)

流動比率 ＝ 流動資產 ÷ 流動負債

定義：亦即每 1 元的流動負債，有多少元的流動資產可以作為償還的保障；此項比率愈大，短期債權人的安全保障愈強；但也顯示企業並未有效運用資金。銀行界常以 200% 的流動比率為授信標準。

實例：志楊公司 X2 年的流動負債 $447,500，流動資產 $1,326,000，故其流動比率是2.9631；這表示每 1 元的流動負債有 2.9631元的流動資產備供償還，如果流動資產變現時遭受損失，企業仍有償還短期負債的能力。

優點：流動比率的計算簡便，資料取得也很容易，在解釋和觀念上都易於理解；

缺點：但因其分子及分母都取自某一時點的資訊 (資產負債表)，而未能代表全年平均的一般狀況，顯然無法反映真正資金流動的情形。

② 速動比率 (Quick ratio)

速動比率 ＝ 速動資產 ÷ 流動負債

　　1 元的現金總比 1 元的存貨或應收帳款償債能力強，因此授信部門除了期盼企業有較高的流動比率，但是也要注意該企業的流動資產的構成品質。如果流動資產中有滯銷的存貨或預付費用太多，則影響其立即償債能力。

　　速動比率又稱酸性測驗比率，其分子的速動資產是指流動資產中扣除存貨及比存貨流動性差的資產總額。速動比率高，表示立即償付短期負債的能力高；反之，立即償付短期負債的能力低。速動比率一般認為 100% 為較理想的水準。

③ 現金比率

現金比率 ＝ 現金＋約當現金 ÷ 流動資產

　　為免除公司的償債能力被存貨、預付款、甚至不良應收款所扭曲，比較保守的財務人員僅以公司持有之現金餘額作為觀察公司短期流動性的指標。現金是所有流動資產中流動性最高的，現金比率的高低，可以顯示現金在流動資產中所占比率的大小，進而估測變現損失的風險及變現所需的時間。

　　現金並無等待變現時間，雖無變現損失但也無創造利潤的能力。現金比率高，表示企業緊急應變能力高，但是卻相對顯示管理當局不善於運用現金，徒使現金閒置不事生產。除非已到周轉不靈的情況，或由於企業的性質，使得存貨和應收帳款的變現能力較弱或具高投機性外，現金比率的實用性略嫌不足。

Unit 13-6
短期償債能力比率分析（二）

④ 現金流量比率

$$現金流量比率 = 營業活動淨現金流量 \div 平均流動負債$$

應計基礎的損益表上的本期損益並不等於該期間的現金流入量，而現金流量表上的營業活動淨現金流量，則代表該期間的實際現金流量。營業活動淨現金流量除以平均流動負債，更能準確顯示企業償債能力。分子部分代表一個期間的量，因此分母的流動負債應取本期與前一期資產負債表上流動負債的平均值。

現金流量比率愈高，代表公司從營業活動獲得之現金流量，愈可以應付短期債務的償債需求，此時發生流動性不足的危機將可相對降低。

⑤ 應收帳款周轉率

$$應收帳款周轉率 = 賒銷淨額 \div 平均應收帳款淨額$$

以企業的賒銷淨額除以應收帳款淨額的平均值所得的應收帳款周轉率，可以顯示企業帳款的品質、收現速率與效率。應收帳款周轉率係指應收帳款的變現性；高周轉率代表償債能力很強，故週轉率也是衡量短期償債能力的指標之一。損益表上的銷貨收入包括現銷與賒銷金額，賒銷淨額可從銷貨收入中扣除以直接法推算的銷貨收現即得。

6 平均收帳期間

平均收帳期間 = 365 天 ÷ 應收帳款周轉率

應收帳款周轉率計算結果，是以週轉次數列示，而企業的賒銷政策通常以帳款的收現期間表示，如 30 天，60 天等。以一年 365 天除以應收帳款週轉率即得應收帳款平均收現天數，以與賒銷政策做比較，評估經營團隊的收帳速率與效率。如果某企業的賒帳策略是 2/10，n/30，但是平均收帳期間為 60 天，則該企業應該探討顧客為何不能或不願享受提前還款的優惠。

7 存貨周轉率與存貨平均周轉天數

存貨周轉率 = 銷貨成本 ÷ 平均存貨

存貨平均周轉天數 = 365 天 ÷ 存貨周轉率

存貨周轉率是用來計算銷貨與存貨間的關係，也表示存貨的周轉次數。如果一年期間才賣出平均存貨量，則其銷貨成本等於平均存量的成本；如果一年期間賣出二倍的平均存貨量，則其銷貨成本等於平均存量的成本的兩倍，則存貨周轉率為 2；存貨周轉率高，表示存貨較短的期間內即可賣出，因此提高營業額也提高盈餘。一般企業莫不追求高的存貨周轉率。以一年 365 天除以存貨周轉率，即得平均銷售期間。

存貨周轉率愈高及存貨平均周轉天數愈短，表示存貨周轉快速，無存貨過時之虞；存貨周轉率愈低及存貨平均周轉天數愈長，表示存貨周轉緩慢，恐有過時之虞。惟周轉率過分的高或低及周轉天數過分的長或短，均須進一步查明有無問題存在。

8 存貨轉換期間 (conversion period of inventories)

存貨轉換期間 = 存貨平均周轉天 ÷ 應收帳款平均收現天數

存貨轉換期間可解析企業的存貨，從購入經出售到收回貨款再購進所需時間的長短，亦即通常所稱的營業週期 (operating cycle)。

存貨轉換期間愈長，表示流動性愈差；存貨轉換期間愈短，流動性愈好。本項指標隨行業性質而有不同。

Unit **13-7**
長期償債能力分析

圖解會計學

　　企業長期的盈餘和獲利力是最可靠、最重要的財力來源，也是代表企業在未來期間內，能經常產生現金用以償付本息能力的大小。以下的比率分析是股東及長期負債的債權人，用來掌握企業財務結構的健全性與長期負債償還的可靠性。

　　常用的長期償債能力分析比率有：1.權益比率；2. 負債比率；3. 股東權益對負債比率；4. 現金負債保障比率；5. 賺取利息倍數比。

1 　**權益比率**

　　權益比率 ＝ **股東權益總額** ÷ **資產總額**

　　權益比率表示企業自有資金比率。權益比率愈高，對債權人債權保障的程度愈高；企業如果能以舉借的資金 (負債) 充分運用，使產生高於利息費用的利益，則權益比率愈低，對股東的分配股利是較為有利的。

志揚公司的權益比率	
X2 年	X1 年
$1,303,800/$2,385,000＝54.67%	$1,033,000/$2,073,000＝49.83%

2 　**負債比率**

　　負債比率 ＝ **負債總額** ÷ **資產總額**

　　負債比率是表示企業外來資金的比率。這項比率愈大，表示企業有資金成本過重與資金週轉的困難，而使企業的財務結構趨於不健全；對企業的營運當然會有重大的影響，對債權人的債權保障也愈小。

　　負債比率與權益比率之和等於1，因此兩者有零和關係，只要求得一個比率，即可推知另一個比率。

志揚公司的負債比率	
X2 年	X1 年
$1,081,200/$2,385,000＝45.33%	$1,040,000/$2,073,000＝50.17%

③ 股東權益對負債比率

$$股東權益對負債比率 = 股東權益總額 ÷ 負債總額$$

　　股東權益對負債的比率是長期償債能力的重要指標，比率愈大，則愈多的企業資金源自股東，對債權人債權的保障愈大；比率過低，則顯得企業的財務結構不夠健全，在遭遇不景氣時，可能因資金不足、負債太多而致發生無法償還債務的情況。從債權人的觀點，權益比率愈高，代表債權人受保障的程度愈高。

　　但從企業經營的觀點來看，較大股東權益對負債比率，雖可增強償債能力，但將因過多的股東權益而減少企業獲得利潤的分配比率。

志揚公司的股東權益對負債比率

X2 年	X1 年
$1,303,800/$1,081,200＝120.59%	$1,033,000/$1,040,000＝99.33%

④ 現金負債保障比率

$$現金負債保障比率 = 營業活動淨現金流量 ÷ 平均負債總額$$

　　營業活動淨現金流量係指營業期間企業可自由運用之現金。現金負債保障比率愈高，表示企業不需變賣資產，就可以由營業中產生之現金，來償還負債的能力愈大，也對債權人之保障較大。

⑤ 賺取利息倍數比

$$賺取利息倍數比 = \frac{本期純益 + 所得稅 + 利息費用}{利息費用}$$

　　賺取利息倍數比是企業用以測度由營業活動所產生的盈餘支付利息費用的能力。倍數愈高，表示支付利息費用的能力愈大，即使因為營業不景氣使收益減少，亦不至於無法償還利息。

Unit 13-8
經營獲利能力與市場價值分析（一）

　　獲利能力是成功企業的重要衡量指標。衡量企業的獲利能力通常觀察企業營收賺回營業成本與費用的能力及營利對各項營業資產的比例關係。損益表上的盈餘雖然表示某段期間內經營的成果，但盈餘的多少與企業所運用資源的多寡，有密不可分的關係，所以在從事獲利能力分析時，應把純益與相關的資產或各項權益數額作比較。

1　銷貨毛利率

$$銷貨毛利率 = 銷貨毛利 ÷ 銷貨淨額$$

　　銷貨毛利為企業的銷貨淨額減除銷貨成本後的淨額，也是銷貨淨額用來支應各項費用並產生利潤的重要部分。銷貨成本增加將會使企業毛利減少，但是企業間的存貨計價方法的差異，影響其銷貨成本的計算，也降低企業間的比較性。以銷貨毛利率評比企業間的獲利力時，尤應特別注意其存貨成本計價方法的差異性。銷貨毛利率也是一個企業內部檢討的重要比率；在製造業，銷貨成本是由生產部門所控制的，而銷貨收入為銷貨部門努力的成果，如果企業前後期的銷貨毛利率有顯著升降時，則應對生產及銷售部門的績效，作深入的分析。

2　純益率

$$純益率 = 純益 ÷ 銷貨淨額$$

　　純益的多少，當然顯示企業獲利能力的良窳，但是純益乃由銷貨收入所產生，因此僅比較純益的多少，尚難研判企業的獲利能力。純益率表示每銷售 \$1 可賺多少純益，因此純益率高的企業，其獲利能力當然比較低純益率的企業佳。

3　營業比率

$$營業比率 = 1 - 純益率$$
$$= (銷貨成本 + 管銷費用) ÷ 銷貨淨額$$

　　營業比率是測度銷貨成本與管銷費用占銷貨淨額的比率。純益率與營業比率具有此消彼長的特性，因此營業比率是評估經營獲利能力的重要指標。比率愈大，可能降低獲利能力，應該從降低成本著手，以提高利潤。

4 銷貨現金報酬率

$$銷貨現金報酬率 = 營業活動淨現金流入 \div 銷貨淨額$$

　　損益表上的純益因採應計基礎,故其值並不等於現金流入量。若將純益率的分子由純益改為營業活動淨現金流入量,則銷貨現金報酬率表示每 1 元銷貨所產生的淨現金流入,亦即衡量銷貨轉為現金之效率。高的銷貨現金報酬率肯定企業的賒銷政策、帳款品質及帳款收現的速率與效率。

5 資產周轉率

$$資產周轉率 = 銷貨淨額 \div 平均資產總額$$

　　資產周轉率表示每 1 元資產所產生的銷貨淨額。高資產周轉率表示企業的資產運用率佳。資產周轉率的倒數,表示每 1 元的銷貨淨額需要多少的資產來配合。

6 資產投資報酬率

$$資產投資報酬率 = 純益 \div 平均資產總額$$

　　資產投資報酬率可用來衡量企業對所擁有的資源的運用效率,比率愈高,表示運用資源並產生純益的能力愈強。如果這項比率低於一般市場利率,就表示企業各項資產的投入雖冒風險,所得的報酬率反而低於較無風險的利息報酬,表示資產運用失敗。

　　若將資產投資報酬率公式改寫成:

$$資產投資報酬率 = 純益 \div 銷貨淨額 \times 銷貨淨額 \div 平均資產總額$$

$$= 純益率 \times 資產周轉率$$

　　其中之純益率,是用來衡量每 1 元的銷貨淨額所產生的純益;而資產周轉率則表示每投入 1 元的資產,可以產生多少銷貨淨額。資產投資報酬率等於純益率乘上資產周轉率。

Unit **13-9**
經營獲利能力與市場價值分析 (二)

⑦　股東權益報酬率

$$\boxed{股東權益報酬率} = \boxed{純益} \div \boxed{平均股東權益總額}$$

　　股東投資企業冀望獲得豐厚報酬，純益愈多可能報酬也多，股東權益報酬率正是衡量每投資 1 元可以產生多少純益。相同資金投資於高股東權益報酬率的企業，應該比投資於低股東權益報酬率的企業成功。保留盈餘雖不是股東直接投入的資本，但仍然是股東的權益，因此股東權益總額應該包括保留盈餘在內。

　　同時發行普通股及特別股的企業，另外計算普通股權益報酬率。其公式如下：

$$\boxed{普通股權益報酬率} = \boxed{\begin{array}{c}純益-\\特別股股利\end{array}} \div \boxed{\begin{array}{c}平均普通股\\權益總額\end{array}}$$

　　特別股通常按照定額或定率分配股利，而普通股則按企業的保留盈餘分配股利，其風險高於特別股。普通股權益總額為企業的股東權益總額減除特別股股本，或特別股贖回價值的總數，以及所積欠的累積特別股股利部分。如果企業沒有另外發行特別股，則此項比率計算的結果，也就是股東權益報酬率。

　　市場價值分析係依據企業財務報表中的一些資訊與股票公開市場的市價，作一些比率分析，以讓投資者或潛在投資者，評估各企業的投資價值。

①　價格盈餘比率

$$\boxed{價格盈餘比率} = \boxed{每股市價} \div \boxed{每股盈餘}$$

　　價格盈餘比率 (又稱本益比) 是以每股市價除以每股盈餘，亦即投資人對每 1 元的稅後淨利所願意支付的股票市場價格。價格盈餘比的倒數就是投資人每投資 1 元可以獲得的盈餘，亦即股東的投資報酬率。價格盈餘比率愈高，表示股東的投資報酬率愈低。股東之所以願意接受目前較低的投資報酬率，可能是因為預期公司未來股票市價有大幅度成長的潛力，或未來的盈餘可大幅度增加所致。

② 股利支付率

股利支付率 = 每股股利 ÷ 每股盈餘

　　普通股股利的分配，係由董事會依據保留盈餘量，及企業未來投資計畫資金籌措等多項因素所決定的。股利支付率顯示企業每賺 1 元的盈餘，會從其中提出少比率作為股利支付給投資人。股利支付率的大小隨投資者的投資理念而異，難於斷定好壞；有些投資人會喜歡發放較多股利的企業，而有些投資人則希望企業將盈餘保留，並再投資設廠。

③ 股利報酬率

股利報酬率 = 每股股利 ÷ 每股市價

　　普通股及特別股都有股利報酬率。普通股依據公開市場的市價，即可算得股利報酬率，表示當時每投資 1 元可以獲得多少股利。特別股雖然其股利按定額或定率分配，但其市價則是變動的，故特別股也有股利報酬率，惟不同特別股可能有不同的定額或定率股利，因此特別股的股利報酬率也不一致。

④ 普通股現金流量比率

普通股現金流量比率 = 營業活動淨現金流量 ÷ 平均流通在外的普通股數

　　普通股現金流量比率，是抵押銀行或投資銀行用以評估企業的現金流量是否足夠償還債務或支付股利的重要指標，愈高的普通股現金流量比率，對抵押銀行或投資銀行也愈有保障。

Unit 13-10
財務報表分析的限制

圖解會計學

　　雖然財務報表分析提供報表使用者，更深入了解企業經營績效及財務狀況的方法，但是還有不少企業的許多重大決策，通常會採用一項或多項分析的工具，以協助其判斷，其中又以各種財務報表的分析工具使用得最多。但是讀者亦應注意，財務報表分析這項工具，在使用上常受到許多限制，如一時失察，將使分析的結果產生偏差，茲分析如下：

1 歷史性資訊之限制

財務報表表達的是企業過去的財務表現，無法預告未來的變化或預測發展的前景。如以財務報表的各項分析結果，作為企業經營決策的依據，應注意未來環境改變對企業可能產生的影響。

294

2 成本原則之限制

成本原則是一般會計準則，因此，以成本原則為基礎所編的財務報表，不能以公平市價或物價變動之水準，調整報表上的各項數字。不同時期編製的報表，受到通貨膨脹或緊縮的影響，將使期間相距較遠的報表，在作趨勢分析時，產生偏差。

3 會計評價原則之限制

會計上對相同的事項常有許多不同的評價方法可供選擇，如存貨計價之先進先出法、平均法等；折舊方法的直線法、加速折舊法、工作量法等，皆將使相同的事項或數字產生不同的結果。而不同的企業因選用的方法不同，將使其失去比較的共同基礎。尤其企業與企業間的經營分析比較，更應注意這些評價方法的差異。會計師在這方面所能做的，就是在財務報表上的補充揭露，表述清楚。

④ 主觀估計之限制

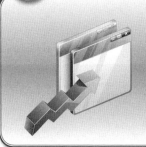

財務報表中，有些項目的餘額是經過估計後衡量的結果。例如，固定資產提列折舊的三大要素：成本、耐用年限和殘值，其中的耐用年限和殘值兩項是需要估計的；而售後服務的保證負債及壞帳的提列等，亦常常必須使用「估計」的。不同會計人員對同一件會計事項，常難有一致的認識，因而產生不同的「估計」結果。

⑤ 非常態資料之限制

完全取自資產負債表的資料所做的比率分析，僅能代表企業經營某個時點的結果，而不能代表常態實情。例如，流動比率是流動資產與流動負債的比率，如果編製資產負債表的那個時點，流動資產剛好有所增加而使流動比例增高，這並不表示全年的短期償債能力都很高。又如，應收帳款周轉率是以損益表所推算的賒銷淨額除以資產負債表上的平均應收帳款淨額，其中平均應收帳款淨額僅是年初與年底兩個時點的應收帳款淨額的平均值而已，而未能考量整年應收帳款淨額變化。這些限制肇因於資產負債表僅表示某時點的財務狀況，而損益表則表示某段期間的經營成果，其過程則未能表述。

⑥ 缺乏比較標準之限制

經營財務分析的各項比率因為企業規模、行業差異而難有一套標準值可供參考。行業的同業公會或大學研究機構或許可能提供各種行業的標竿企業財務分析比率可供參考，但也應考量其規模大小，營業地點，經營環境等各項因素審慎參考。使用時除注意其比率值外，尤應洞悉其計算公式的用量定義。

附錄
各項財務比率

圖解會計學

分類	名　稱	計算公式
短期償債能力比率	1.流動比率	流動比率＝流動資產／流動負債
	2.速動比率 （酸性測驗比率）	速動比率＝速動資產／流動負債 速動資產＝（流動資產－存貨－預付費用）
	3.現金比率	現金比率＝（現金＋約當現金）／流動資產
	4.現金流量比率	現金流量比率＝營業活動淨現金流量／平均流動負債
	5.應收帳款周轉率	應收帳款週轉率＝賒銷淨額／平均應收款項淨額
	6.平均收帳期間	平均收帳期間＝365／應收款項周轉率
	7.存貨周轉率 　存貨平均周轉天數	存貨周轉率＝銷貨成本／平均存貨 存貨平均周轉天數＝365／存貨周轉率
	8.存貨轉換期間	存貨轉換期間＝存貨平均周轉天數／應收帳款平均收現天數

296

分類	名　稱	計算公式
長期償債能力	1. 權益比率	權益比率＝股東權益總額／資產總額
	2. 負債比率	負債比率＝負債總額／資產總額
	3. 股東權益對負債比率	股東權益對負債比率＝股東權益總額／負債總額
	4. 現金負債保障比率	現金負債保障比率＝營業活動淨現金流量／平均負債總額
	5. 賺取利息倍數比	賺取利息倍數比＝（本期純益＋所得稅＋利息費用）／ 　利息費用

分類	名 稱	計算公式
經營獲利能力比率	1. 銷貨毛利率	銷貨毛利率＝銷貨毛利／銷貨淨額
	2. 純益率	純益率＝純益／銷貨淨額
	3. 營業比率	營業比率＝1－純益率＝（銷貨成本＋管銷費用）／銷貨淨額
	4. 銷貨現金報酬率	銷貨現金報酬率＝營業活動淨現金流入／銷貨淨額
	5. 資產周轉率	資產周轉率＝銷貨淨額／平均資產總額
	6. 資產投資報酬率	資產投資報酬率＝純益／平均資產總額 資產投資報酬率＝（純益／銷貨淨額）×（銷貨淨額／平均資產總額）＝純益率×資產周轉率
	7. 股東權益報酬率	股東權益報酬率＝純益／平均股東權益總額
	8. 普通股權益報酬率	普通股權益報酬率＝（純益－特別股股利）／平均普通股權益總額

297

分類	名 稱	計算公式
市場價值分析比率	1. 價格盈餘比率	價格盈餘比率＝每股市價／每股盈餘
	2. 股利支付率	股利支付率＝每股股利／每股盈餘
	3. 股利報酬率	股利報酬率＝每股股利／每股市價
	4. 普通股現金流量比率	普通股現金流量比率＝營業活動淨現金流量／平均流通在外的普通股數

國家圖書館出版品預行編目(CIP)資料

圖解會計學 / 趙敏希著. －－四版. －－臺北
市：五南圖書出版股份有限公司, 2023.11
　　面；　公分
　ISBN 978-626-366-635-1 (平裝)
　1.CST: 會計學
　495.1　　　　　　　　　112015724

1G89

圖解會計學

作　　　　者	― 趙敏希
審　　　　定	― 馬嘉應
發　行　　人	― 楊榮川
總　經　　理	― 楊士清
總　編　　輯	― 楊秀麗
主　　　　編	― 侯家嵐
責　任　編　輯	― 侯家嵐
文　字　校　對	― 許宸瑞
封　面　完　稿	― 陳亭瑋
排　版　設　計	― 張淑貞

出　版　者 ― 五南圖書出版股份有限公司
地　　　址：106臺北市大安區和平東路二段339號
電　　　話：(02)2705-5066　　傳　　真：(02)2706-6
網　　　址：https://www.wunan.com.tw
電 子 郵 件：wunan@wunan.com.tw
劃 撥 帳 號：01068953
戶　　　名：五南圖書出版股份有限公司
法 律 顧 問：林勝安律師
出 版 日 期：2012年8月初版一刷
　　　　　　2014年2月初版四刷
　　　　　　2014年7月二版一刷
　　　　　　2017年9月二版四刷
　　　　　　2019年5月三版一刷
　　　　　　2022年2月三版三刷
　　　　　　2023年11月四版一刷

定　　　價　新臺幣420元

經典永恆·名著常在

五十週年的獻禮 —— 經典名著文庫

五南，五十年了，半個世紀，人生旅程的一大半，走過來了。

思索著，邁向百年的未來歷程，能為知識界、文化學術界作些什麼？

在速食文化的生態下，有什麼值得讓人雋永品味的？

歷代經典·當今名著，經過時間的洗禮，千錘百鍊，流傳至今，光芒耀人；

不僅使我們能領悟前人的智慧，同時也增深加廣我們思考的深度與視野。

我們決心投入巨資，有計畫的系統梳選，成立「經典名著文庫」，

希望收入古今中外思想性的、充滿睿智與獨見的經典、名著。

這是一項理想性的、永續性的巨大出版工程。

不在意讀者的眾寡，只考慮它的學術價值，力求完整展現先哲思想的軌跡；

為知識界開啟一片智慧之窗，營造一座百花綻放的世界文明公園，

任君遨遊、取菁吸蜜、嘉惠學子！